Chemische Arbeitsbücher

1

Die Reihe der Chemischen Arbeitsbücher entsteht unter der Beratung von:

Prof. Dr. Anton Kettrup, Universität/GH Paderborn
Prof. Dr. Herbert Keune, Technische Universität Braunschweig
Wilfred Kratzert, Studiendirektor, Hamburg
Rasmus Peichert, Studiendirektor, Bonn

Wilfred Kratzert · Rasmus Peichert

Farbstoffe

Quelle & Meyer · Heidelberg

Mit dem vorliegenden Band eröffnet der Verlag eine Reihe, die sich in Konzeption und Gestaltung an den seit Jahren bewährten *Biologischen Arbeitsbüchern* für die Sekundarstufe II orientiert. Jeweils ein Unterrichtsthema wird mit dem Ziel behandelt, bei möglichst einfacher theoretischer Grundlegung einen hinreichend umfassenden Überblick zu bieten. Daraus sollen Unterrichtende eine ihrer Neigung und ihren experimentellen Möglichkeiten entsprechende Auswahl treffen, Lernende sich Einsichten und Kenntnisse selbständig erarbeiten können.

CIP-Kurztitelaufnahme der Deutschen Bibliothek

Kratzert, Wilfred:
Farbstoffe/ Wilfred Kratzert; Rasmus Peichert.
– Heidelberg: Quelle und Meyer, 1981.
  (Chemische Arbeitsbücher; 1)
  ISBN 3-494-01021-8
NE: Peichert, Rasmus:; GT

© Quelle & Meyer, Heidelberg 1981. Alle Rechte vorbehalten. Die Vervielfältigung und Übertragung auch einzelner Teile, Texte, Zeichnungen oder Bilder, wenn sie auch lediglich der eigenen Unterrichtsgestaltung dienen, sind nach dem geltenden Urheberrecht nicht gestattet. Ausgenommen sind die in §§ 53, 54 URG ausdrücklich genannten Sonderfälle, wenn sie mit dem Verlag vorher vereinbart wurden. Im Einzelfall bleibt für die Nutzung fremden geistigen Eigentums die Forderung einer Gebühr vorbehalten. Das gilt für Fotokopie genauso wie für die Vervielfältigung durch alle anderen Verfahren einschließlich Speicherung und jede Übertragung auf Papier, Transparente, Matrizen, Filme, Bänder, Platten und sonstige Medien.
Printed in Germany
Satz: K + V Fotosatz GmbH, Beerfelden
Druck: Schwetzinger Verlagsdruckerei GmbH, Schwetzingen

Inhaltsverzeichnis

1. **Allgemeine Einführung** 7

2. **Das Phänomen Farbe** 10
   2.1 *Das sichtbare Licht* 10
   2.2 *Die Entstehung von Farbe* 12
   2.3 *Das Farbensehen* 15

3. **Moleküle von Farbstoffen** 23
   3.1 *Bauprinzipien* 23
   3.2 *π-Systeme* 24
   3.3 *Klassifizierungen* 29
   3.4 *Absorptionssysteme* 30
   3.4.1 Modelle der theoretischen Chemie 31
   3.4.2 Das KUHNsche Modell des linearen Elektronengases 33
   3.4.3 Grenzen des linearen Modells 44
   3.4.4 Anregung und Desaktivierung 53
   3.5 *Geschichte der Farbstofftheorien* 63

4. **Farbstoffklassen** 75
   4.1 *Azofarbstoffe* 75
   4.2 *Nitro- und Nitrosofarbstoffe* 95
   4.3 *Polymethinfarbstoffe* 97
   4.3.1 Cyanine im engeren Sinn 99
   4.3.2 Oxonole 101
   4.3.3 Merocyanine 102
   4.4 *Arylmethin-Farbstoffe und Aza-Analoga* 104
   4.4.1 Triphenylmethan-Farbstoffe 106
   4.4.2 Diphenylmethan-Farbstoffe 112
   4.4.3 Acridine, Xanthene, Fluorene 112
   4.4.4 Chinonimine 115
   4.4.5 Azine, Oxazine, Thiazine 116
   4.5 *Polyene* 119
   4.5.1 Carotinoide 119
   4.5.2 Phenylpolyene 120
   4.6 *Aza[18]annulen-Farbstoffe* 121
   4.6.1 Porphine 121
   4.6.2 Phthalocyanine 123
   4.7 *Carbonylfarbstoffe* 125
   4.7.1 Indigoide 125
   4.7.2 Anthrachinon-Farbstoffe 128
   4.7.3 Höher annellierte Carbonylverbindungen 132
   4.7.4 Andere Carbonylverbindungen 134
   4.8 *Schwefelfarbstoffe (Sulfinfarben)* 137

5. **Das Färben** 140
   5.1 *Pigmente als Farbmittel* 140
   5.2 *Färbeverfahren* 147

5.2.1 Direkte Färbeverfahren 161
5.2.2 Färben mit Dispersionsfarbstoffen 166
5.2.3 Entwicklungsfärben 168
5.2.4 Reaktivfärben 172

6. Spezielle Verwendung farbiger Stoffe 178
6.1 Indikatoren 178
6.1.1 Säure-Base-Indikatoren 178
6.1.2 Redoxindikatoren 193
6.1.3 Metallindikatoren 199
6.2 Fotografie 203
6.2.1 Sensibilisatoren 203
6.2.2 Farbfotografie 207
6.3 Leuchtfarbstoffe 217
6.3.1 Optische Aufheller (Weißtöner) 217
6.3.2 Farbige Tageslichtleuchtstoffe 220
6.4 Lebensmittelfarbstoffe 221

7. Natürliche organische Farbstoffe 226

8. Geschichte der Farbenchemie 238

Fremdwörter 248

Literatur 252

Register 255

Tabellen

Tab. 1: Pigmente 141
Tab. 2: Regenerierte Natur- und Chemiefasern 152
Tab. 3: Zugelassene Lebensmittelfarbstoffe 221
Tab. 4: Naturstoffe für Lebens- und Genußmittel, Pharmaka und Kosmetika, sowie für die Mikroskopie 224
Tab. 5: Naturfarbstoffe 234

1. Allgemeine Einführung

Für den Naturwissenschaftler, der sich weder mit Ästhetischem noch mit Emotionalem befassen will, hat *die Lehre von den Farben* eine andere Bedeutung als für den Künstler oder für den Psychologen. Dennoch kann sich auch ein Chemiker, Physiker oder Biologe bei der Beschäftigung mit Farbstoffen den irrationalen, vom Gegenstand seiner Untersuchungen ausgehenden Wirkungen niemals ganz entziehen. Diese Seite, die sich dem Verstand verbirgt, ist nicht unser Thema.

In Lehrbüchern, welche die Farbstoffe als Teilgebiet der organischen Chemie behandeln, kommen historische, wirtschaftliche und sinnesphysiologische Aspekte meistens zu kurz. Da wir auch solchen Bezügen Rechnung tragen wollen, die den engen Rahmen der Chemie verlassen, müssen wir durch Auswahl den Umfang jedes Teilkapitels begrenzen, und wir dürfen uns im Schwierigkeitsgrad keine zu hohen Ziele stecken. Den gewonnenen Raum reservieren wir beispielsweise für das Farbensehen (Kap. 2.3), für die historische Entwicklung der Farbstofftheorien (Kap. 3.5) und für die Geschichte der Farbenchemie (Kap. 8).

Als grundlegendes Konzept für die Theorie der Farbigkeit wählen wir das Polymethinprinzip. Es wird in Kapitel 3 dargestellt und die Berechnung symmetrischer Absorptionssysteme mit dem Modell eines gestreckten Elektronengases durchgeführt. Da die Leistungsfähigkeit dieses Modells nicht überschätzt werden darf, ist seinen Grenzen ein eigenes Kapitel gewidmet, wobei wir uns in Terminologie und Symbolik an den Veröffentlichungen von DÄHNE, GRIFFITHS und KLESSINGER orientieren.

Die von uns benutzte Formelschreibweise wird jedem, der mit Farbigkeit den Mesomeriebegriff verbindet, vertraut vorkommen. Diese Anknüpfung an Vertrautes wählen wir, weil sich mit Hilfe einer Grenzformel nicht nur die Gestalt eines Moleküls maßstabgetreu wiedergeben läßt, sondern auch, deutlich voneinander unterschieden, die σ-, die nichtbindenden, die π- und die Donatorelektronen. Wir brauchen diese Unterscheidung, um den Grundzustand eines Absorptionssystems zu entwickeln. Niemals jedoch bringen wir den Begriff der Mesomerie mit der Lichtabsorption in Verbindung! Die *Abkehr vom Mesomeriedenken* zeichnet sich in vielen neueren Publikationen ab, was wir in Kapitel 3.5 aus der historischen Entwicklung der Farbstofftheorien heraus zu begründen versuchen.

Die ganzheitliche Betrachtung der Chromophore, wie sie sich aus dem Polymethinkonzept ergibt, zwingt uns, bei der Klassifizierung der Farbstoffe in einigen Fällen von unserem Vorbild, dem Buch von RYS-ZOLLINGER, abzuweichen. An diesem für das vertiefende Studium sehr zu empfehlenden »Leitfaden der Farbstoffchemie« orientieren wir uns auch bei der Schilderung einiger Synthesewege und der zugehörigen Reaktionsmechanismen. Allerdings beschränken wir uns auf wenige, besonders wichtig erscheinende Beispiele.

Hinsichtlich der Färbeverfahren kristallisierte sich nach anfänglichen terminologischen Schwierigkeiten — in der Literatur werden nämlich höchst unterschiedliche Bezeichnungen verwendet — schließlich ein übersichtliches Einteilungsprinzip heraus. Wir sind überzeugt, daß sich jede spezielle Färbemethode eindeutig in das Schema der vier in Kapitel 5.2 dargestellten Verfahren einordnen läßt.

Für den Unterricht in der Sekundarstufe II ist das Thema Farbstoffe wie kaum ein zweites geeignet; denn innerhalb der Chemie verklammert es zahlreiche Grundprinzipien, und es besitzt Querverbindungen zu einer ganzen Reihe anderer Disziplinen.

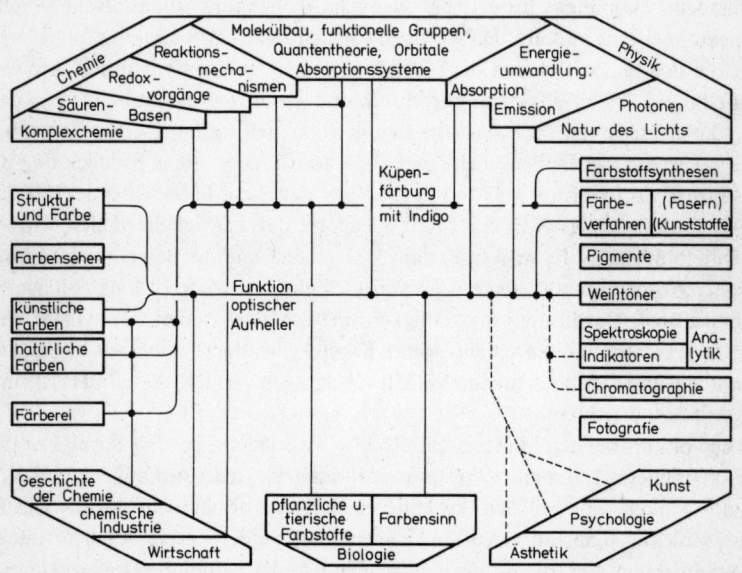

Abb. 1: Querverbindungen zum Thema Farbstoffe; links: Teilthemen, rechts: praktische Anwendungen, oben: Grundlagen aus Chemie und Physik, unten: fächerübergreifende Aspekte.

Anhand der Abbildung 1 soll an zwei Beispielen illustriert werden, welche Bezüge sich aus einem Unterrichtsthema heraus ergeben können:

1. Die Funktion optischer Aufheller.

Unter den *künstlichen Farbstoffen* sind die modernen *Weißtöner* für die *chemische Industrie* ein wichtiger Sektor. Um ihre Wirkung zu erklären, muß auf Probleme der Farbmetrik und damit auf *Eigentümlichkeiten des menschlichen Farbensehens* Bezug genommen werden. Die Farbe dieser *fluoreszierenden* Verbindungen, also ihre *Absorption und Emission*, läßt sich auf *strukturelle Merkmale* zurückführen, desgleichen ihre Affinität zu bestimmten

Faserarten. Dann könnte man *Leuchtfarbstoffe* auf ihre besondere *psychologische Wirkung* hin untersuchen und diese, sowie ihre Vergänglichkeit, sowohl als Erweiterung als auch Einschränkung *künstlerischer Ausdrucksmöglichkeiten* betrachten. Schließlich bietet sich noch, um das Thema abzurunden und eventuell ein neues zu eröffnen, eine Querverbindung zur *Analytik* an, in der *Fluoreszenzindikatoren* bei Fällungen und in der *Chromatographie* verwendet werden.

2. Die Küpenfärbung mit Indigo.

Historische Bezüge spielen eine große Rolle, beispielsweise das *Verdrängen des Naturproduktes durch Syntheseindigo*. *Redoxvorgänge* und *Protolysen* bei der Färberei und *Reaktionsmechanismen* bei den verschiedenen Synthesewegen stellen Anwendungen *chemischer Grundprinzipien* dar, während die *Farbumschläge beim Verküpen* den interessanten *H-Chromophor* der indigoiden Farbstoffe zur Sprache bringen werden. Die Eröffnung *neuer Färbeverfahren* durch die *Synthese der Indigosole* wäre eine Möglichkeit, das Thema zu erweitern, die Behandlung *weiterer Küpenfarbstoffe* eine andere. Schließlich könnte der Einsatz von *Indigosulfonaten als Redoxindikatoren* wieder in die Analytik hinüberführen, was in der Abb. 1 allerdings der Übersichtlichkeit wegen nicht eingezeichnet ist.

An beliebigen anderen Querverbindungen ließen sich Unterrichtsgänge entwerfen, die, vielleicht mit anderer Gewichtung, dieselben Aspekte erschließen. Beispielsweise werden innerhalb des Rahmenthemas Fotografie färberische Probleme kaum, das Farbensehen dafür sicherlich umso intensiver angesprochen.

In den anwendungsorientierten Kapiteln stützen wir uns nur auf die einfachsten theoretischen Grundlagen, setzen also nicht die in Kapitel 3.4 durchgeführten, physikalisch-mathematischen Herleitungen voraus. Dadurch wollen wir erreichen, daß unser Lehrbuch je nach Interessenlage und Fähigkeiten der Schüler in Unterrichtsgängen mit mehr oder weniger starker Betonung der Theorie benutzt werden kann.

Auch wenn es nicht das Hauptanliegen unseres Buches ist, Anregungen zu experimentellem Arbeiten zu geben, finden sich doch in jedem Kapitel Angaben, die zu praktischer Überprüfung auffordern. Wir meinen, daß der Gymnasialunterricht über die Synthese einiger Farbstoffe und färberische Versuche, welche die chemische Industrie seit Jahren mit Material unterstützt, hinausgehen muß. Einsichten in den Zusammenhang zwischen Elektronensystemen und Farbigkeit, sowie zwischen der molekularen Struktur und der Affinität zu bestimmten Fasertypen, sollten außer praktischen Erfahrungen gewonnen werden. Unser Buch möchte helfen, die hinter den Phänomenen herrschenden Naturgesetze etwas besser zu verstehen.

2. Das Phänomen Farbe

Die Wahrnehmung von Farben ist zweifellos einer der faszinierendsten Vorgänge, mit welchen sich naturwissenschaftliche Forschung beschäftigt. Den Chemiker interessieren einmal die Beziehungen zwischen molekularer Struktur und Farbe der betrachteten Objekte, zum anderen die photochemischen und reizverarbeitenden Vorgänge in den Sehorganen. Beides setzt die Kenntnis einiger physikalischer Eigenschaften des Lichtes voraus.

2.1 Das sichtbare Licht

Als Strahlung, die sich im leeren Raum mit der Geschwindigkeit $c = 3 \cdot 10^8$ m/s ausbreitet, läßt sich Licht unter zwei einander ergänzenden Aspekten beschreiben: als *elektromagnetische Schwingung* (MAXWELL 1861) und als *Strom von Energiequanten (= Photonen)* (PLANCK 1900, EINSTEIN 1905). Der Wellencharakter erklärt Erscheinungen bei der Ausbreitung wie Brechung, Interferenz, Polarisation usw., der korpuskulare Charakter diejenigen bei der Entstehung (Emission) und beim Verschwinden (Absorption), also auch bei der Wahrnehmung von Licht. Es ist eine Besonderheit des *menschlichen* Auges, daß nur Photonen aus dem schmalen Bereich zwischen 1,6 und 3,3 eV einen Lichtreiz bewirken. Photonen höherer oder niedrigerer Energie können wir nur apparativ registrieren, wovon die Spektralanalytik immer erfolgreicher Gebrauch macht. Die Abb. 2 ordnet den sichtbaren Bereich (VIS) in die Gesamtskala der elektromagnetischen Strahlungen ein und gestattet im visuellen Bereich das Zuordnen von Energieangaben zu Wellenlängen.

Mit der grundlegenden Beziehung

$$E_{phot} \cdot \lambda = h \cdot c = 1240 \text{ eV} \cdot \text{nm} \qquad [2.1]$$

läßt sich zu jeder Wellenlänge λ die zugehörige Photonenenergie E_{phot} berechnen – und umgekehrt. Man kann einen bestimmten Spektralbereich sowohl durch seine Wellenlänge (früher in Å oder mµ, heute in nm) als auch durch E_{phot} (in eV) oder eine zu E_{phot} proportionale Angabe charakterisieren. Hierfür bieten sich an:
a) die *Frequenz* $\nu = E_{phot}/h = c/\lambda$ (in Hz, nicht üblich im VIS, doch dient das Symbol $h \cdot \nu$ oft zur Bezeichnung von Lichtquanten),
b) die *Wellenzahl* $\bar{\nu} = E_{phot}/h \cdot c = 1/\lambda$ (in cm^{-1}, gebräuchlich vor allem im IR-Bereich),

c) die *molare Quantenenergie* $E_{mol} = E_{phot} \cdot N_A$ (in kcal/mol früher üblich bei photochemischen Berechnungen, heute in kJ/mol).

Geht man, um eine quantitative Vorstellung von einem Mol Photonen zu haben, davon aus, daß eine 1 m² große schwarze Platte bei senkrecht auftreffendem Sonnenlicht pro Sekunde etwa 10^{21} Photonen absorbiert, so müßte man rund 10 Minuten warten, bis die Platte $6 \cdot 10^{23}$ Photonen oder 1 Einstein absorbiert hat.

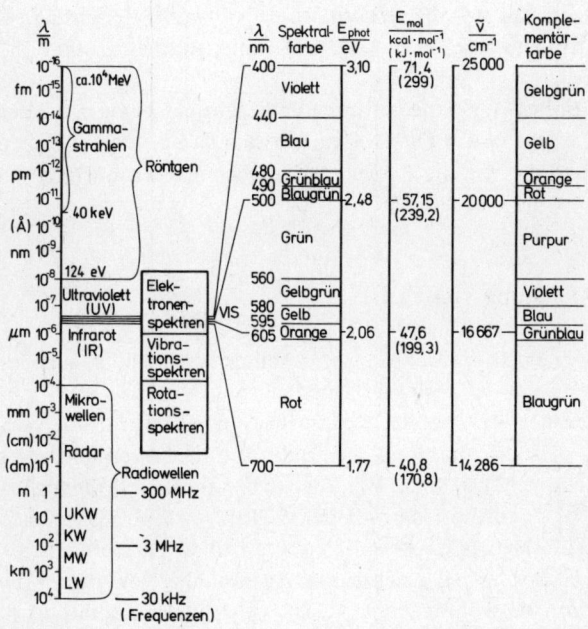

Abb. 2: Das sichtbare Licht (VIS) als schmaler Ausschnitt in der Skala der elektromagnetischen Wellen. Zuordnung von Photonenenergie E_{phot}, molarer Lichtenergie E_{mol} und Wellenzahl $\tilde{v}$ zu der Wellenlänge λ. Der VIS-Bereich ist in λ linear geteilt, nicht logarithmisch wie die Hauptskala.

Für die Entstehung und die Vernichtung von Licht sind Elektronen verantwortlich, denen man in Modellen von Molekülen, Kristallen und Atomen, von abgeschlossenen Systemen also, wohldefinierte Energiegehalte zuschreibt. Der Beitrag *eines* solchen Elektrons zur Gesamtenergie des Systems läßt sich unter bestimmten Bedingungen durch Anregung von außen vergrößern oder durch Energieabgabe verkleinern. Die *Emission* eines Photons erfolgt, wenn ein angeregtes Elektron von einem Energieniveau E^x in ein niedrigeres E^y springt, wobei der Unterschied $E^x - E^y = E_{phot}$ in den Bereich VIS fallen kann. Das gelbe

Natriumlicht entsteht z. B. beim Sprung eines Elektrons vom 3p- in das 3s-Niveau ($E_{Na}^{3p} - E_{Na}^{3s} \approx 2{,}1$ eV). Die vorherige Anregung kann durch elektrische, Wärme- oder Strahlungsenergie erfolgen. Auch Kernprozesse auf der Sonne, in Sternen, Leuchtziffern und Reaktoren, z. B. beim Cerenkow-Leuchten in Swimmingpoolreaktoren, können Elektronen auf höhere Energieniveaus heben und zur Emission eines oder mehrerer Photonen befähigen. Schließlich gibt es auch chemische Reaktionen mit einem Produkt im angeregten Zustand, das Energie in Form von *Chemolumineszenz* abstrahlt.

Entsprechend läßt sich die *Absorption* eines Photons als Sprung eines Elektrons aus einem Niveau E^y in ein höheres E^x unter Aufnahme von $E_{phot} = E^x - E^y$ beschreiben.

Die drei Teilthemen der theoretischen Farbenchemie, nämlich die Berechnung der Energieniveaus in den Farbstoffen, der räumlich-zeitliche Absorptionsvorgang selbst und der weitere Verbleib der aufgenommenen Energie, werden uns im 3. Kapitel näher beschäftigen.

2.2 Die Entstehung von Farbe

Das Phänomen Farbe ist nicht allein physikalisch beschreibbar, sondern muß im Zusammenhang mit der Farbwahrnehmung gesehen werden. Prüft man mit einem Spektrometer verschiedene Lichtquellen, so macht man die verblüffende Feststellung, daß gleichfarbig erscheinendes Licht sehr verschiedene spektrale Zusammensetzung haben kann. Wir können das annähernd *monochromatische* Licht einer Natriumdampflampe mit der Wellenlänge $\lambda = 589$ nm nicht von einem Gelb unterscheiden, das beispielsweise auf einem Farbfernsehschirm durch *additive Farbmischung* bei gleichzeitiger Ausstrahlung von grünem und rotem Licht erscheint. Die Wahrnehmung »Gelb« entsteht also erst aus der Kombination der Reize, die das grüne und das rote Licht eng nebeneinander in der Netzhaut bewirken. Man kann selber am Fernsehschirm ausprobieren, wie dicht man an die gelb erscheinende Fläche herangehen muß, um ihre Zusammensetzung aus grünen und roten Punkten zu erkennen. Leuchten in einer Fläche zusätzlich auch die blauen Punkte, so kombinieren wir die drei reinen Farben bei »richtigem« Intensitätenverhältnis zu der Wahrnehmung »Unbunt«. Vom Kontrast zur Umgebung hängt es ab, ob dies »Weiß«, »Grau« oder »Schwarz« bedeutet. Wir merken nicht, daß auch die Phosphore der Farbröhren kein monochromatisches Licht liefern, die blauen und grünen vielmehr ein Banden-, die roten ein Linienspektrum.

Die Spektralfarbe Blau heißt komplementär zur Farbe Gelb, weil die additive Kombination Unbunt ergibt. Andere Paare von *Komplementärfarben* sind Rot – Blaugrün, Orange – Grünblau, Gelbgrün – Violett, wie man dem Farbenkreis Abb. 3 A entnehmen kann. Dieser Kreis läßt erkennen, daß bei der Rekombination des gesamten Spektrums zu Weiß jede Spektralfarbe zu ihrer Komplementärfarbe addiert wird mit Ausnahme von Grün (500 bis 560 nm); denn die Farbe Purpur kommt nicht im Spektrum des weißen Tageslichts vor. Was also ergänzt Grün zu Weiß? Beleuchtet man eine Leinwand sowohl mit Rot als auch mit Violett, so kann man durch Variation der Intensitäten alle Purpurnuancen erzeugen. Kommt als dritte Farbe spektralreines Grün dazu, so erhält man ebenfalls Weiß. Es sind demnach die langwelligen roten *und* die kurzwelligen violetten Spektralanteile, die gemeinsam den mittleren Grünbereich zu Weiß ergänzen.

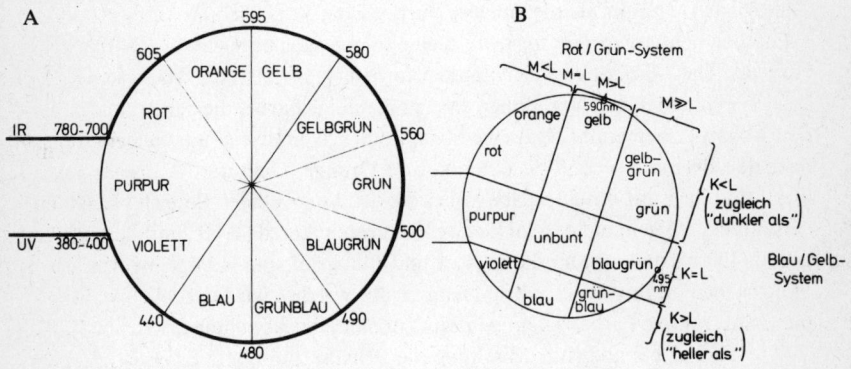

Abb. 3: A: Der Farbenkreis. Komplementärfarben stehen sich diametral gegenüber. B: Zurückführung des Farbenkreises auf die Kombination der drei Primärreize *K, L* und *M*.

Für das Farbfernsehen hätte man statt der drei Farben Rot, Grün und Blau auch drei völlig andere, weit genug auf dem Farbenkreis auseinanderliegende auswählen können; denn mit drei Basisfarben lassen sich fast alle Farbtöne — ein Normalsichtiger kann mindestens 150 verschiedene unterscheiden! — komponieren.

Solcherart durch additive Mischung erzeugte Farben sind in der Natur sehr selten; einige prächtig schillernde Federn, Fischschuppen und Schmetterlingsflügel bilden Ausnahmen. Hierbei spielen Interferenzerscheinungen eine Rolle, was in den Bezeichnungen »Farben dünner Blättchen« oder »Strukturfarben« zum Ausdruck kommt. Die leuchtenden *Fluoreszenzfarben* und die *Weißtöner*, die auch optische Aufheller genannt werden, nutzen künstlich die Möglichkeit der additiven Zumischung (vgl. Kap. 6.4).

Weitaus die meisten Farben unserer Umgebung werden jedoch *subtraktiv erzeugt*. Darunter versteht man das Herausfiltern einzelner oder mehrerer Farbbereiche aus einem Spektrum und die *additive Rekombination des Restes* zu einem einheitlichen Farbeindruck. Wird beispielsweise aus weißem Tageslicht der Wellenlängenbereich 480 bis 490 nm (Grünblau) herausgefiltert, so kombinieren wir den Rest, ob von einer *Fläche reflektiert* oder von einer *Lösung durchgelassen*, zu der Wahrnehmung »Orange«. Der Grund: Dieser Spektralbereich ist der einzige, dem seine Komplementärfarbe fehlt, der also nicht zu Weiß rekombiniert wird. Eine breitere Absorption z.B. von 440 bis 500 nm würde ein weniger brillantes Orange erzeugen, weil den additiv Orange ergebenden Nachbarfarben Rot und Gelb nun ebenfalls die Komplementärfarben fehlen. Ein konkreter Körper mit dieser Oberflächenabsorption würde uns − sobald wir ihn mit seiner Umgebung vergleichen können − eher braun erscheinen.

In einer Ordnung der Körperfarben nach der Größe der absorbierten Lichtquanten (Abb. 2) steht Blaugrün als *tiefste*, Purpur als eine mittlere, Gelb und schließlich Gelbgrün als die *höchste* Farbe. Eine Verschiebung in dieser Skala nach oben nennt man *Hypsochromie*, eine solche nach unten *Bathochromie* (vgl. Abb. 4). Die Mischung zweier Pigmentfarben, z.B. aus dem Malkasten, oder das Übereinanderlegen von Folien erzeugt diejenige Farbe, die der Rest nach beiden Absorptionen ergibt. Hat eine blaue Folie beispielsweise aus weißem Tageslicht den Bereich von 560 bis 605 nm, also Orange, Gelb und Gelbgrün absorbiert, und liegt auf ihr eine gelbe Folie, die den kurzwelligen Bereich bis 490 nm verschluckt, so geht außer dem langwelligen roten Anteil (> 605 nm) der mittlere grüne (490 bis 560 nm) hindurch. Rot und Blaugrün sind Komplementärfarben und ergeben additiv Weiß: übrig bleibt Grün, welches wir tatsächlich wahrnehmen. Subtraktive Farberzeugung bewirkt immer eine Abnahme der Leuchtintensität, während bei additiver Mischung die Brillanz zunimmt. Es ist ein Ziel des Farbstoffchemikers, Moleküle zu synthetisieren, die einen möglichst schmalen Spektralbereich absorbieren, beispielsweise nur Grün aus dem Bereich 500 bis 560 nm, um ein leuchtendes Purpurrot zu erzeugen. Man versteht auch, daß rein

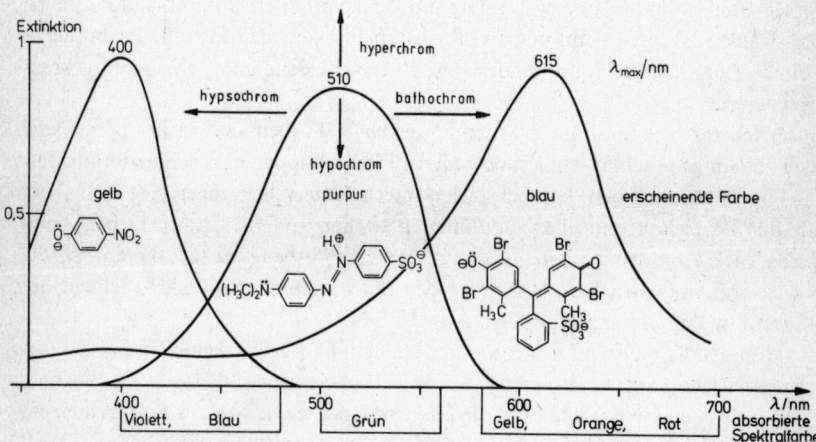

Abb. 4: Absorptionsspektren von drei Farbstofflösungen: p-Nitrophenolat (alk.), Methylorange (sauer), Bromkresolgrün (alk.).

grüne, brillante Farbstoffe sehr schwer herzustellen sind: Sie müßten nämlich *zwei* schmale Bereiche absorbieren, kurzwelliges Violett und langwelliges Rot. Die Natur aber produziert Moleküle dieser Einzigartigkeit in jeder grünen Pflanze scheinbar mühelos: die beiden Chlorophylle (193).

Abb. 4 zeigt an einigen einfachen Beispielen den Zusammenhang zwischen dem Absorptionsspektrum und der Farbe eines Stoffes. Bei der Bezeichnung einer Farbverschiebung orientiert man sich am Absorptionsmaximum, das sowohl seine Lage in der λ-Skala als auch seinen Extinktionswert verändern kann.

Es gibt allerdings auch aus vielen getrennten Banden bestehende Absorptionsspektren, aus denen man nur durch komplizierte Integrationsverfahren die erscheinende Farbe berechnen kann. Ferner hat die Lichtquelle einen erheblichen Einfluß; denn ihre spektrale Zusammensetzung bestimmt den nach der Absorption verbleibenden Rest. Manches Kleidungsstück, bei »weißem« Leuchtstoffröhrenlicht ausgesucht, zeigt bei Tageslicht eine deutlich andere Farbe!

2.3 Das Farbensehen

Bis heute gibt es keine lückenlos befriedigende Erklärung des Farbensehens. Ziel der Forschung ist unter anderem die Aufklärung der chemischen Zusammensetzung der Rezeptorsubstanzen, der Genese und Physiologie der Sehorgane, sowie der kombinatorischen Fähigkeiten des Reizverarbeitungssystems. Neue Ergebnisse stützen zwei Theorien: die von YOUNG (1807) und HELMHOLTZ (1852) entwickelte *Theorie des trichromatischen Sehens* und die nur in scheinbarem Gegensatz dazu stehende *Gegenfarbentheorie* von HERING (1872).

Danach gibt es drei Arten von Netzhautzapfen, die sich durch ihre spektrale Empfindlichkeit unterscheiden: *L* für *lange* Wellen mit maximaler Empfindlich-

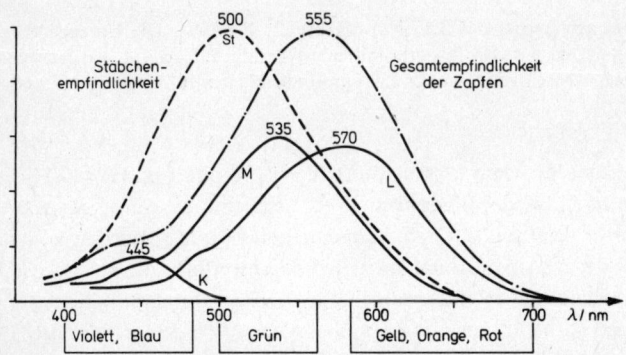

Abb. 5: Spektrale Empfindlichkeit der vier Rezeptortypen *K, St, M* und *L* der menschlichen Retina.

keit bei 570 nm, Rezeptoren des Typs *M* für *mittlere* Wellenlängen um 535 nm und *K* für *kurze* Wellen um 445 nm herum.

Die gleichzeitige Erregung aller drei Rezeptoren in einem bestimmten Verhältnis bewirkt die Empfindung »Hell ohne Farbe«. Wie man sie unterschiedlich reizen muß, um »reine« Spektralfarben zu suggerieren, möge ein Spiel mit einem manipulierten Farbgerät verdeutlichen. Der Apparat hat außer einer Hell/Dunkel-Regulierung zwei Farbregelknöpfe: G für Grün läßt sich bis maximal 0,83 aufdrehen, R für Rot bis 0,74. Eine Automatik fügt immer soviel Blau hinzu, daß G + R + B = 1 ist und verhindert, daß G + R > 1 wird.

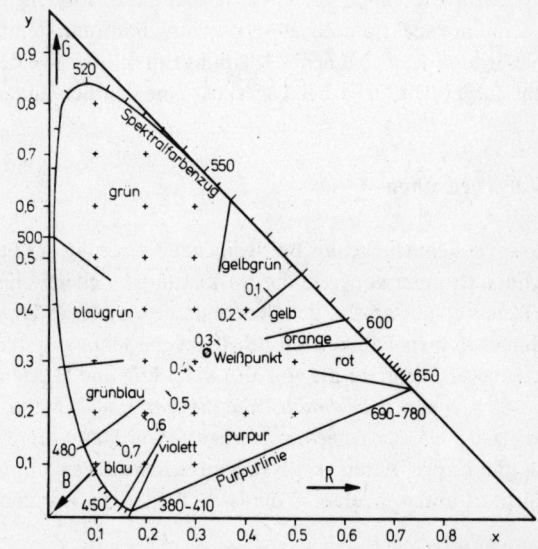

Abb. 6: Die reizmetrische C.I.E.-Normfarbtafel (2°) 1931. Die Unregelmäßigkeit der Wellenlängenskala auf dem Spektralfarbenzug beruht auf der für den Normalsichtigen spezifischen gegenseitigen Lage der Reizempfindlichkeiten für lang-, mittel- und kurzwelliges Licht.

Beginnt man mit dem Maximalwert R = 0,74 und fügt G = 0,26 hinzu, so stellt man fest, daß der Bildschirm so rot erscheint, als würde er spektralreines 700 nm-Licht ausstrahlen. Dreht man dann am G- und R-Knopf genau nach der Vorschrift der Abb. 6, so durchläuft die Bildschirmfarbe das gesamte Spektrum. Es ist die eigentümliche gegenseitige Lage der Rezeptorempfindlichkeiten (Abb. 5), die diese Farbadditionen vorschreibt. Andere Variationen der drei Reize erzeugen nichtspektrale Farben, z.B. bei den Einstellungen mit R > 2G zwischen Violett und Rot alle Purpurtöne. Je größer die sich zu Weiß kompensierenden Anteile sind, desto näher rückt man in die Mitte des Dreiecks, desto geringer ist der *spektrale Anteil*, und man erhält z. B. statt gelb creme, statt blau schiefergrau usw. Objektiv braun, golden oder silbern leuchtet der Schirm niemals; denn die Wahrnehmung eines Brauntones oder eines Glanzes beruht auf nur subjektiv registrierbaren Kontrasten zu benachbarten Farben.

Mit Hilfe der Rezeptorkurven versteht man auch das Prinzip der Komplementärfarben, sowie die subtraktive Farberzeugung: Komplementär sind zwei Spektralfarben, wenn sich bei ihrer gleichzeitigen Einstrahlung die *L-*, *M-* und *K-*Reize zu »Unbunt« kompensieren; fehlt dagegen ein Bereich aus dem Spektrum, so hat der Rest die gleiche Reizwirkung wie die zur fehlenden komplementäre Farbe.

Die reizverarbeitenden Prozesse

Das Auge ist allen anderen Sinnesorganen in seiner Aufnahmekapazität weit überlegen. 10^7 Einzelreize gegenüber 10^6 beim Ohr und 10^5 beim Tastsinn kann es pro Sekunde empfangen. Da ins Bewußtsein aber höchstens 16 verschiedene Einzelinformationen in dieser Zeitspanne gelangen können, muß der ungeheure Datenfluß komprimiert, auf das Wesentliche beschränkt und mit Erfahrungswerten verglichen werden. Ebenso wichtig wie die eigentlichen Rezeptoren sind also die verarbeitenden Nervenschaltungen und der Erfahrungsschatz, die zusammen erst den Eintritt eines Sinneseindrucks in das Bewußtsein vermitteln: Sehen will gelernt sein!

Abb. 8 kombiniert einen vereinfachten Schnitt durch den hinteren Teil des Auges mit einer schematischen Darstellung der verschiedenen Signalkombinationen, die jeweils einem Farbeindruck entsprechen und deren Zustandekommen wir kurz beschreiben wollen:

Der zentralen Sehgrube oder Fovea, die in ihrer Mitte ausschließlich Zapfen besitzt, kommt beim Farbensehen besondere Bedeutung zu. Sie ist am Tage die Stelle des schärfsten Sehens, während nachts vornehmlich das farbenlose Stäbchensehen mit seinem Empfindlichkeitsmaximum bei 500 nm zählt (vgl. Abb. 5).

Die Substanzen, welche den primären photochemischen Prozeß ermöglichen, werden aus einem vom Vitamin A ableitbaren Aldehyd, *11-cis-Retinal*, und einem Protein, Opsin (M ca. 40000), gebildet (Abb. 7, 9 u. 19).

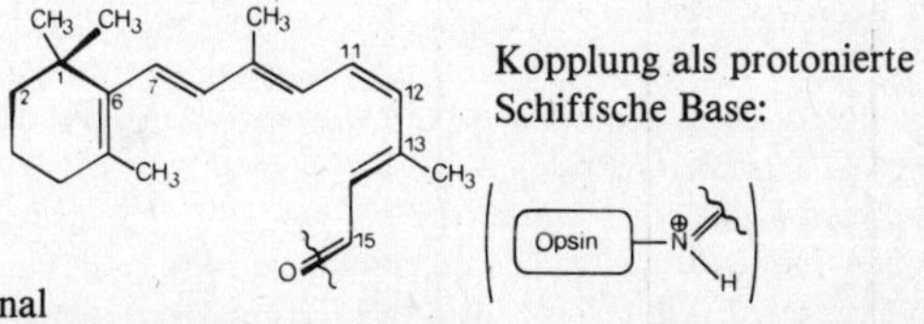

6-s-cis-11-cis-12-s-cis-Retinal

Kopplung als protonierte Schiffsche Base:

Abb. 7: Kristallisiertes, opsinfreies Retinal. Die Atome 6 – 13 liegen in der Zeichenebene; um die Bindungen 6 – 7 und 12 – 13 ist das Molekül verdrillt. Bei der Kopplung an Opsin über das εN-Atom der Aminosäure Lysin kann sich die Molekülgestalt des Retinens ändern.

Der Sehpurpur *(Rhodopsin)* der Stäbchen unterscheidet sich im Opsinteil von den drei Sehpigmenten der Zapfen, welche die in Abb. 5 markierten Empfindlichkeiten besitzen. Das Rätsel dieser Unterschiede ist noch nicht gelöst, und auch die in der neueren Literatur für den Erregungsmechanismus gegebenen Erklärungen bleiben vorerst hypothetisch (vgl. Abb. 19).

Stellt man sich vor, daß das Retinen nur in seiner 11-cis-Form in eine gewinkelte Tasche in der Opsinoberfläche paßt, und daß die Aufnahme eines Photons geeigneter Energie ein Umklappen in die all-trans-Form bewirkt, so erscheint

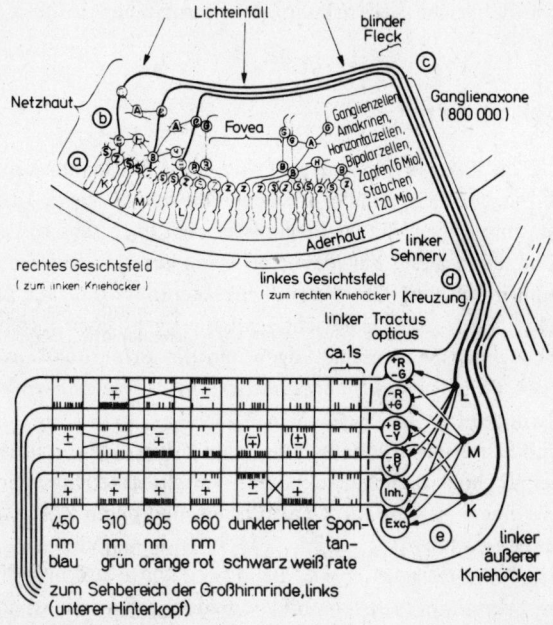

Abb. 8: Schema der linken Hälfte des menschlichen Farbwahrnehmungssystems.
ⓐ Durch farbiges Licht werden die drei Zapfenarten *K*, *M*, *L* proportional zur Intensität der jeweiligen Lichtart gereizt.
ⓑ Die Zusammenschaltung über Bipolar- und Horizontalzellen, sowie Amakrinen, erzeugt rezeptive Felder und transformiert die Reizintensität logarithmisch.
ⓒ In Form modifizierter Aktionspotentiale codiert, wird der Feldreiz über ein Ganglienaxon durch den Sehnerv weitergeleitet.
ⓓ Die von der Nasenseite der Netzhaut ausgehenden Axone wechseln in der Kreuzung zur anderen Kopfseite hinüber, die von ihrer Außenseite ausgehenden bleiben dagegen auf derselben Seite.
ⓔ Im äußeren Kniehöcker werden die *K*-, *M*- und *L*-Signale von drei Neuronensystemen in Spikesfrequenzunterschiede umgewandelt, welche die gegensätzlichen Empfindungen »Blau oder Gelb« (BY), »Rot oder Grün« (RG), »Hell oder Dunkel« (Exc. Inh.) vermitteln
→○ erregender Synapsenkontakt: Zellreaktion ⊕, Spikesrate erhöht,
—○ hemmender Synapsenkontakt: Zellreaktion ⊖, Spikesrate erniedrigt.

plausibel, daß diese Begradigung auch das Protein verändert. Der neue Körper mit dem trans-Retinen heißt Prelumirhodopsin oder auch, da er noch längerwellig absorbiert, *Bathorhodopsin* (Abb. 9). Zwei Möglichkeiten bieten sich nun: Entweder, es trifft ein zweites Photon das Bathorhodopsin und bewirkt sofortige Regeneration, oder es trennt sich das trans-Retinal vom Opsin und wird in einer Kette von Dunkelreaktionen chemisch rückgebildet.

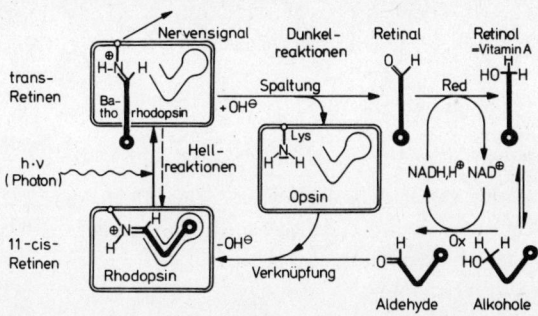

Abb. 9: Schematische Darstellung der Zersetzung und Regeneration von Rhodopsin. Die gewinkelte Tasche in dem Protein soll deutlich machen, daß nur die 11-cis-Form des Retinens hineinpaßt. Ein zweites Photon kann Bathorhodopsin auch direkt zurückverwandeln (gestrichelter Pfeil).

Es steht fest, daß ein Photon nur ein einziges von ca. 10 Millionen Rhodopsinmolekülen eines Zapfens verändert und dadurch die ganze Zelle für etwa eine Sekunde in den Erregungszustand versetzt. Dann kehrt die Zelle von selbst, d. h. nahezu ohne Energiebedarf in den Ruhezustand zurück. Anhand der schematischen Abb. 10 eines Zapfens sollen diese Verstärkung und energetische Ökonomie erklärt werden:

Denkt man sich die Membran des äußeren Zapfenabschnitts von ca. 3000 Einlässen für $Na^{\oplus}$-Ionen durchlöchert und im übrigen Bereich mit etwas zu schnell arbeitenden $Na^{\oplus}$-Pumpen bestückt, so bildet sich im Innern des Zapfens ein Kationendefizit aus, welches als Polarisation meßbar ist.

Das Ruhepotential des innen immer negativen Zapfens beträgt konstant rund 60 mV, solange nicht $Ca^{2\oplus}$-Ionen von innen die $Na^{\oplus}$-Einlässe verstopfen. Das geschieht auch nicht; denn »Rhodopsin-Deckel« versperren den von außen nachdrängenden $Ca^{2\oplus}$-Ionen den Einlaß. Wird nun ein Rhodopsinmolekül von einem Photon getroffen, so springt der Deckel auf und läßt ca. 100 $Ca^{2\oplus}$-Ionen eindringen und ausschwärmen. Die genügen, um je 10 Mio $Na^{\oplus}$-Ionen den Einlaß zu verwehren, das $Na^{\oplus}$-Defizit innen noch größer werden zu lassen und so die Zelle zu *hyperpolarisieren*. Ist dann das $Ca^{2\oplus}$-Leck durch ein regeneriertes Rhodopsinmolekül wieder verschlossen, sorgen die $Ca^{2\oplus}$-Pumpen dafür, daß die $Na^{\oplus}$-Kanäle wieder frei werden, um das Ruhepotential aufzubauen und den Zapfen erneut empfangsbereit zu machen.

[$Ca^{2\oplus}$] außen: 10^{-3} mol/l
[$Ca^{2\oplus}$] innen: 10^{-8} mol/l $\xrightarrow{h\cdot\nu}$ 10^{-7} mol/l

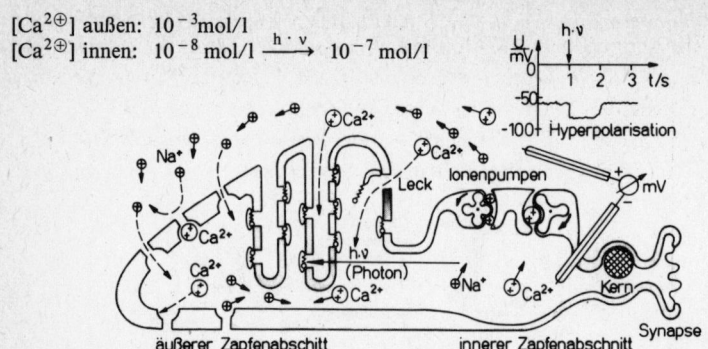

Abb. 10: Schematisierter Querschnitt durch einen Zapfen. Ein Photon hat einen Rhodopsindeckel getroffen und dadurch ein Leck geschlagen. Eingeströmte $Ca^{2\oplus}$-Ionen verstopfen $Na^\oplus$-Kanäle und bewirken Hyperpolarisation.

Die Hyperpolarisation der Zapfen wirkt als Signal über ein Netzwerk von verschalteten Reizleitungen auf Ganglienzellen ein (Abb. 8). Diese geben ohne Reizung beständig eine Spontanrate von etwa 5 bis 10 »Spikes« pro Sekunde über den Sehnerv weiter. Erfolgt ein Reiz, so erhöht oder erniedrigt sich die Spikesfrequenz, was einer Codierung des Primärreizes gleichkommt.

Alle Ganglienaxone laufen im »blinden Fleck« zusammen und verlassen dort gebündelt das Auge. Die beiden großen Sehnerven tauschen in ihrer Kreuzung die Hälfte ihrer Fasern so aus, daß in den linken äußeren Kniehöcker Eindrücke der rechten Gesichtsfeldhälften beider Augen, in den rechten nur Informationen der linken Gesichtsfeldhälften gelangen. Die beiden äußeren Kniehöcker sind die erste Anlaufstelle im Gehirn und für das Farbensehen der Primaten von zentraler Bedeutung. In ihnen bilden je zwei von sechs Neuronentypen ein System:
– Das erste ist ein additiv arbeitendes, hochempfindliches System, welches die Wahrnehmungen »vergleichsweise hell« und »vergleichsweise dunkel« vermittelt, aber farbenblind ist,
– die beiden anderen sind subtraktiv arbeitende Gegenfarbensysteme und befähigen zur Unterscheidung von Blau und Gelb bzw. von Rot und Grün (BY- bzw. RG-System).

In Abb. 8 sind hemmende *(inhibitorische)* Kontakte durch —O, erregende *(excitatorische)* durch →O wiedergegeben, so daß bei jeder der sechs Neuronenarten abzulesen ist, welche Primärreizkombination sie hemmt (−) bzw. erregt (+).

Das Blau/Gelb-System vergleicht die Reize K und L und reagiert auf $K < L$ oder $K > L$. Es registriert Abweichungen vom 495 nm-Licht besonders empfindlich und verbindet mit der Reaktion auf $K > L$ eine schwache Heller-als-Empfindung.

Das Rot/Grün-System schließlich spricht auf $M < L$ oder $M > L$ an, es hat sein größtes Farbunterscheidungsvermögen im 590 nm-Bereich, vermittelt aber keine Helligkeitskontraste.

Die Zuordnung von Farben zu den Kombinationen der Zapfenerregungen läßt wieder ein Farbenkreis (Abb. 3 B) entstehen, dessen Struktur damit auf die sinnesphysiologischen Charakteristika des Farbensehens der Primaten zurückgeführt ist.

Katzen mit nur einer Rezeptorsorte sind völlig farbenblind, während gewisse Motten einen sehr guten Farbensinn haben. Allerdings nehmen sie mit den Empfindlichkeitsmaxima K bei 350 nm, M bei 440 nm und L bei 525 nm ganz andere Kontraste wahr als wir, und es erstaunt, daß bei ihnen die Sehzellen nicht hyperpolarisiert, sondern depolarisiert werden.

Zahlreiche Besonderheiten der menschlichen Farbwahrnehmung wie das *Purkinjesche Phänomen*, die *gegenfarbigen Nachbilder* und eine Reihe von *Farbenfehlsichtigkeiten* sind heute befriedigend physiologisch erklärbar. Dennoch bleiben viele Fragen unbeantwortet, beispielsweise, wie die Rhodopsinmoleküle den $Ca^{2\oplus}$-Ionen den Einlaß verwehren (Abb. 10) oder worauf die außergewöhnlich langwellige Absorption des gleichen Retinals in den vier verschiedenen Rezeptortypen beruhen mag (vgl. Kap. 3.4.3, speziell Abb. 19). Optische Täuschungen, zu denen auch Irrtümer in der Farbwahrnehmung gehören, geben manchmal Hinweise. So stellte man bei einem Experiment fest, daß eine Farbgrenze nur dann sichtbar bleibt, wenn das Auge durch schnelle, kleine Bewegungen dafür sorgt, daß diese Grenze immer wieder auf eine andere Netzhautstelle abgebildet wird. Ohne Reizwechsel kehren nämlich die Rezeptoren, wie beschrieben, nach einer Sekunde in den Ruhezustand zurück, und die Spontanrate stellt sich trotz verschiedener Farben beiderseits der Grenze auf den Nullwert ein. Schaltet man nun das gesamte Gesichtsfeld auf grau, so werden die Gegenfarben mit scharfer Grenze »gesehen«.

Es scheint auch so, daß dieselben Zapfen, welche im äußeren Kniehöcker Farben signalisieren, bei anderen Verschaltungen zur Anzeige von Bewegungen oder von geraden Linien dienen. Wie aber funktionieren diese Simultanwahrnehmungen? Jedenfalls soviel wird deutlich: Der Gesichtssinn ist keineswegs nur ein passiver Empfänger, sondern eher einem aktiven Datenverarbeitungscomputer vergleichbar, welcher wichtige Kontraste hervorhebt, andere unterdrückt und einige optische Unzulänglichkeiten des Auges kompensiert. Unser Farbunterscheidungsvermögen ist also viel komplizierter, als wir es hier darstellen können.

Daraus wird aber auch ersichtlich, wie schwierig die Entwicklung einer objektiven Farbmetrik sein muß. Die Normfarbtafel ($2°$) der »Commission Internationale de l'Eclairage« (C.I.E.) von 1931 − vgl. Abb. 6 − ist an dem sogenannten »Normalbeobachter« mit einem Sehfeld von $2°$ orientiert. Sie gestattet es, zu jedem beliebigen Farbpunkt x,y die *farbtongleiche Wellenlänge* λ_D und den *spektralen Farbanteil* p_e ($= 0$ im Weißpunkt bis $= 1$ auf dem Spektralfarbenzug) anzugeben. Drittes objektives Charakteristikum einer Farbe ist die *Leuchtdichte* Y (= 100 bei vollkommenem Weiß, = 0 bei absolutem Schwarz), die man sich in Abb. 6 senkrecht zum x,y-Diagramm aufgetragen vorstellen muß. Die C.I.E. ist beständig um Verbesserungen der Farbmetrik bemüht. So trat neben das reizmetrische System von 1931 ein empfindungsmetrisches, das CIE 1960 UCS-Diagramm, so mußten die Normlichtarten für die Farbstoffmusterung neu definiert werden, als die UV-absorbierenden Weißtöner aufkamen usf. Das Fachorgan »Die Farbe« (Hrsg.: M. RICHTER) erschien 1980 im 29. Jahrgang und informiert laufend über neue Entdeckungen und Literatur.

3. Moleküle von Farbstoffen

Früher durfte man einen farbigen Stoff erst dann *Farbstoff* nennen, wenn man mit ihm auch färben konnte. Solange es außer Wolle, Seide, Baumwolle und Leinen kaum andere zu färbende Materialien gab, war das Kriterium brauchbar. Mit der stürmischen Entwicklung synthetischer Fasern kam jedoch Unsicherheit auf, weil sich herausstellte, daß viele zuvor als färberisch untauglich geltende Stoffe geeignet sind, Kunststoffe zu färben.

Die zur Zeit gültigen Normvorschriften DIN 55944 und 55945 verwenden den Oberbegriff *Farbmittel* für alle anorganischen oder organischen farbgebenden Stoffe und unterscheiden zwischen unlöslichen *Pigmenten* und den natürlichen oder synthetischen organischen *Farbstoffen*. Letzteren wollen wir uns zunächst zuwenden.

3.1 Bauprinzipien

Organische Farbstoffe enthalten neben Kohlenstoff und Wasserstoff in ihrem Molekül häufig Stickstoff, Sauerstoff, Schwefel oder Halogen. Jede beliebige Beispielsammlung zeigt auf den ersten Blick: Alle Farbstoffmoleküle sind ungesättigt, und immer enthalten sie Ketten, in denen sich formal Doppel- und Einfachbindungen abwechseln. Die wichtigsten Bauelemente im Inneren des *chromogenen*, d. h. farberzeugenden Teils der Moleküle sind Atome, die sich über σ-Bindungen zu einem *ebenen Rahmen* verknüpfen, in welchem überall Winkel von ca. 120° auftreten, also z. B. C- oder N-Atome mit sp²-Geometrie.

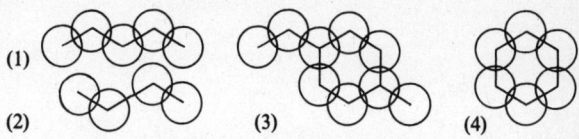

Solche Strukturen, die beispielsweise in einem Trimethin (1), in Acrolein (2), p-Nitrosanilin (3) oder Benzol (4) für eine kurzwellige Absorption verantwortlich sind, zeigen bei jedem Kern ein p_z-Orbital (in der Aufsicht als Kreis gezeichnet), welches mit einem, zwei oder drei Nachbarn überlappt und sich so am Aufbau eines π-Systems beteiligt. Bei der Besetzung dieses π-Systems mit Elektronen kommt den sogenannten »freien« p-Elektronenpaaren eine besondere Bedeutung zu (vgl. Abb. 13).

In speziellen Fällen, z. B. bei Dreifachbindungen oder in Kumulenen, können auch Atome mit ungewinkelter sp-Geometrie beteiligt sein, oder es sind nichtbindende Elektronenpaare zu berücksichtigen, die ein Orbital *in* der Ebene des σ-Gerüstes besetzen.

3.2 π-Systeme

Bei der Verschmelzung mehrerer konjugierter Doppelbindungen zu größeren π-Systemen wird Energie frei, das Molekül also stabilisiert. Diese Stabilisierung ist am ausgeprägtesten in den *Aromaten*, weniger stark in den *Polymethinen* und

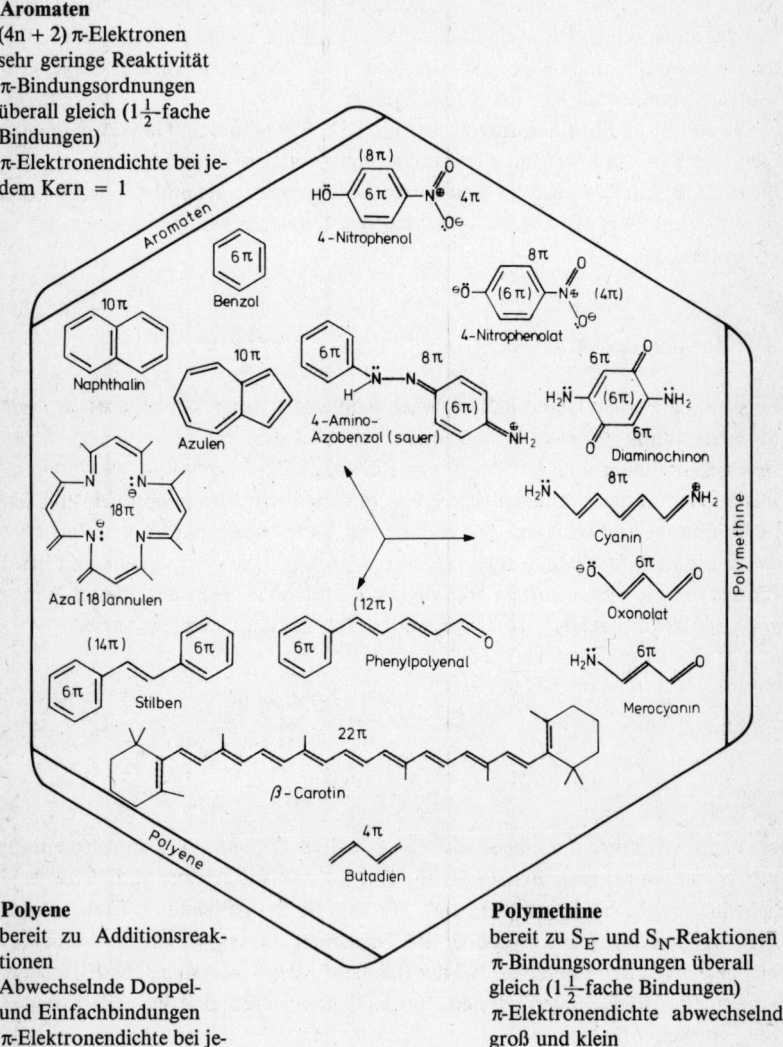

Aromaten
(4n + 2) π-Elektronen
sehr geringe Reaktivität
π-Bindungsordnungen überall gleich ($1\frac{1}{2}$-fache Bindungen)
π-Elektronendichte bei jedem Kern = 1

Polyene
bereit zu Additionsreaktionen
Abwechselnde Doppel- und Einfachbindungen
π-Elektronendichte bei jedem Kern = 1

Polymethine
bereit zu S_E- und S_N-Reaktionen
π-Bindungsordnungen überall gleich ($1\frac{1}{2}$-fache Bindungen)
π-Elektronendichte abwechselnd groß und klein

Abb. 11: Zuordnung einiger π-Systeme zu Aromaten, Polymethinen oder Polyenen. In Klammern π-Elektronenzahl konkurrierender, aber schwächerer Stabilisierungssysteme.

am schwächsten in den *Polyenen*, die sich in ihrer Reaktivität nur wenig von Alkenen unterscheiden.

Häufig konkurrieren in einem Molekül mehrere Stabilisierungstendenzen miteinander, was in Abb. 11 durch eine Zwischenstellung ausgedrückt wird. Die theoretische organische Chemie hat zahlreiche Kriterien und Methoden entwickelt, mit deren Hilfe entschieden werden kann, welche Tendenz nun dominiert. In jedem Fall ist das Ergebnis der Stabilisierung ein *energetischer Grundzustand*, der nicht mehr korrekt durch *ein* Formelbild mit lokalisierten Doppelbindungen und nichtbindenden Elektronenpaaren wiedergegeben wird. Dennoch benutzen wir wegen ihrer Übersichtlichkeit diese Schreibweise, warnen aber davor, sie als Symbol für »mesomere Grenzzustände« mit der Lichtabsorption in Verbindung zu bringen! Hierzu müssen die möglichen Anregungszustände des Moleküls, die nichts mit einem Grenzzustand zu tun haben, betrachtet werden (zur Mesomerielehre vgl. Kap. 3.5).

In der UV-Analytik hat man es im 200 nm-Bereich mit einzelnen, isolierten C=C-Doppelbindungen und mit der Carbonylgruppe zu tun, ab 250 nm mit benzoiden Strukturen und kleineren Konjugationssystemen. Schwache Vorbanden ab 300 nm lassen n→ π^*-Anregungen vermuten. Dennoch ist es nicht so, daß die Denkweisen aus der UV-Spektrometrie einfach in den längerwelligen VIS-Bereich übernommen werden dürfen. Während der UV-Analytiker aus seinen Spektren auf ungesättigte Kleinbausteine und deren Stellung im Molekül schließt, muß sich der Farbstofftheoretiker bemühen, größere, zusammenhängende Absorptionssysteme, für die häufig ganz andere Farbverschiebungsregeln gelten, zu erkennen.

Für die Farbigkeit ist das Absorptionssystem der *Polymethine* offensichtlich am interessantesten; denn mit nur 8 π-Elektronen ist das in Abb. 11 gezeichnete Cyanin bereits gelb und das 4-Aminoazobenzol sogar rot. Aromaten oder Polyene vergleichbarer Molekülgröße absorbieren dagegen nur energiereiche Photonen des UV-Bereichs, erscheinen also farblos. Die Fähigkeit der Polymethine, schon mit relativ kleinen Systemen langwellig zu absorbieren, setzt voraus, daß das Energieniveau ihres Anregungszustands so nahe an das des Grundzustands heranrückt, daß der Abstand gleich der Photonenenergie aus dem visuellen Bereich ist (vgl. Abb. 2).

Das Polymethinprinzip ist auf alle Moleküle anwendbar, für die man eine Grenzformel schreiben kann, in der sich am Ende einer Reihe abwechselnder Doppel- und Einfachbindungen ein Atom mit einem nichtbindenden Elektronenpaar befindet. Es bildet sich dann ober- und unterhalb der Kette ein π-System mit *gerader* Elektronenzahl aus, indem bezüglich des einen in das Gesamtsystem eintretenden Elektrons das Atom X der *Donator*, das übrige Molekül, besonders aber das Atom Y, der *Akzeptor* ist (5).

In der Kette wechseln nicht mehr Einfach- und Doppelbindungen ab, sondern je zwei Nachbaratome sind etwa eineinhalbfach miteinander verbunden (6).

(5) (6)

Annähernd ideal wird dieser Zustand in *symmetrischen* Polymethinen erreicht, besonders, wenn X = Y = N oder X = Y = O ist. Bezeichnet werden Polymethine nach der Zahl z der sp²-Atome *in* der Kette; ein Trimethin hat also ein lineares 6 π-System, ein Heptamethin ein 10 π-System usw. Immer gilt: π-Elektronenzahl n = z + 3.

Zusammen mit seinen Verzweigungen, Verlängerungen und Verknüpfungen stellt das π-System den lichtabsorbierenden Teil des Moleküls dar, welchen man heute allgemein Chromophor nennt. (Zum Bedeutungswandel vgl. Kap. 3.5).

Farbstoffbeispiele

a) mit symmetrischer Polymethinstruktur

(7) λ_{max} = 519 nm purpur
Streptocyanin (Heptamethin)

(8) λ_{max} = 363 nm gelblich
Oxonolat-Ion (Pentamethin)

(9) λ_{max} = 710 nm dunkelgrün
Bindschedlers Grün (Aza-nonamethin)

(10) λ_{max} = 567 nm (λ_2 = 375 nm) violett
Benzaurinanion (Nonamethin)

b) mit unsymmetrischer Polymethinstruktur

(11) Merocyanin (Heptamethin), $\lambda_{max} = 421{,}5$ nm, gelb

(12) Benzaurin (Nonamethin), $\lambda_{max} = 416$ nm, gelb

(13) 1-Aminoanthrachinon (Trimethin), $\lambda_{max} = 465$ nm (in CH_2Cl_2), rot

(14) Phenolblau (Aza-nonamethin), $\lambda_{max} = 582$ nm (in Aceton), blau

(15) 4-Aminoazobenzol (Aza-pentamethin), $\lambda_{max} = 385$ nm, gelb

(16) 4-Nitrophenolat (Aza-pentamethin), $\lambda_{max} = 396$ nm (alkalisch), gelb

(17) Anthocyan (mehrere Tri- und Pentamethine), λ_{max} ca. 530 nm, rot

(18) Indigo (zwei überlappende Trimethine bilden einen H-Chromophor), λ_{max} ca. 605 nm, blau

Läßt man ein ⟨D⟩-Elektron zum ⟨A⟩-Atom hinüberwechseln, so ergibt sich von selbst eine zweite Strukturformel, die bei symmetrischen Polymethinen zur gezeichneten spiegelbildlich ist. Nur bei Symmetrie liegt der tatsächliche Grundzustand genau in der Mitte, sonst ähnelt er der einen Struktur – in unseren Beispielen (11) bis (18) der gezeichneten – mehr als der anderen, und der Valenzausgleich in der Kette ist nur unvollkommen.

Das Einfangen eines Photons bewirkt immer eine Umverteilung der Ladung im Absorptionssystem (vgl. Abb. 16 für den symmetrischen Fall). Kennt man in *unsymmetrischen* Polymethinen diejenige Grenzformel, die dem Grundzustand am besten entspricht, so hat man mit deren Donator- und Akzeptorende bereits einen sicheren Hinweis darauf, welche Änderung der π-Ladungsdichte in diesem Fall ein Photon bewirkt: Vom *Donator* fließt Ladung ab, er ist *Donor*, zum *Akzeptor* fließt Ladung hin, er ist *Acceptor*.

Bei dieser begrifflichen, orthographischen und schließlich auch phonetischen Unterscheidung, auf die wir in Kap. 3.4.3 nochmals eingehen werden, wird uns vermutlich mancher Leser nicht folgen wollen. Vielleicht gelingt es, zu einer Diskussion anzuregen, aus der sich bessere Vorschläge zur Terminologie und Notation ergeben.

Es sei nochmals präzisiert: Die Bezeichnung eines Atoms mit Donator ⟨D⟩ oder Akzeptor ⟨A⟩ geht von einer gezeichneten »unrichtigen« Grenzformel aus und beschreibt, wie sich die vorhandenen n- und π-Elektronen im wahren Grundzustand verteilen; die Rolle eines Donors bzw. Acceptors dagegen bezieht sich auf den Grundzustand und gibt an, welche Umverteilung von Ladung mit dem Einfang eines Photons einhergeht. Nach GRIFFITHS ist ein Donor meist einfach gebaut, während ein Acceptor auch ein größerer Molekülteil sein kann. (Vgl. (29) und Abb. 21).

Die Frage erscheint berechtigt, ob in *jedem* Farbstoff eine Polymethinstruktur enthalten ist. Tatsächlich fällt es Molekülen ohne ein Atom mit einem freien Elektronenpaar neben konjugierten Doppelbindungen, also ohne »Polymethintrick« schwer, den Anregungszustand so weit an den Grundzustand anzunähern, daß die Absorption vom kurzwelligen Ende her in den VIS-Bereich vordringt. Einige erreichen dies mit einer genügend langen Kette von konjugierten Doppelbindungen, die natürlichen Carotinoide mit sieben $C=C$-Bindungen und mehr, oder durch Ringschluß wie die [18]Annulene. In anderen sind vier und mehr aromatische Ringe kondensiert (Tetracen, Pentacen, höher annellierte Carbonylfarbstoffe usw.), oder das System ist nichtalternierend wie im Azulen (Abb. 11).

In einigen Fällen kann aus einem nichtbindenden Orbital einer Carbonyl-, Nitroso- oder Azogruppe, das *in* der σ-Ebene des Moleküls liegt, ein Elektron in ein höheres π-Orbital gehoben werden. Diese langwellige *n→π*-Anregung* erfolgt jedoch mit sehr geringer Wahrscheinlichkeit, äußert sich also in einer schwachen Bande, die oft von breiten Hauptbanden überdeckt wird, so daß sie vornehmlich von theoretischem Interesse bleibt. Ähnliches gilt für die farbigen, chemisch unbeständigen *Radikale*.

Sieht man von den erwähnten höher annellierten Carbonylfarbstoffen ab, so läßt sich *in allen technisch wichtigen* Farbstoffen wenigstens eine Polymethinstruktur im chromogenen Teil des Moleküls auffinden, und es lohnt sich, immer zunächst einmal nach ihr zu suchen. Leider erweist sich das Polymethinprinzip gerade wegen seiner Universalität als ungeeignet, darauf eine Farbstoffklassifizierung aufzubauen. Andere, die Farbigkeit mitbestimmende Strukturelemente sind oft sehr viel deutlicher in verwandten Molekülen zu erkennen und dienen daher besser zur Charakterisierung einer Farbstoffklasse.

3.3 Klassifizierungen

Wer sich bei der Einteilung der Farbstoffe mehr am Gesamtbau des Moleküls – oft auch erkennbar an gleichen Synthesewegen – orientiert, wird zu einer anderen Klassifizierung gelangen als derjenige, der in erster Linie am chromogenen, für die Farbe verantwortlichen Kern des Moleküls interessiert ist. Zwei Beispiele mögen dies illustrieren:

Einteilung nach RYS-ZOLLINGER
(orientiert an der praktischen Verwendbarkeit und Synthese)

1. Azofarbstoffe mit einer oder mehreren $-N=N-$-Gruppen zwischen aromatischen Systemen.
2. Nitro- und Nitrosofarbstoffe mit NO_2- oder NO-Gruppen.
3. Polymethinfarbstoffe mit der Unterteilung in Cyanine, Oxonole und Merocyanine. Hinzugenommen werden die Naturfarbstoffe des Quercetin- und Cyanidin-Typs, sowie die Carotinoide.
4. Aza[18]annulen-Farbstoffe (Phthalocyanine; Häm, Chlorophylle).
5. Di- und Triarylcarbonium-Farbstoffe und ihre Aza-Analoga.
6. Schwefelfarbstoffe meist unbekannter Konstitution, aber großer technischer Bedeutung.
7. Carbonylfarbstoffe mit der Unterteilung in Indigoide, Anthrachinon-Substitutionsprodukte u. a.

Einteilung nach GRIFFITHS
(orientiert an dem farberzeugenden Absorptionssystem)

1. *n→ π*-Chromogene* mit den Gruppen Carbonyl ($\rangle C=\ddot{O}$), Imino ($\rangle C=\ddot{N}-$), Azo ($-\underset{..}{N}=\ddot{N}-$), Nitroso ($-\underset{..}{N}=\ddot{O}$), Thionitroso ($-\underset{..}{N}=\ddot{S}$) und Thiocarbonyl ($\rangle C=\ddot{S}$).
2. *Donor-Acceptor-Chromogene* mit
   a) einfachem Acceptor, z. B. der Carbonyl- (in Merocyaninen), Nitro- oder Cyanogruppe,
   b) komplexem Acceptor des Chinon-, Azo-, Indigo- und Zwitteriontyps.
3. *Chromogene auf der Basis gestreckter oder cyclischer Polyene*, diese wieder unterteilt in benzoide, nichtbenzoide und nichtalternierende Ringsysteme.
4. *Cyaninartige Chromogene* mit symmetrischen Absorptionssystemen, d. h. Cyanin- und Oxonolfarbstoffe, Amino- und Hydroxyarylmethane und deren

Aza- und Heterocycloanaloga und schließlich die dinitroanionischen Farbstoffe.

Internationale Anerkennung genießt der um Vollständigkeit bemühte *Colour Index* (GB und USA), der 1924 erschien und in der Auflage von 1956, zusammen mit einem Nachtrag von 1963, fünf Bände umfaßt. Er ordnet alle technisch verwendeten Farbstoffe zunächst einer der folgenden Klassen zu:
Säure-, Beizen-, basische, Dispersions- und Naturfarbstoffe; Naturpigmente; Lebensmittel-, Leder-, Direkt-, Schwefel-, Küpen-, Entwicklungs-, Reaktiv-, Pigmentfarbstoffe und optische Aufheller.

Außerdem werden Lösungsmittel, Zwischenprodukte und Reduktionsmittel verzeichnet.

Innerhalb einer Klasse bestimmen die Farbtöne gelb, orange, rot, violett, blau, grün, braun, schwarz und – bei Pigmenten – weiß die Ordnung.

Im zweiten Teil erfolgt eine Art Dezimalklassifikation nach chemischen Gesichtspunkten. Der vorher als C.I. Vat Blue 4 verzeichnete Küpenfarbstoff *Indanthron* (225), von dem im dritten Teil allein 37 Handelsnamen genannt werden, erhält nun die Nummer C.I. 69800, seine Konstitution, Synthesen, chemischen Eigenschaften, sein Erfinder, Literatur über ihn usw. werden aufgeführt. Der dritte Teil nennt Hersteller und standardisierte Echtheitsprüfungen und enthält ein umfangreiches Register.

Dieses Standardwerk erfaßt mehrere 10000 Farbstoffe, von denen ca. 3000 zu speziellen Zwecken synthetisiert, 500 im industriellen Maßstab produziert werden; nur ca. 100 finden als Pigmente technische Verwendung.

Die Problematik der Farbstoffklassifikationen wird deutlich, wenn sich Autoren wie RYS-ZOLLINGER oder GRIFFITHS bewußt und begründet von der Systematik des C.I. distanzieren.

Die Buchstaben- und Zahlenkombinationen hinter Handelsnamen folgen als Verschlüsselung bestimmter Farbstoffeigenschaften keiner einheitlichen Norm. So kann ein B hinter Rot bedeuten, daß der Farbstoff *b*asisch ist – womit man allerdings kationisch meint – oder einen *B*laustich hat oder daß er zum Färben von *B*aumwolle taugt. Auch Sortimentsbezeichnungen wie Sirius-, Fanal-, Immedialecht- usw. dienen dank ihrer Einprägsamkeit eher dem Verkaufserfolg als der wissenschaftlichen Information.

3.4 Absorptionssysteme

Den ersten Teil dieses Kapitels, die allgemeinen Grundlagen, möge der weniger theoretisch interessierte Leser überspringen und sich gleich dem einfachsten Modell, dem des linearen Elektronengases, zuwenden. Mit den Ergebnissen dieses Modells kann man auch arbeiten, ohne ihre quantentheoretische Herleitung nachvollzogen zu haben.

3.4.1 Modelle der theoretischen Chemie

»*Die Entwicklung quantenchemischer Rechenverfahren in den vergangenen 20 Jahren erlaubt heute die zuverlässige und routinemäßige Berechnung sowohl der Wellenlängen als auch der Intensitäten der Lichtabsorptionsbanden beliebiger organischer Verbindungen. Damit ist das Problem des Zusammenhanges zwischen Farbe und Konstitution im Prinzip gelöst*« *(M.* KLESSINGER, *Chemie in unserer Zeit, 1978).*

KLESSINGER charakterisiert mit dieser — vielleicht etwas euphorischen — Feststellung den heutigen Stand der chemischen Farbentheorie. Nach welchem Prinzip der Quantenchemiker vorgeht, legte HEILBRONNER in einem Grundsatzreferat anläßlich einer Tagung mit dem Thema »Optische Anregung organischer Systeme« 1964 dar (siehe Lit.). Auf beide Autoren stützen wir uns in den folgenden Ausführungen.

Die Basis der quantentheoretischen Deutung des Absorptionsverhaltens eines organischen Moleküls ist die *allgemeine, zeitunabhängige Schrödingergleichung* $\mathcal{H}\Xi = \varepsilon \cdot \Xi$. Hierin ist Ξ eine Funktion, die von allen Koordinaten (einschließlich der Spinkoordinate) aller Kerne und Elektronen abhängt. Links des Gleichheitszeichens wird auf Ξ ein Operator angewandt. Dieser *Hamiltonoperator* $\mathcal{H}$ kann ganz einfach die zweite Ableitung von Ξ nach einer Raumkoordinate sein, ist aber im allgemeinen sehr viel komplizierter. Die rechte Seite der Schrödingergleichung ist das Produkt von Ξ mit einer Größe ε, die sich aus sogenannten Eigenwerten ε_ξ der Funktion Ξ zusammensetzt. Da zu den Eigenwerten proportionale Energiebeträge E_ξ gehören, kennt man mit allen ε-Werten auch alle möglichen Energieinhalte des Moleküls. Mit anderen Worten: Würde man zu $\mathcal{H}$ und Ξ alle möglichen E_ξ-Kombinationen ermitteln, so ließe sich zu jedem eingestrahlten Photon der Energie E_{phot} sagen, ob zwei Werte E^x und E^y vorkommen, für welche $E^y - E^x = E_{phot}$ ist. Bei vollständiger Kenntnis von Ξ läßt sich auch die Wahrscheinlichkeit berechnen, mit welcher dieses Photon absorbiert wird. Die sich ergebende Kurve entspräche vollkommen dem experimentell ermittelten Absorptionsspektrum ((α) der Abb. 12).

Bis heute jedoch kann diese perfekte Lösung bei keinem größeren Molekül angegeben werden, man kann nur ahnen, wie kompliziert sie wäre! Wenn also vereinfacht werden muß, um überhaupt arbeiten zu können, hat man sich zunächst zu überlegen, was die Näherungslösung mindestens leisten soll. Genügt es, wenn sie nur die mittlere Lage der längstwelligen Bande liefert, oder will man alle mittleren Bandenlagen berechnen können? Benötigt man die relative Bandenintensität, im gezeichneten Fall etwa »mittel — gering — stark«? Will man darüberhinaus Vorhersagen zur Polarisationsrichtung bestimmter Übergänge machen können?

Es hat sich herausgestellt, daß für gewisse Farbstoffklassen sehr einfache Ansätze bereits erstaunlich leistungsfähig sind (vgl. Kap. 3.4.2), für andere hin-

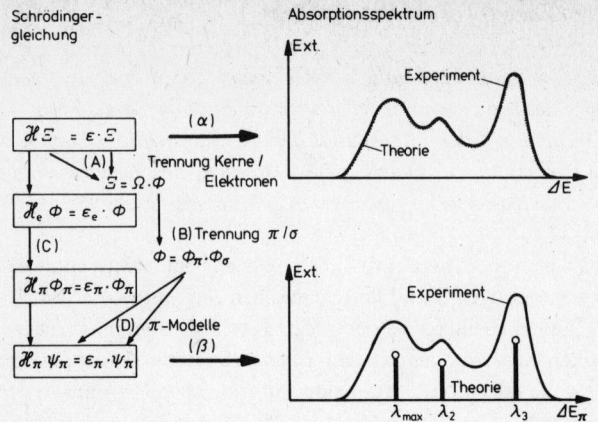

Abb. 12: Näherungsverfahren zur quantentheoretischen Berechnung der Lichtabsorption (nach HEILBRONNER).

gegen nur ein erheblicher mathematischer Aufwand einigermaßen befriedigende Ergebnisse erbringt (z. B. Gruppe 2b der Einteilung nach GRIFFITHS, Kap. 3.3).

Zwei vernünftige Annahmen vereinfachen zunächst die Funktion Ξ:
(A) Die Kerne (Funktion Ω) und die Elektronen des Systems (Funktion Φ) werden getrennt betrachtet, da die leichten Elektronen jeder Kernbewegung praktisch trägheitslos folgen können: $\Xi = \Omega \cdot \Phi$.
(B) Die Orbitale des Typs π werden von denen des Typs σ separiert: $\Phi = \Phi_\pi \cdot \Phi_\sigma$. (Abb. 11). Diese Trennung ist schon nicht mehr unproblematisch; denn in einigen Fällen darf man die Wechselwirkung zwischen σ- und π-Elektronen nicht vernachlässigen.
(C) Parallel dazu vereinfacht sich der Hamiltonoperator. Obwohl $\mathcal{H}_\pi$ nur die Funktionen Φ_π zu bestimmen hat, muß er berücksichtigen:
 – ein festes Core-Potential, zu welchem die Potentiale der Kerne, der inneren Elektronenschalen und der σ-Elektronen zusammengefaßt werden,
 – die kinetische Energie der π-Elektronen,
 – die gegenseitige Coulombwechselwirkung der π-Elektronen,
 – die Austauschwechselwirkung bei parallelem oder antiparallelem Spin.

Leider ist bei Farbstoffmolekülen eine Lösung der Gleichung $\mathcal{H}_\pi \Phi_\pi = \varepsilon_\pi \cdot \Phi_\pi$ immer noch zu kompliziert.
(D) Hier nun setzt die Phantasie des Theoretikers ein, sich durch Näherungsfunktionen Ψ_π beschriebene Modelle zu schaffen, welche Φ_π und den zugehörigen Operator $\mathcal{H}_\pi$ noch weiter vereinfachen. Es liegt auf der Hand, daß solche Modellverfahren immer nur gewisse charakteristische Züge der Absorptionsspektren wiedergeben, z. B. nur die mittlere Lage und Gesamtintensität einer Bande ((β) in Abb. 12).

Die einfachsten Ansätze ermitteln die Funktion Ψ_π aus *Einelektronen-Funktionen* φ_i, wie z. B. die HÜCKEL-Methode: Durch Linearkombination von Atomorbitalen (LCAO) werden Hückel-Molekülorbitale (HMO) ermittelt, zu denen jeweils eine ganz bestimmte Orbitalenergie berechnet werden kann.

Auch das KUHN-Modell, welches in Kap. 3.4.2 vorgestellt wird, ist ein *Einelektronenmodell*.

Mehrelektronenmodelle berücksichtigen die Wechselwirkung der π-Elektronen untereinander und konfigurationsbedingte Besonderheiten. Das PARISER-PARR-POPLE-Verfahren (PPP) unterscheidet beispielsweise zwischen cis- und trans-Konfiguration, was die einfache HMO-Methode nicht tut.

Ohne elektronische Rechenanlagen wären die Fortschritte der Farbstofftheorie der letzten Jahrzehnte nicht möglich gewesen. Die Iterationsverfahren der SCF-Rechnungen (self consistent field) z. B. sind so umfangreich, daß nur Maschinen sie hinreichend schnell und genau durchführen können. Laufend wird an einer Verbesserung der Verfahren gearbeitet, um z. B. die Überlappung nicht nur benachbarter Atomorbitale zu berücksichtigen, die Trennung von σ und π z. T. wieder aufzuheben und intermolekulare Einflüsse bei Moleküllaggregaten in die Betrachtungen einzubeziehen. Die Spezialisten verständigen sich — wie unter Computerleuten üblich — durch Abkürzungen: »MINDO« heißt z. B. die Methode »modified intermediate neglect of differential overlap«, welche sich selbst natürlich als Fortentwicklung von »INDO« versteht. Mögen auch die meisten eher praktisch orientierten Farbstoffchemiker ein gewisses Mißtrauen gegenüber allzu mathematisierenden Theorien hegen, so steht es doch außer Frage, daß die abstrakten Theorien das Verständnis der Farbigkeit vertieft und die Praxis auf erfolgreiche neue Wege gewiesen haben. Umgekehrt war die Farbenchemie dasjenige Gebiet, auf welchem die noch junge Quantentheorie jene durchschlagenden Erfolge hatte, die auch die skeptischen Chemiker von ihrer Aussagekraft überzeugten.

3.4.2 Das KUHNsche Modell des linearen Elektronengases

Das einfachste Modell eines Farbstoffabsorptionssystems wurde von HANS KUHN erstmalig 1948 in der Zeitschrift »Helvetica Chimica Acta« vorgelegt. Es gestattet bei symmetrischen Polymethinen eine sehr genaue Berechnung der Hauptabsorption und bei verwandten Farbstoffen noch immer eine gute Abschätzung. Seine Basis ist eine Einelektronen-MO-Theorie, die ein *gestrecktes π-System der Länge L* voraussetzt. L ergibt sich einmal aus der Anzahl z und dem Abstand der Csp^2-Atome in der Kette, zum anderen aus der Natur der Endgruppen (Abb. 13). Das Streptocyaninkation

$$(H_3C)_2\ddot{N} - (CH)_5 = \overset{\oplus}{N}(CH_3)_2$$

beispielsweise baut aus 7 p_z-Orbitalen ober- und unterhalb des σ-Gerüstes ein 8 Elektronen enthaltendes π-System auf, welches sich wie ein Doppelschlauch über das ganze Molekül erstreckt. KUHN nannte diesen Doppelschlauch »eindimensionales Elektronengas«. In der angegebenen Cyaninformel erscheint die linke *Amino*gruppe als Elektronendonator, die rechte *Immonium*gruppe als Elektronenakzeptor, ein Unterschied, der in der wahren Elektronenverteilung natürlich verschwindet. Dennoch wollen wir die Molekülformel immer mit *fettem Doppelpunkt* und lokalisierten Doppelbindungen schreiben, sowie die Funktionen ⟨D⟩ und ⟨A⟩ entsprechend zuordnen. Der Doppelpunkt soll dazu auffordern, sich von der gezeichneten Strukturformel zu lösen und den wahren Zustand daraus abzuleiten. Wie in allen Polymethinen ergeben zwei D-Elektronen, ein A-Elektron und von jeder der z Methingruppen ein weiteres Elektron die Zahl n im Absorptionssystem:

$$n = z + 3 \qquad [3.1]$$

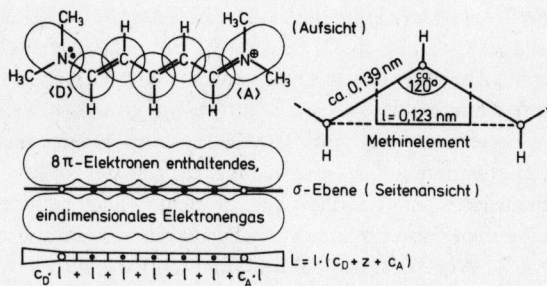

Abb. 13: Berechnung der Länge L des eindimensionalen Elektronengases.

Den Beitrag l, den jede Methingruppe zu L leistet, ermittelt man aus dem Abstand der C-Kerne in Benzol: 0,139 nm. Wegen der Winkelung der Kette erhält man l = 0,123 nm für jede CH-Gruppe und für die Endgruppen deutlich mehr, was durch die Faktoren $c_D = c_A > 1$ ausgedrückt wird (Abb. 13). Die Formel

$$L = l(c_D + z + c_A) = l(z + 2c_{D/A}) \qquad [3.2]$$

liefert in unserem Beispiel L = 0,123 (5 + 2 · 1,83) nm = 1,065 nm.

Nachstehende Auswahl zeigt, daß andere Paare symmetrischer Endgruppen einen geringeren oder größeren Beitrag zu L leisten, was sich in den Faktoren $c_{D/A}$ ausdrückt (siehe Schema S. 35).

Kennt man von einem symmetrischen Polymethin diesen Endgruppenfaktor $c_{D/A}$ und die Anzahl z seiner Methingruppen, so kann man nach der einfachen Formel

$$\lambda_{absorb.} = 50 \, (z + c_{D/A}^2) \text{ nm} \qquad [3.3a]$$

⟨D⟩ / ⟨A⟩	$c_{D/A}$
$\ddot{\underset{\ominus}{O}}$ — / = O	1,44 bis 1,56
$(H_3C)_2\ddot{N}$ — / = $\overset{\oplus}{N}(CH_3)_2$	1,82 bis 1,92
Ph–NH — / = NH–Ph (Diphenylamino)	2,16 bis 2,20
Benzothiazol-Dimer (N–C_2H_5)	2,49 bis 2,52

* Anm.: Durch den Ringschluß über das Schwefelatom enthalten diese Endgruppen bereits das erste bzw. das letzte C_{sp^2}-Atom der Methinkette: die homologe Reihe beginnt mit z = 3 (Trimethin).

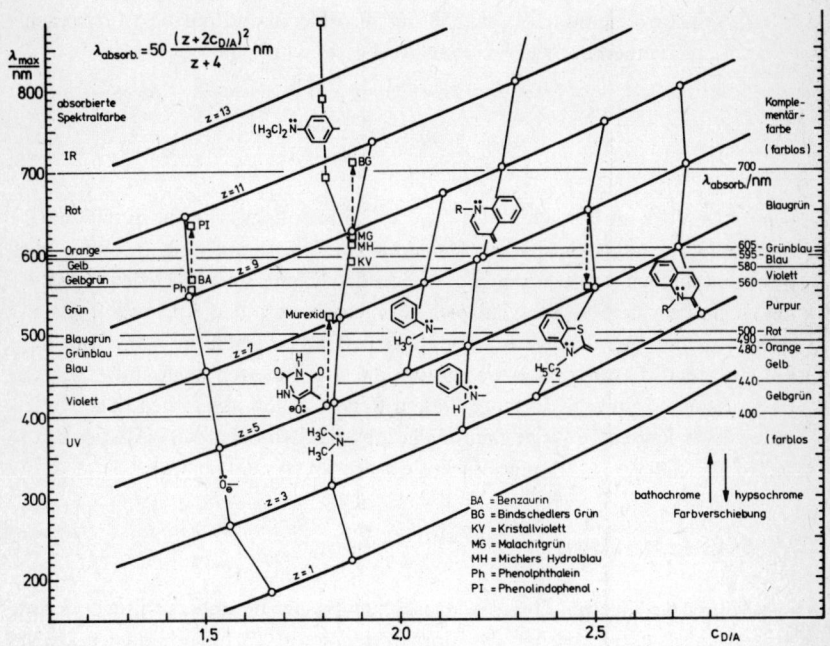

Abb.14: Die Farbe symmetrischer Polymethine.

die Hauptabsorption — und damit im allgemeinen auch die Farbe — berechnen. Setzt man für z nacheinander 1, 3, 5 usw. ein, so erhält man eine Kurvenschar (Abb. 14), der man unmittelbar entnimmt,

- daß symmetrische Polymethine mit z = 5, 7 und 9 sicherlich farbig sind,
- daß in einer Serie mit symmetrischem Endgruppenpaar der Unterschied zum nächstfolgenden ca. 100 nm beträgt (»vinylene shift«) und
- daß Diarylmethinfarbstoffe des Typs $\ddot{D}-Ar-CR=Ar=A$ wie Nonamethine $\ddot{D}-(CH)_9=A$ berechnet werden können (Michlers Hydrolblau, Benzaurin u. a.).

Zwei Beispiele:
- Das Pentamethin der Abb. 13 mit dem Donatorende $(H_3C)_2\ddot{N}-$ gehört zu der Serie bei $c_{D/A} \approx 1{,}85$, einer dünnen senkrechten Linie, welcher auch die Farbstoffe MG, MH, KV und BG zugeordnet sind. Der entsprechende symmetrische Akzeptor ist $\overset{\oplus}{=}N(CH_3)_2$, und für z = 5 liest man links die absorbierte Wellenlänge 415 nm und rechts die erscheinende Farbe Gelbgrün ab. (Vgl. auch Abb. 25).
- Phenolphthalein hat als Dianion $\ddot{O}^{\ominus}Ar-CPhCOO^{\ominus}Ar=O$ das Donatorende $\ddot{O}^{\ominus}$ mit dem zugehörigen Akzeptor =O und dazwischen eine Nonamethinkette. Es müßte bei ca. 550 nm absorbieren und purpurrot aussehen.

Zum Zeichnen der Kurvenschar in Abb. 14 wurde die Formel

$$\lambda_{absorb.} = 50 \frac{(z + 2c_{D/A})^2}{(z + 4)} \text{ nm} \qquad [3.3\,b]$$

benutzt, welche im Bereich $1{,}5 < c_{D/A} < 2{,}5$ allerdings sehr gut durch die einfachere [3.3a] angenähert wird. Das erhaltene Diagramm stellt die Basis aller farbtheoretischen Betrachtungen der folgenden Kapitel dar. Für jeden Farbstoff mit einem Polymethinsystem läßt sich darin ein Platz finden, und zwar liegen die symmetrischen mit unsubstituierter Kette $-(CH)_z=$ genau auf einer der Kurven, während die unsymmetrischen und die substituierten nach einfachen, am Ende dieses Kapitels zusammengefaßten Regeln davon abweichen. Zur Herleitung dieser Regeln benötigt man einige physikalisch-chemische Aussagen, die das KUHNsche Modell über gestreckte Absorptionssysteme macht.

Theoretische Herleitung

Das Modell des linearen Elektronengases benutzt eine besonders einfache Schrödingergleichung, in welcher der Hamiltonoperator $\mathscr{H}_\pi$ nichts anderes als die zweite Ableitung einer Orbitalfunktion ψ nach der Längskoordinate x des Moleküls ist. Die Differentialgleichung $\mathscr{H}_\pi\psi = \varepsilon \cdot \psi$ (vgl. Abb. 12) vereinfacht sich also zu $\psi'' = \varepsilon \cdot \psi$ und hat die Lösung $\psi = \alpha \sin kx$.

Die Länge L des Absorptionssystems ist nach Gleichung [3.2] berechenbar und wird benötigt, um die Koeffizienten α und k festzulegen. Daraus wiederum lassen sich wichtige Charakteristika der Farbstoffe entwickeln:

- aus der Energie E_{phot}, die sich als Differenz von Orbitalenergien berechnen läßt, ergibt sich die Wellenlänge der Hauptabsorption,
- die Verteilung der π-Elektronendichte längs L macht die Farbrelevanz von Substitutionen verständlich,
- sogar über die Wahrscheinlichkeit des Photoneneinfangs lassen sich Aussagen machen.

Der Chemielehrer in der Sekundarstufe II kann sich nicht immer darauf verlassen, daß im Mathematikunterricht die trigonometrischen Funktionen mit ihren Ableitungen und Integralen behandelt wurden. Daß das KUHN-Modell eine höchst sinnvolle Anwendung darstellt, braucht nicht eigens betont zu werden und motiviert vielleicht auch Nichtmathematiker, einen Teil der eigenen Unterrichtszeit zu einem Ausflug in die Quantenphysik zu verwenden. Kennen die Schüler die trigonometrischen Funktionen nicht, kann Gleichung [3.3] also nicht hergeleitet werden, so verbietet das doch nicht, diese Gleichung bzw. das Diagramm Abb. 14 zur Begründung der Farbigkeit zu benutzen. Schließlich ist es ein Wesensmerkmal naturwissenschaftlichen Denkens, daß auf gewissen Prämissen deduktiv ein Gebäude von Lehrsätzen aufgebaut wird, ohne daß die Prämissen ihrerseits noch weiter zurückverfolgt werden, sei es, weil die Grundlagen zu abstrakt werden, sei es, weil mathematische oder andere Voraussetzungen fehlen. Der Lernende, der die Deduktionen nachvollzieht, bringt für sich in einen überschaubaren Teilbereich Ordnung, wobei die Hoffnung besteht, daß er immer mehr solcher Lokalordnungen miteinander zu größeren Komplexen verknüpft.

Für die Koeffizienten k in $\psi = \alpha \sin kx$ folgt aus sogenannten *Randbedingungen*, daß nur mit ganz bestimmten Werten k_i Molekülorbitale MO_i durch die Funktionen $\psi_i = \alpha \sin k_i x$ beschrieben werden. Eine solche Randbedingung lautet $\psi_i(0) = \psi_i(L) = 0$ und fordert von jeder Lösungsfunktion, daß sie am Anfang und am Ende des Moleküls den Wert Null hat. Nur, wenn $k_i = \dfrac{i\pi}{L}$ ist, erfüllt ein ψ_i diese Bedingung, und die zugehörigen Funktionsbilder (Abb. 15) sind *stehende Wellen* der Länge

$$\lambda_1 = 2L, \; \lambda_2 = L, \; \lambda_3 = \frac{2L}{3}, \; \lambda_4 = \frac{L}{2}, \; \ldots, \; \lambda_i = \frac{2L}{i}.$$

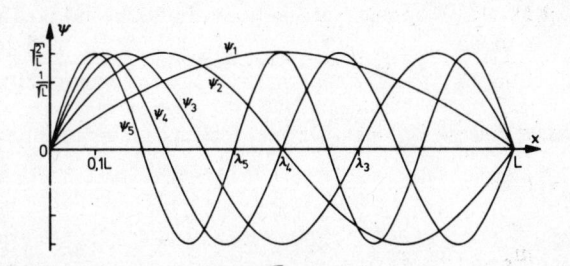

Abb. 15: Graphen der ersten fünf ψ-Funktionen.

Differenziert man $\psi_i = \alpha \sin\left(\dfrac{i\pi}{L} x\right)$ zweimal nach x, so erhält man die Ableitungsfunktionen $\psi_i'' = -\dfrac{i^2\pi^2}{L^2} \alpha \sin\left(\dfrac{i\pi}{L} x\right)$. Die Schrödingergleichungen für i = 1, 2, 3, ... lauten also

$$-\frac{i^2\pi^2}{L^2} \alpha \sin\left(\frac{i\pi}{L} x\right) = \varepsilon_i \cdot \alpha \sin\left(\frac{i\pi}{L} x\right)$$

und liefern die Eigenwerte $\varepsilon_i = -\dfrac{i^2\pi^2}{L^2}$. Diese sind gequantelt; denn es ergeben sich für eine feste Länge L des π-Systems nur ganz bestimmte Werte, die zueinander im Verhältnis 1:4:9:16:25:... stehen. Andere Eigenwerte gibt es nicht.

Zur Ermittlung der Energiedifferenz zwischen dem Grundzustand und dem Anregungszustand des π-Systems, also zur Berechnung der Anregungsenergie $\Delta E = E_{phot}$ benötigt man zwei Prämissen:

Die *De-Broglie-Beziehung* $\lambda = \dfrac{h}{m \cdot v}$ und das *Pauli-Prinzip*, nach welchem ein Orbital von maximal zwei Elektronen besetzt sein kann. Die acht π-Elektronen des Cyanins in Abb. 13 besetzen demnach im Grundzustand 4 Molekülorbitale, zu denen man aus Abb. 15 die Wellenlängen λ_i abliest. Das vierte – das höchste besetzte – Molekülorbital wird gemäß der englischen Abkürzung mit HOMO (highest occupied MO), das fünfte – das niedrigste unbesetzte – entsprechend mit LUMO (lowest unoccupied MO) bezeichnet. Man muß nun annehmen, daß bei der Absorption eines Photons ein Elektron aus dem HOMO in das LUMO »springt« und dabei seine Energie genau um den Betrag E_{phot} vergrößert. Hierzu müssen wir die Energiedifferenz $E^{(5)} - E^{(4)}$ berechnen.

Die De-Broglie-Beziehung $\lambda = \dfrac{h}{m \cdot v}$ verlangt, daß man jedes π-Elektron als stehende Welle der Länge λ_i auffaßt, gleichzeitig aber auch als Teilchen mit der Masse $m_e = 9{,}11 \cdot 10^{-31}$ kg und einer bestimmten Geschwindigkeit v. Zu $\lambda_4 = \dfrac{L}{2}$ gehört $v_4 = \dfrac{h \cdot 2}{m_e \cdot L}$, zu $\lambda_5 = \dfrac{2}{5} L$ entsprechend $v_5 = \dfrac{h \cdot 5}{m_e \cdot 2L}$.

Die *kinetische Energie* $E_{kin} = \dfrac{m_e}{2} v_i^2$ des Elektrons nimmt bei der Anregung also um den Betrag

$$E_{kin}^{(5)} - E_{kin}^{(4)} = \frac{m_e}{2} \cdot \frac{h^2 \cdot 5^2}{m_e^2 \cdot (2L)^2} - \frac{m_e}{2} \cdot \frac{h^2 \cdot 4^2}{m_e^2 \cdot (2L)^2} = \frac{h^2}{8 m_e L^2} (5^2 - 4^2) \text{ zu.}$$

$5^2 - 4^2 = 9$ gilt für 8 π-Elektronen, für 10 wäre $6^2 - 5^2 = 11$, für 12 entsprechend $7^2 - 6^2 = 13$ usw. einzusetzen, und bei n Elektronen gilt $E_{phot} = \dfrac{h^2(n+1)}{8\,m_e\,L^2}$ oder $\lambda_{absorb.} = \dfrac{h \cdot c}{E_{phot}} = \dfrac{8\,c\,m_e\,L^2}{h(n+1)}$. Damit ist man am Ziel; denn mit den Beziehungen [3.1] und [3.2] erhält man nach Einsetzung der Naturkonstanten die Gleichung [3.3b] oder [3.3a], eine in den meisten Fällen hinreichend genaue Näherungsformel.

Anmerkungen:

1. Wir meinen, daß sich das Kuhnsche Modell hervorragend zur Einführung in die Quantenrechnung und Orbitallehre eignet: In keinem anderen Fall ist die Beziehung der De-Broglie-Wellenlänge der betrachteten Elektronen zur Geometrie des Systems, hier der Längsachse des Moleküls, so einfach wie beim Bild vom »eindimensionalen Elektronengas«. Das Elektron im Radialfeld eines Protons, also das Wasserstoffatom, ist mathematisch sehr viel schwieriger.
2. Die Elektronenenergien sind deshalb wie die Eigenwerte ε_i gequantelt, weil sie sich von diesen nur durch einen konstanten Faktor unterscheiden:

$$E_{kin\,i} = -\frac{h^2}{8\,\pi^2 m_e}\,\varepsilon_i\,.$$

Alle v_i-Werte bleiben sehr klein gegenüber der Lichtgeschwindigkeit, was dazu berechtigt, zur Berechnung der Energiestufen die Ruhemasse m_e des Elektrons und nicht die nach der Einsteinformel vergrößerte $m(v)$ einzusetzen. Erst der Sprung eines Elektrons von einer Stufe zur anderen macht den Widerspruch der Energiequantelung zur klassischen Physik deutlich: Kann man sich noch – in Analogie etwa zur Akustik – vorstellen, daß sich von einem Augenblick zum andern eine Frequenz schlagartig erhöht, so ist dasselbe doch undenkbar für die Geschwindigkeit v_i eines Teilchens der Masse m_e. Obwohl der Versuch, sich die Elektronengeschwindigkeit konkret vorzustellen, scheitert, verknüpft v_i physikalisch sinnvoll die De-Broglie-Wellenlänge λ_i mit der Energie E_i, die einem Elektron vor bzw. nach der Anregung des Systems zugeschrieben wird.
3. Die Annahme, daß die Photonenenergie durch Erhöhung *nur* der kinetischen, nicht auch der potentiellen Energie eines Elektrons aufgenommen wird, gilt für Moleküle mit über L konstantem, außerhalb L unendlich großem Corepotential. Sie muß bei Polyenen, bei polaren oder in der Methinkette azasubstituierten Molekülen modifiziert werden. Wegen des ⌊_⌋-förmigen Potentialverlaufs wurden auch die Bezeichnungen »Kastenmodell«, »electron in a box«, »Kastenpotential« u. a. eingeführt, während man mit dem Namen »FE-Methode« (free electron) betont, daß *alle π-Elektronen als im System frei beweglich* angenommen werden.

Das zweite Charakteristikum des Farbstoffmoleküls, das man aus der ψ-Funktion erhält, ist die Ladungsverteilung $Q(x)$ längs L. Hierzu betrachtet man nicht die Wellenfunktionen selbst, sondern ihre Quadrate; denn die Funktionen ψ_i^2 haben eine anschauliche Bedeutung: Ihr Integral über ein Stück von L, z. B. $\int_{x_1}^{x_2} \psi_i^2 dx$, gibt an, mit welcher Wahrscheinlichkeit man jedes der beiden

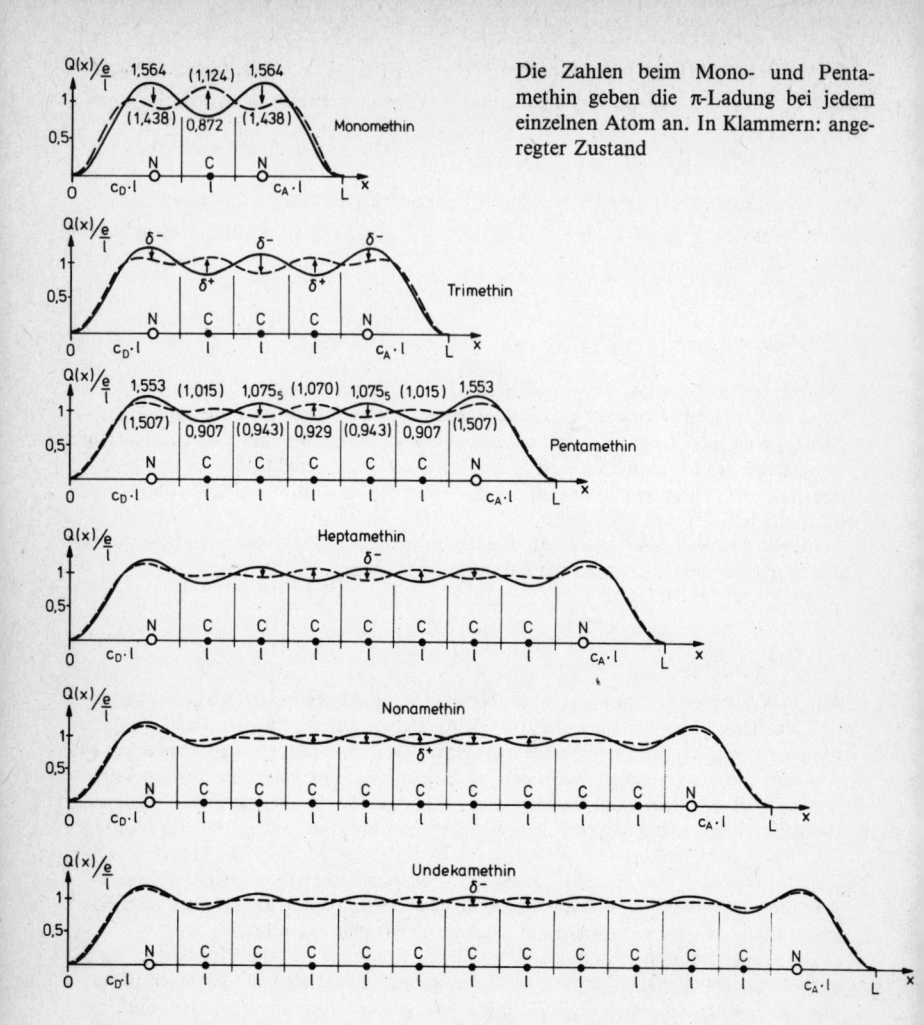

Die Zahlen beim Mono- und Pentamethin geben die π-Ladung bei jedem einzelnen Atom an. In Klammern: angeregter Zustand

Abb. 16: Ladungsdichte Q(x) über L in symmetrischen Cyaninen und Umverteilung im angeregten Zustand; Kernlagen für $c_D = c_A = 2{,}0$.

zugehörigen Elektronen in dem Abschnitt zwischen x_1 und x_2 antrifft. Die Antreffwahrscheinlichkeit über der ganzen Länge L hat natürlich den Wert 1, also

$$\int_0^L \psi^2 dx = 1 \text{ oder } \int_0^L \alpha^2 \sin^2\left(\frac{i\pi}{L}x\right) dx = \alpha^2 \left[\frac{x}{2} - \frac{L}{4i\pi} \sin\left(\frac{2i\pi}{L}x\right)\right]_0^L =$$

$$\alpha^2 \cdot \frac{L}{2} = 1.$$

$\alpha = \sqrt{2/L}$ richtet sich jetzt nach der Länge L, ψ ist *normiert* worden. Wenn nun jede der Funktionen ψ_i^2 für zwei Elektronen die Antreffwahrscheinlichkeit angibt, so müßte — wieder 8 π-Elektronen angenommen — die Gesamtverteilung $Q = e(2\psi_1^2 + 2\psi_2^2 + 2\psi_3^2 + 2\psi_4^2)$ für den Grundzustand und $Q^* = e(2\psi_1^2 + 2\psi_2^2 + 2\psi_3^2 + \psi_4^2 + \psi_5^2)$ für den Anregungszustand berechenbar sein. Man erhält die Kurven der Abb. 16, die mit Hilfe des Kleincomputers WANG 600 gezeichnet wurden.

Diesen Kurven ist zu entnehmen:
— Im Grundzustand verteilt sich die Ladung symmetrisch so über L, daß beide Endgruppen ein δ^- erhalten, deren Nachbarn δ^+ usw., bis in der Mitte bei Mono-, Penta- und Nonamethinen δ^+ herauskommt, bei Tri-, Hepta- und Undekamethinen dagegen δ^-.
— Im angeregten Zustand ist die Ladung in der Methinkette umverteilt, am stärksten bei den drei mittleren Methingruppen: δ^- wird zu δ^+, δ^+ zu δ^-. Berechnete Ladungsverschiebungen in einem Pentamethin lassen sich aus den Zahlenangaben ablesen: Aus jeder Endgruppe fließen 0,046 Ladungseinheiten zur benachbarten Methingruppe, die von der anderen Seite her weitere 0,062 LE erhält. In das Zentrum hinein fließen von jedem Nachbarn 0,0705, also zusammen 0,141 LE. Das Molekül bzw. Ion als Ganzes wird jedoch *nicht polarisiert* oder gar in einen »mesomeren Grenzzustand« versetzt!

Substitutionsbedingte Farbverschiebungen

Weiterhin lassen die Ladungsverteilungen Q und Q* der Abb. 16 Aussagen über die Einflüsse von Substitutionen zu. Wird der Grundzustand stärker stabilisiert als der angeregte Zustand, so vergrößert dies die zur Anregung nötige Photonenenergie und bewirkt Hypsochromie, während man im entgegengesetzten Fall Bathochromie beobachtet (Abb. 4).

(19)

Beispiele

Michlers Hydrolblau (19, R = H) absorbiert als Nonamethin mit dem Endgruppenfaktor $c_{D/A} = 1,8$ nach Gleichung [3.3] bei $\lambda = 50(9 + 1,8^2)$ nm ≈ 610 nm. Die mittlere Methingruppe $-CH=$ erhält im Grundzustand δ^+. Die Substitution $-CH= \rightarrow -CR=$ verschiebt bathochrom, wenn R ein Elektronenakzeptor, hypsochrom, wenn es ein Donator ist. *Malachitgrün* (19, $-R = -C_6H_5$, schwach ⟨A⟩) absorbiert bei 621 nm, *Kristallviolett* (19, −R = −C$_6$H$_4$N̄(CH$_3$)$_2$, mittel ⟨D⟩) bei 590 nm, das gelbe *Auramin*(19, −R = −N̄H$_2$, stark ⟨D⟩) bei 434 nm, und mit −R = −ŌCH$_3$, einem schwächeren Donator, erhält man einen purpurroten Farbstoff, der bei etwa 525 nm absorbiert. (Spektren vgl. Abb. 51). Vergleicht man *Bindschedlers Grün* (9) mit Michlers Hydrolblau, so wird die starke bathochrome Verschiebung verständlich, weil die Elektronegativität des Stickstoffs den Anregungszustand begünstigt. Die Hauptabsorption liegt bei 710 nm. Man beachte, daß das nichtbindende Elektronenpaar des zentralen Aza-N-Atoms nicht in das langwellig absorbierende π-System eintritt; denn es besetzt ein in der σ-Ebene liegendes Hybridorbital.

Nicht nur bei Nona- und Pentamethinen, sondern auch im UV-Bereich der Monomethine hat die zentrale Aza-Substitution bathochrome Wirkung. Während Formiate Ō$^\ominus$CH=O farblos sind (λ ca. 185 nm), haben Nitrite Ō$^\ominus$N=O eine gelbliche Farbe, weil sich ihre Absorptionsbande bis ins sichtbare Violett hinein erstreckt.

Gerade umgekehrt sind die Ladungsverhältnisse in der Mitte eines Hepta- oder Trimethins, wo im Grundzustand die zentrale −CH=-Gruppe δ$^-$ erhält. Dieses δ$^-$ wird durch eine Aza-Substitution stabilisiert, womit eine Anregung erschwert ist: Das Cyanin (20) absorbiert bei 648 nm, sein Analogon (21) bei 554 nm.

Wenn zwei Polymethine durch Einfachbindungen miteinander *verkoppelt* sind, so daß δ$^+$ mit δ$^+$ oder δ$^-$ mit δ$^-$ verknüpft wird, tritt immer ein stark bathochromer Effekt auf. Ein Beispiel ist das 2.5-Diaminochinon (22) (vgl. Abb. 11), welches in Dimethylsulfoxid (CH$_3$)$_2$SO mit einer Absorption bei 488 nm orangerot erscheint.

Im zweiten Beispiel (23) sind zwei Pentamethine dreifach verkoppelt. Die Aufweitung der Querverbindungen auf über 150 pm, Einfachbindungen entsprechend, hebt den aromatischen Charakter dieser Verbindungen weitgehend auf. Angaben zur Struktur und Lichtabsorption gekoppelter Polymethine findet man in Arbeiten von LEUPOLD und DÄHNE.

Zusammenfassung der wichtigsten Farbregeln für Polymethine $D-(CH)_z=A$

Regel 1: Von allen einfachen Polymethinsystemen haben bei gleicher Kette die mit symmetrischen Endgruppen die tiefste Farbe. Jede Störung der Symmetrie des Absorptionssystems wirkt sich in einer hypsochromen Farbverschiebung aus.

Regel 2: Die längstwellige Lichtabsorption eines symmetrischen Polymethins richtet sich nach der Zahl z der Methingruppen und nach der Natur der Endgruppen, ausgedrückt durch den Faktor $c_{D/A}$:

$$\lambda_{max} = 50 \frac{(z + 2c_{D/A})^2}{z + 4} \text{ nm} \approx 50 (z + c_{D/A}^2) \text{ nm}.$$

$c_{D/A}$-Werte können der Abb. 14 entnommen werden. Bei Verlängerung der Kette um eine Vinylengruppe $-CH=CH-$ erhöht sich z um 2, also λ um die sogenannte »*Vinylenverschiebung*« von ca. 100 nm.

Regel 3: Durchläuft die Konjugation aromatische Systeme, so ist λ geringfügig kleiner als bei dem entsprechenden trans-Polymethin.

Regel 4: Die Ladungsverteilung im Grundzustand ergibt in der Methinkette abwechselnd δ^+ und δ^-, also bei z = 3 + − +, bei z = 5 + − + − + usw. Ist eine δ^+-markierte Methingruppe $-CH=$ durch $-\underline{N}=$ ersetzt oder wird ihr Wasserstoffatom durch eine Akzeptorgruppe substituiert, so ist die Absorption bathochrom, bei Substitution des H durch eine Donatorgruppe dagegen hypsochrom verschoben. Die gleichen Substitutionen an einer δ^--markierten Methingruppe haben entgegengesetzte Wirkung.

	Bathochromie	Hypsochromie
δ^+	$-CH= \rightarrow -\bar{N}=$ $-CH= \rightarrow -CA=$	$-CH= \rightarrow -CD=$
δ^-	$-CH= \rightarrow -CD=$	$-CH= \rightarrow -\bar{N}=$ $-CH= \rightarrow -CA=$

Hieraus folgt das *Kopplungsprinzip:* Zwei direkt über Einfachbindungen verkoppelte Polymethine wirken mit einer δ^+-Stelle als Akzeptor, mit einer δ^--Stelle als Donator wechselseitig aufeinander ein.

Eine weitere, hier nicht begründete Regel lautet:

Regel 5: Geht die stabilste Konfiguration der Methinkette, die all-trans-Form, an irgendeiner Stelle in die cis-Konfiguration über, so verschiebt sich die Absorption *bathochrom*, gleichzeitig aber auch *hypochrom* (vgl. Abb. 4). Das heißt: λ_{max} wird zwar größer, $\varepsilon_{\lambda max}$ jedoch kleiner, die Farbintensität also geringer. So kann beispielsweise aus Marineblau Jadegrün werden, aus Bordeauxrot ein blasses Violett oder aus Orange Rosa.

Mit der theoretischen Begründung dieser Farbregeln, die zum größten Teil schon lange bekannt sind, befaßten sich u.a. W. KÖNIG (1926), J. D. KENDALL (1935) und E. B. KNOTT (1951).

3.4.3 Grenzen des linearen Modells

Michlers Hydrolblau (19, R = H) ordnet sich als symmetrisches Nonamethin zwanglos in das Diagramm der Abb. 14 ein. *Malachitgrün* und *Bindschedlers Grün* lassen sich — wie in Kap. 3.4.2 geschehen — von ihm ableiten und folgen dabei den Polymethin-Farbregeln genauso wie das *Benzaurinanion* (10), das *Phenolphthaleindianion* (304) und die *Phenol-indophenole* (24), bezogen auf $^\ominus\text{Ö}-(\text{CH})_9=\text{O}$. Diese Farbstoffionen sind zwar geladen, jedoch weder im Grund- noch im angeregten Zustand in Längsrichtung polar. Den Valenzausgleich im Absorptionssystem erkennt man an der Gleichberechtigung der beiden Grenzformeln $\langle D \rangle\ \ddot{X}-(\text{CH})_9=Y\ \langle A \rangle \leftrightarrow \langle A' \rangle\ X=(\text{CH})_9-\ddot{Y}\ \langle D' \rangle$, zwischen denen die wahren Bindungsverhältnisse genau in der Mitte liegen. Verschlechtert sich dieser Valenzausgleich durch Unsymmetrie, so stoßen wir an die Grenzen der einfachen Modellvorstellung von einem linearen Elektronengas. Das heißt jedoch nicht, daß die Überlegungen, die zur Abb. 14 führten, deshalb wertlos werden. Man findet in diesem Diagramm zu jedem Polymethinsystem vergleichbare symmetrische Verwandte, so daß man den Grad der Störung ablesen und diskutieren kann.

Tillmanns Reagens, der bekannte Indikator Dichlorphenolindophenol, absorbiert in seiner blauen Form (24a) im 600 nm-Bereich wie ein in der Mitte azasubstituiertes Nonamethin mit dem D/A-Paar $^\ominus\text{Ö}-/=\text{O}$. Nach Eintritt eines Protons auf einer Seite verschiebt sich die Absorption hypsochrom.

In der roten Form (24b) entspricht der wahre Valenzzustand zweifellos eher der oberen Grenzformel, in welcher das Molekül einen phenolischen Flügel links und einen chinoiden rechts besitzt. Aber auch hier besteht die Neigung zum Valenzausgleich, und es bildet sich in Richtung auf die untere Grenzformel hin

λ_{max} ca. 600 nm : blau λ_{max} ca. 500 nm : rot
(24a)   (24b)

ein leichter Dipol aus, der bei Anregung durch Licht noch verstärkt wird. Solche Absorptionssyteme nennt man auch *Donor-Acceptor-Chromophore*, weil beim Übergang vom Grund- in den Anregungszustand Ladung von einem Ende – hier der phenolischen OH-Gruppe – zum anderen – hier der chinoiden Carbonylgruppe – hinüberfließt. Die meisten technischen Farbstoffe, u. a. Azofarben und Anthrachinone, sind von dieser Art.

Um einer Verwechslung vorzubeugen, sei betont, daß es sich beim Ladungsfluß in π-Systemen lediglich um eine Änderung der Partialladung bei jedem Atomkern und nicht um den Platzwechsel einer vollen Elementarladung handelt. Ein derartiger »charge transfer« kommt in Kristallen vor, in denen Photonenenergie die Übertragung eines Elektrons von einem Ion auf ein anderes bewirkt, beispielsweise von $Fe^{2\oplus}$ auf $Ti^{4\oplus}$ im blauen Saphir.

Wie in Kap. 3.2 ausgeführt, ist bei energetisch ungleichen Grenzstrukturen normalerweise die $\langle D \rangle$-Gruppe der »richtigeren« Formel zugleich auch *Donor* bei Anregung, ihre $\langle A \rangle$-Gruppe entsprechend *Acceptor*. In komplizierteren Fällen läßt sich aber nicht ohne weiteres erkennen, von wo nach wohin bei Anregung Ladung im System verschoben wird.

(25)

Besonders einfache Beispiele sind die *Merocyanine* (25). Ihre Verwandtschaft mit den symmetrischen Polymethinen zeigt sich in der Alternanz von δ^+ und δ^- in der Methinkette, die bei Anregung gerade umgekehrt wird. Gleichzeitig aber muß der Dipol verstärkt werden, und das kostet umso mehr Energie, je länger die Kette ist. Bei Verlängerung um eine $-\mathrm{CH}=\mathrm{CH}-$-Gruppe ist infolgedessen nicht der volle »vinylene shift« von 100 nm zu erwarten, sondern deutlich weniger. Diese hypsochromen Abweichungen werden *Brooker-Deviation* genannt (Abb. 17, vgl. auch Abb. 14).

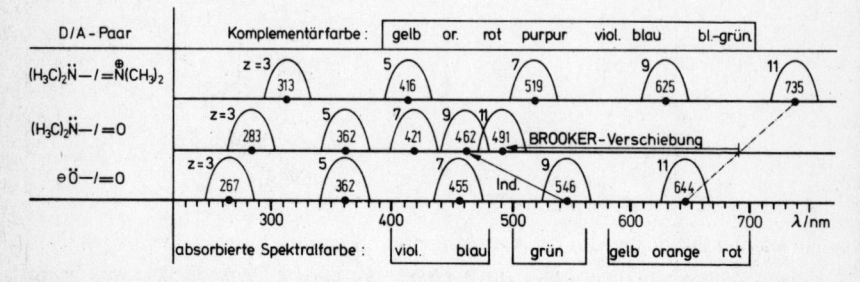

D/A-Paar	Komplementärfarbe:	gelb	or.	rot	purpur	viol.	blau	bl.-grün
$(H_3C)_2\ddot{N}-/=\overset{\oplus}{N}(CH_3)_2$	z=3 313		5 416		7 519		9 625		11 735
$(H_3C)_2\ddot{N}-/=O$	z=3 283		5 362	7 421	9 462	11 491	BROOKER-Verschiebung		
$\ominus\ddot{O}-/=O$	z=3 267		5 362		7 455 Ind.		9 546		11 644
		300		400		500		600	700 λ/nm
	absorbierte Spektralfarbe:		viol.		blau		grün	gelb orange	rot

Abb. 17: Längstwellige Absorption von Merocyaninen und symmetrischen Polymethinen $\langle D \rangle \ddot{X} - (CH)_z = Y \langle A \rangle$.

Zahlreiche Indikatoren, die im Sauren von blau nach rot, von violett nach orange oder von purpur nach gelb umschlagen, verhalten sich nach einseitiger Protonierung nicht mehr wie ein symmetrisches Nonamethin, sondern eher wie das zugehörige Merocyanin (Pfeil »Ind.« in Abb. 17). Lackmus (308) reiht sich hier ein, nicht jedoch Phenolphthalein (304); denn die Verschiebung seiner Absorption in den UV-Bereich hat andere strukturelle Gründe, auf die wir in Kap. 6.1 genauer eingehen.

Nun gibt es Chromogene, in denen das N- und das O-Atom in besondere Endgruppen eingebaut sind, welche bei der Polarisierung des Grundzustandes mithelfen. Im Vergleich mit dem angeregten Zustand haben wir drei Fälle zu unterscheiden, je nachdem, ob sich die Polarität verstärkt, gleich bleibt oder abschwächt. Im mittleren Fall ist das einfache Elektronengasmodell anwendbar, in den anderen beiden nicht. Ausschlaggebend für die Erhöhung der Anregungsenergie ist also nicht die Polarität des Grundzustandes, sondern die Verschlechterung des Valenzausgleichs.

Berechnungen ergaben für den Beispielfarbstoff III, daß er in Wasser mit einer der unteren Formel entsprechenden zentralen Doppelbindung vorliegt (26a), während in einem nichtpolaren Lösungsmittel die Valenzen fast ausgeglichen sind (26b), so daß sich die für ein symmetrisches Nonamethin typische Farbe Blau erklärt (Abb. 18).

Mit noch empfindlicherer negativer Solvatochromie reagiert der Dimroth-Farbstoff (27): 453 nm in Wasser (orange) bis 810 nm in Diphenylether (blaugrün), so daß man ihn als Indikator für die Lösungsmittelpolarität benutzt. Allerdings gehört dieser *zwitterionische* Farbstoff mit seiner geraden Anzahl

(26a)   (26b)

(27)   (Ph = —⌬)

von sp²-C-Atomen zwischen N und O nicht zu den Merocyaninen, während man den Beispielfarbstoff I, ein p-D-, p'-A-Azobenzol, sehr wohl mit dem Undekamethin $R_2N-(CH)_{11}=O$ vergleichen darf, welches bei 490 nm absorbiert.

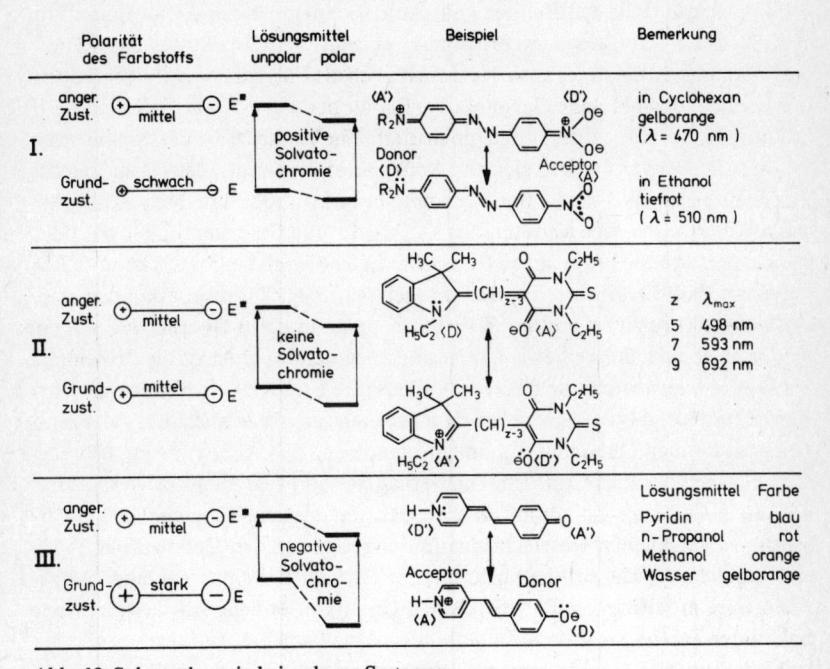

Polarität des Farbstoffs	Lösungsmittel unpolar polar		Beispiel	Bemerkung
I. anger. Zust. ⊕—mittel—⊖ E*	positive Solvato-chromie		⟨A'⟩ R_2N—⟨=⟩—N=N—⟨=⟩—$NO_2^⊖$ ⟨D'⟩ Donor ⟨D⟩ Acceptor ⟨A⟩ R_2N—⟨=⟩—N=N—⟨=⟩—$\overset{..}{N}O_2^{..}$	in Cyclohexan gelborange (λ = 470 nm) in Ethanol tiefrot (λ = 510 nm)
Grund-zust. ⊕—schwach—⊖ E				
II. anger. Zust. ⊕—mittel—⊖ E*		keine Solvato-chromie	H_3C CH_3 O ⟨=⟩—(CH)$_{z-3}$=⟨=⟩ H_5C_2 ⟨D⟩ $\overset{⊖}{O}$ ⟨A⟩ C_2H_5 H_3C CH_3 O ⟨=⟩—(CH)$_{z-3}$=⟨=⟩ H_5C_2 ⟨A'⟩ $\overset{⊖}{O}$ ⟨D'⟩ C_2H_5	z λ_{max} 5 498 nm 7 593 nm 9 692 nm
Grund-zust. ⊕—mittel—⊖ E				
III. anger. Zust. ⊕—mittel—⊖ E*		negative Solvato-chro-mie	H—N—⟨=⟩=⟨=⟩=O ⟨D'⟩ ⟨A'⟩ Acceptor Donor H—$\overset{⊕}{N}$—⟨=⟩—⟨=⟩—$O^⊖$ ⟨A⟩ ⟨D⟩	Lösungsmittel Farbe Pyridin blau n-Propanol rot Methanol orange Wasser gelborange
Grund-zust. ⊕—stark—⊖ E				

Abb. 18: Solvatochromie bei polaren Systemen.

Ganz schlecht steht es um den Valenzausgleich in *langkettigen Polyenfarbstoffen*, zu denen die Carotinoide zählen. Zwar ist die freie Drehbarkeit um die Einfachbindungen durch Konjugation eingeschränkt, aber das chemische Verhalten ist dem der Olefine sehr ähnlich. Anfangs bringt die Verlängerung um eine Vinylengruppe – etwa der Übergang vom 1.3-Dien zum 1.3.5-Trien – rund 25 nm bathochrome Verschiebung ein, bei längeren Ketten nur noch 10 nm, und über 600 nm kommt λ_{max} gar nicht hinaus: Tomaten, Karotten, Blutorangen, Herbstlaub oder die Federn von Flamingos sind nicht tiefer als rot gefärbt.

λ	ϵ
380 nm	55000 l / mol·cm
400 nm	83000 l / mol·cm
420 nm	76000 l / mol·cm

(28)

Wie die Zahlenangaben beim Dihydrobixin (28) zeigen, haben die Absorptionsbanden meist drei Spitzen und sind insgesamt über 100 nm breit. Beim β-Carotin (182 mit 184) liegen die analogen drei Peaks bei 422, 447 und 475 nm.

Es ist kein Zufall, daß Retinen (vgl. Abb. 7) einem halben β-Carotinmolekül ähnlich sieht; denn aus dem Provitamin erzeugt der Organismus das Retinol oder Vitamin A. Letzteres absorbiert auch noch als Polyenal oder Polyenimin im UV-Bereich, obwohl das elektronegative Endatom O bzw. N über seine eigene π-Bindung hinaus das ganze System polarisiert. Ein Vergleich von Phenylpolyenalen mit Diphenylpolyenen gleicher Kettenlänge bestätigt, daß Polarisierung Valenzausgleich und damit Bathochromie bewirkt (Abb. 19). Nun ist die Anregungsenergie der vier Rhodopsine (K-, M-, L- und Stäbchenrhodopsin) noch viel kleiner, was die Frage aufwirft, welcher Effekt wohl die Iminwirkung so sehr verstärkt, daß die Absorptionsmaxima bei 445, 535, 570 resp. 500 nm liegen. Verdacht fällt zunächst auf das N-Elektronenpaar in der σ-Gerüstebene, das ein Proton oder eine andere Lewissäure aufnehmen kann. Ferner ist die Proteinmatrix Opsin, welche über die basische Aminosäure Lysin das cis-Retinen in seiner Tasche festhält, in der Lage, neben dem Protonierungsgrad auch den Valenzausgleich im Retinen und damit λ_{max} mitzubestimmen. Wie Abb. 19 zeigt, steht diese Hypothese durchaus mit dem Farbverhalten von Phenylpolyenalen in saurer Lösung in Einklang. So könnte das Hochleistungssystem des menschlichen Farbensinnes auf kleinen Unterschieden in der geometrischen Gestalt eines Moleküls beruhen, welche den bathochromen Effekt der Protonierung einer Schiffschen Base modifizieren. Für die kleinen Unterschiede ließe sich beispielsweise eine in der Tasche lokalisierte Punktladung verantwortlich machen.

Wir halten fest: Je schlechter im Grundzustand eines gestreckten Absorptionssystems Einfach- und Doppelbindungen ausgeglichen sind, umso unbrauchbarer wird das Modell des eindimensionalen Elektronengases. Da auch die einfache HMO-Theorie bei diesen Chromophoren nicht zu befriedigenden Farbvoraussagen führte, und da eine Behandlung der dafür entwickelten Computerverfahren PPP, MINDO etc. hier nicht möglich ist, begnügen wir uns mit einigen ergänzenden qualitativen Anmerkungen zu solchen Systemen.

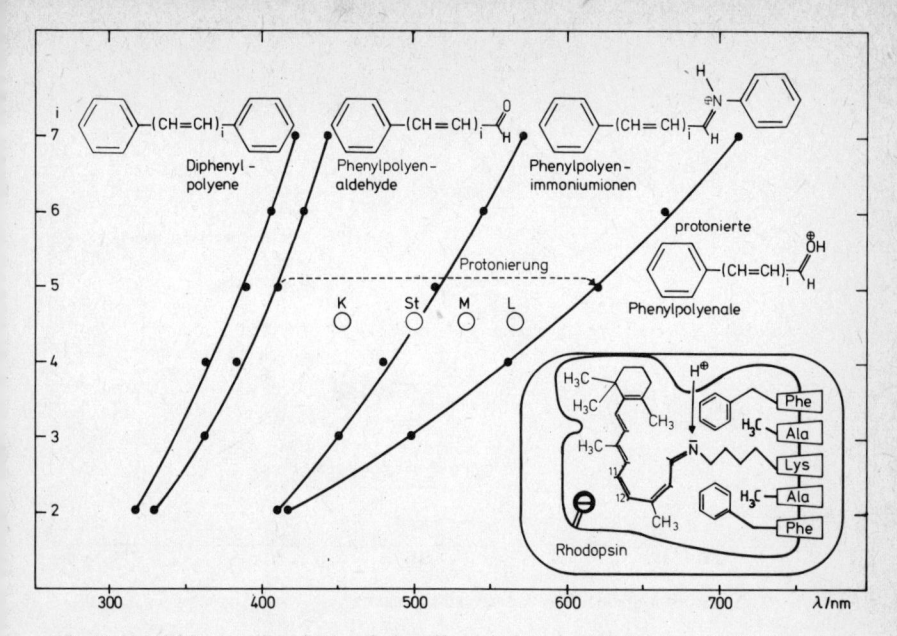

Abb. 19: Vergleich von Phenylpolyenfarbstoffen mit den vier Rhodopsinen K, M, L und St. Opsintasche mit Punktladung und Retinen als Schiffscher Base.

Bei einseitig donatorsubstituierten **Azofarbstoffen** des Typs (29) mit einem Rand-Mitte-System ist es sinnvoll, nicht allein dem zweiten Stickstoffatom der Azobrücke Acceptorfunktion zuzuschreiben, sondern dem gesamten π-System.

Im Sauren angreifende Protonen finden in der Brücke die Stelle größter Basizität und lassen sich vom freien σ-Elektronenpaar besagten N-Atoms binden. Im entstandenen Azoniumkation (30) herrscht weitgehender Valenzausgleich, so daß energieärmere Photonen zur Anregung genügen: Die Farbe verschiebt sich bathochrom (Abb. 20 und Kap. 6.1.1).

Ähnlich komplex ist in Anthrachinonen der Molekülteil, der als Acceptor fungiert. Im Alizarin-dianion (31) kann weder das Tri- noch das Pentamethin allein dessen violette Farbe im Alkalischen erklären, sondern allenfalls deren eigentümliche Verkopplung (Kap. 3.4.2 und Kap. 4.7.2).

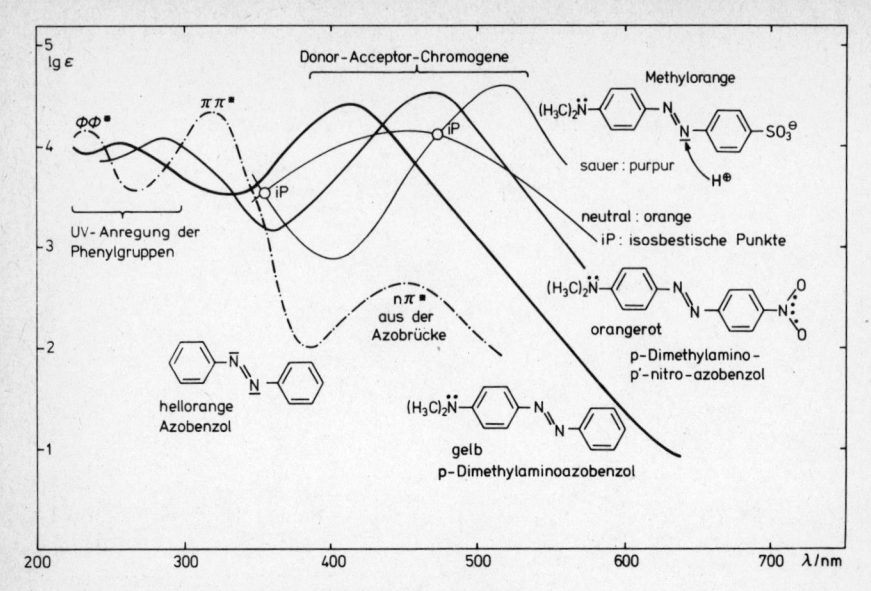

Abb. 20: Absorptionsspektren von Azoverbindungen.

Der Valenzausgleich in *Meldolas Blau* (32) mit seiner Hauptabsorption bei 575 nm findet zwischen dem Dimethylaminodonator und dem komplexen Oxazinakzeptor statt. Die gezeichnete Molekülformel kann allein kein richtiges Bild der Ladungsdichte vermitteln.

Im Aminochinon der Abb. 21 ändert sich bei Anregung durch 495 nm-Licht die π-Elektronenverteilung in der gezeichneten Weise. Wiederum ist es nicht möglich, durch mesomere Grenzformeln eine der beiden Formen wiederzugeben, aber auch das Polymethinprinzip versagt hier; denn es würde nicht vermuten lassen, daß die der Aminogruppe nächstgelegene $\rangle C=O$-Gruppe ($a_1 a_2$) bei Anregung 0,45 Ladungseinheiten erhält, während die fernere ($a_3 a_4$) sich mit 0,23 begnügen muß.

Die Untauglichkeit des Mesomeriebegriffs in der Theorie der Lichtabsorption hat auch die lange Diskussion um die Tiefe der Indigofarbe erwiesen. Zwar liegt

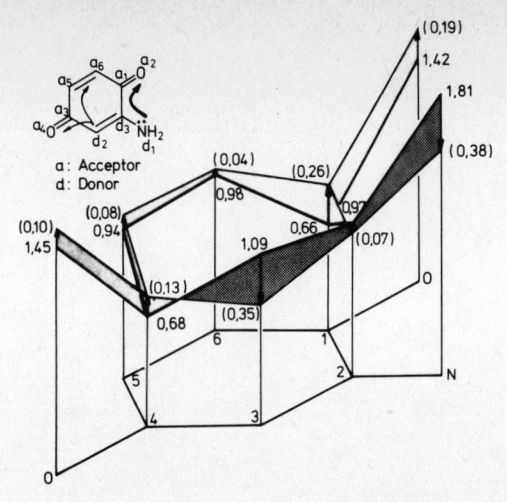

Abb. 21: Anregung von 2-Amino-chinon-1.4. Zahlen in Klammern: Änderung der π-Elektronendichte gegenüber dem Grundzustand (PPP-Ergebnisse nach KLESSINGER).

der Grundzustand etwa in der Mitte zwischen den Formen (33a) und (33b), doch würde man nach diesen Strukturen falsche Bindungslängen erwarten und den beiden Benzolringen eine zu große Beteiligung am Absorptionssystem zuschreiben. Dieses wird am treffendsten als 10π-8 Kerne-H-Chromophor beschrieben (34).

(33a)   (33b)

(34)

Die ungefähre Verteilung der zehn π-Elektronen des Chromophors vor und nach der langwelligen Absorption läßt einen Ladungsfluß von N nach C=O erkennen. Im Thioindigo (S statt NH) ist dieser Ladungsfluß erschwert, was seine höhere Farbe begründet. Aus der Vielzahl weiterer komplexer Chromophore greifen wir als letztes Beispiel die [18]-Annulene heraus. Ihr Charakteristikum ist ein ebener, mit achtzehn π-Elektronen besetzter Ring von sechzehn

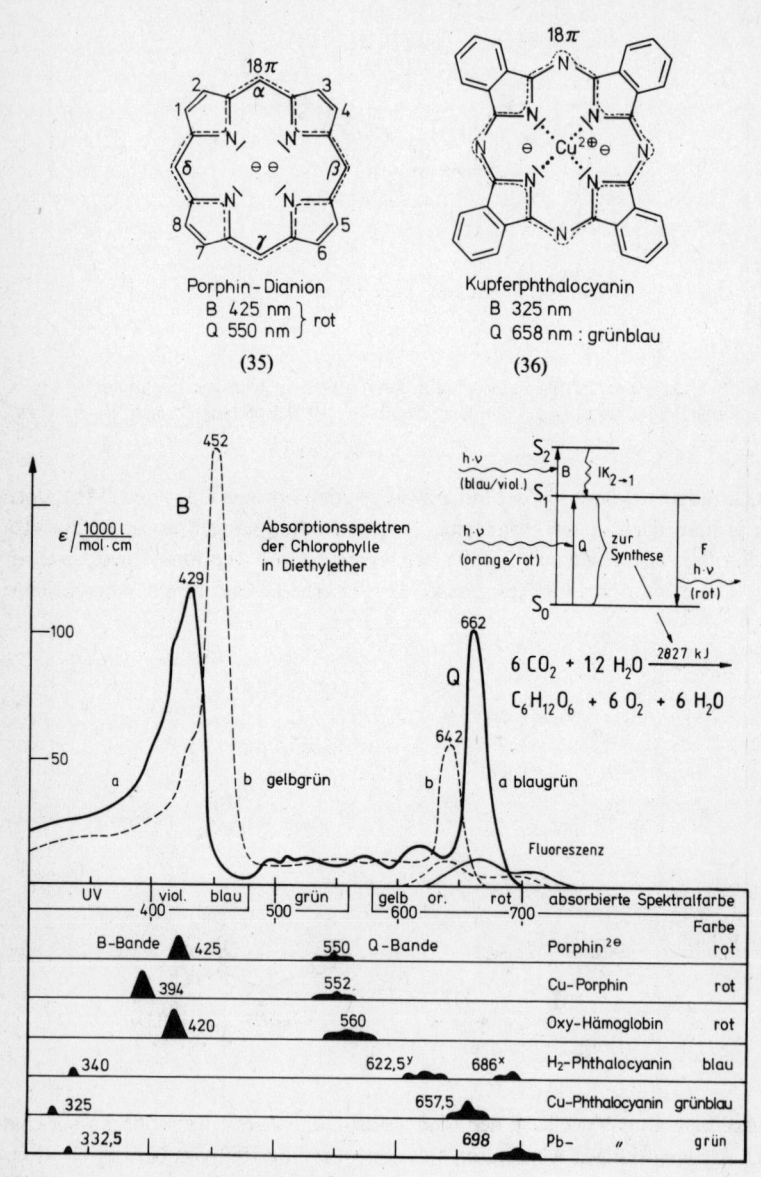

Porphin-Dianion
B 425 nm
Q 550 nm } rot
(35)

Kupferphthalocyanin
B 325 nm
Q 658 nm : grünblau
(36)

Absorptionsspektren der Chlorophylle in Diethylether

$6\ CO_2 + 12\ H_2O$
$C_6H_{12}O_6 + 6\ O_2 + 6\ H_2O$

absorbierte Spektralfarbe	Farbe
B-Bande 425 — 550 Q-Bande — Porphin$^{2\ominus}$	rot
394 — 552 — Cu-Porphin	rot
420 — 560 — Oxy-Hämoglobin	rot
340 — 622,5^y 686^x — H$_2$-Phthalocyanin	blau
325 — 657,5 — Cu-Phthalocyanin	grünblau
332,5 — 698 — Pb- „	grün

Abb. 22: Absorption einiger [18]-Annulene.

Atomen, in welchem recht guter Valenzausgleich herrscht, und der für zwei Absorptionsbanden verantwortlich ist: eine kurzwellige B-Bande hoher Extinktion und eine schwächere, langwellige Q-Bande (Abb. 22).

Zwischen den vier inneren N-Atomen und dem äußeren Rand des Ringes herrscht im Grundzustand ein Ladungsgefälle, welches bei Anregung abflacht. Vier zusätzliche Phenylringe erleichtern den Ladungstransport nach außen und verschieben bathochrom, während ein Kation in der Mitte ihn erschwert und – seiner Elektronegativität entsprechend – hypsochrom wirkt. Bei Aufhebung der Drehsymmetrie, wenn beispielsweise zwei Protonen im Zentrum gebunden werden, spaltet die Q-Bande in zwei senkrecht zueinander polarisierte Teilbanden x und y auf, die ihrerseits noch Vibrationsfeinstrukturen haben (vgl. Abb. 22 und Kap. 3.4.4).

α-, β-, γ-, δ-Tetrazasubstitution verschiebt die B-Bande unter Abschwächung in den UV-Bereich und verstärkt die Q-Bande. Viele synthetische Metallkomplexfarbstoffe dieses Typs haben hervorragende chemische Stabilität und Lichtechtheit (Kap. 4.6.2). Weniger stabil, dafür aber biologisch von großer Bedeutung sind das *Häm* (192) und die beiden *Chlorophylle* (193), auf die wir in Kap. 4.6 näher eingehen.

3.4.4 Anregung und Desaktivierung

Die unterschiedliche Neigung von Farbstoffmolekülen, Licht bestimmter Wellenlänge zu absorbieren, drückt sich in ihrem *molaren Extinktionskoeffizienten* ε aus. Wird z. B. in einer Küvette der Tiefe d eine Malachitgrünlösung der Konzentration c von Licht durchstrahlt (Abb. 23), so ist die Intensität I_d des 621 nm-Anteils dahinter viel kleiner als die Intensität I_0 davor.

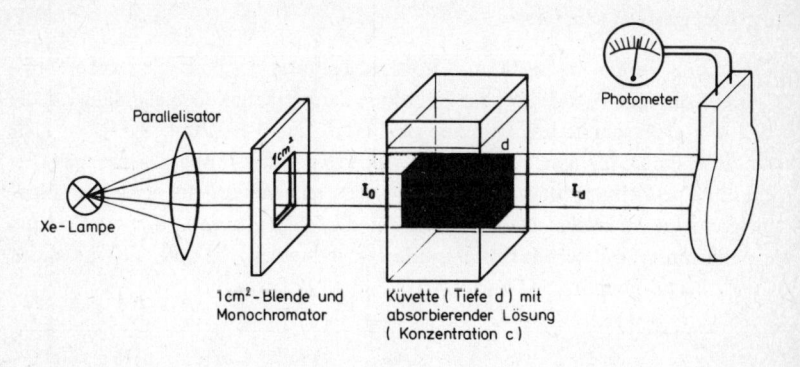

Abb. 23: Anordnung zur Messung der Absorption.

Nach dem Lambert-Beerschen Gesetz ist $\lg(I_0/I_d) = \varepsilon \cdot c \cdot d$, womit sich für Malachitgrün aus Messungen der Wert $\varepsilon_{621} = 104\,000 \text{ l} \cdot \text{mol}^{-1} \cdot \text{cm}^{-1}$ ergibt. Ist die Lösung 0,0001 molar und d = 2 cm, so hat $\lg(I_0/I_d)$ den Wert 20,8, I_d ist also kaum zu messen. Auch wenn durch Verdünnen c auf 0,00001 mol/l herabgesetzt wird, ist $\lg(I_0/I_d) = 2,08$, es gelangt immer noch weniger als 1% des 621 nm-Lichtes hindurch.

Wir wollen ermitteln, wieviele Photonen dabei in dem kurzen Block von 1 cm² Querschnitt und 2 cm Länge in der Lösung absorbiert werden, und wie oft ein Malachitgrünteilchen im Schnitt angeregt wird.

Eine gute Xe-Lampe liefert einen Lichtstrom von etwa 10^{17} Quanten pro Quadratzentimeter in jeder Sekunde. Auf diese Photonen »warten« in den 2 cm³ Lösung $V \cdot c \cdot N_A = 1,2 \cdot 10^{16}$ Absorptionssysteme, von denen jedes bei über 99%iger Extinktion also durchschnittlich achtmal pro Sekunde erfolgreich getroffen wird. »Durchschnittlich« räumt ein, daß es die vorderen, an der Seite des Lichteintritts befindlichen Moleküle öfter als achtmal pro Sekunde »erwischt«, dafür die im Inneren, vor allem aber diejenigen an der Rückseite der Küvette entsprechend seltener. Man sollte meinen, daß durch so viele Einzelabsorptionen allmählich immer mehr Farbstoffteilchen in den angeregten Zustand übergehen, so daß der Grundzustand entvölkert wird. So ist es aber nicht; denn der Anregungszustand besitzt nur eine Lebensdauer von 10^{-9} bis 10^{-8} s. Nach dieser kurzen Zeit kehren die Moleküle wieder in den Grundzustand zurück, so daß die Zahl anregbarer Teilchen praktisch unverändert bleibt.

Einige weiterführende Gedanken wollen wir nun verfolgen:
- Zunächst soll das Lambert-Beersche Gesetz erläutert werden,
- dann soll aufgrund des KUHN-Modells eine Unterscheidung *erlaubter* und *verbotener Übergänge* erfolgen und schließlich
- der *Verbleib der absorbierten Photonenenergie* diskutiert werden.

Das Lambert-Beersche Gesetz

Proportional zu den Intensitäten I_0 vor und I_d hinter der absorbierenden Probe ist jeweils die Zahl N_0 bzw. N_d der Photonen der betrachteten Wellenlänge λ, die den 1 cm²-Querschnitt pro Sekunde passieren. Das Verhältnis $N_d/N_0 = I_d/I_0$ nennt man die Durchlässigkeit oder *Transmission T_λ* der Probe. Drückt man diese durch eine Zehnerpotenz aus, $T_\lambda = 10^{-D\lambda}$, so erscheint als negativer Exponent die *optische Dichte D_λ* der Probe für die Wellenlänge λ. Wir wollen, um Verwechslungen mit dem Brechungsindex zu vermeiden, die optische Dichte einfach *Extinktion* nennen.

T_λ	99%	90%	75%	50%	25%	10%	1%	0,1%
D_λ	0,00436	0,045	0,125	0,3	0,6	1	2	3

Die Extinktion D_λ ist dimensionslos und stellt als negativer Zehnerlogarithmus der Transmission ein Maß für die Absorption der Probe – jeweils auf eine Wellenlänge bezogen – dar. Sie ist proportional zur Farbstoffkonzentration c und zur Länge d des Lichtweges in der Lösung: $D_\lambda = \varepsilon_\lambda \cdot c \cdot d$. ε_λ ist eine für diese Wellenlänge geltende, den Farbstoff charakterisierende Konstante, die zwar nicht ganz temperatur-, in weitem Bereich aber lösungsmittel- und konzentrationsunabhängig ist. ε erreicht bei gut absorbierenden Farbstoffen im Extinktionsmaximum Werte zwischen 10^4 und $3 \cdot 10^5 \, l \cdot mol^{-1} \cdot cm^{-1}$. Da sich Transmissionen leicht messen lassen, stellt die Photometrie ein sehr empfindliches analytisches Verfahren zur Konzentrationsbestimmung dar: Farbstoffmengen der Größenordnung 10^{-9} mol, »nur« 600 Billionen einzelne Teilchen, lassen sich noch identifizieren!

Der logarithmische Zusammenhang zwischen D_λ und T_λ einer Probe beruht auf einem Naturgesetz. Betrachtet man, wie der Photonenfluß N beim Durchgang durch die Probe abnimmt, so wird klar, daß am Anfang, entsprechend der hohen Trefferzahl, der Photonenverlust ΔN groß ist und später trotz gleichbleibender Farbstoffkonzentration kleiner wird. Wie immer, wenn in der Natur die Verminderung einer großen Anzahl proportional zur noch vorhandenen Zahl unveränderter Individuen ist, gehorcht der Prozeß einer Exponentialfunktion: $N = N_0 \cdot 10^{-\varepsilon \cdot c \cdot x}$. Die Stärke des Photonenstroms nimmt also auf seinem Weg x durch die Probe nach dem gleichen mathematischen Gesetz ab, wie die Menge radioaktiver Atome in einem strahlenden Präparat im Laufe der Zeit abnimmt. Analog zur Halbwerts*zeit* dort könnte man hier eine Halbwerts*tiefe* $d_{0,5}$ einführen, welche angäbe, wie tief eine Farbstofflösung der Konzentration c sein müßte, um die Intensität des Lichtes zu halbieren. Die Probe hätte dann die Extinktion $D = \varepsilon \cdot c \cdot d_{0,5} = \lg 2$, also $D = 0,301$.

Abb. 24 zeigt die Verringerung der Intensität bzw. der Stärke des Photonenstroms beim Durchgang durch Proben verschiedener optischer Dichte. Man

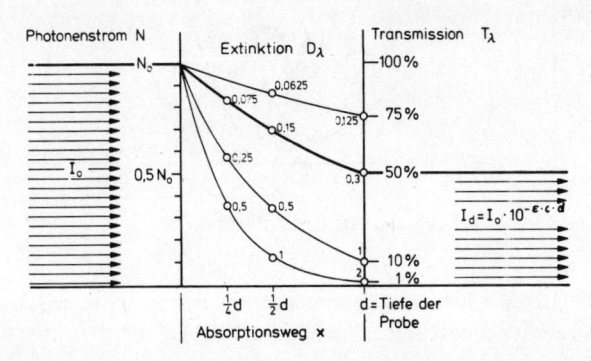

Abb. 24: Abnahme des Photonenstroms beim Durchgang durch Proben verschiedener optischer Gesamtdichte.

erkennt, daß in der Küvette mit der Gesamtextinktion $D_\lambda = 2$ (unterste Kurve) nach Durchlaufen von $\frac{1}{4}$d bereits ca. 70% der eintretenden Photonen absorbiert werden, im zweiten Küvettenviertel weitere 20%, auf der restlichen Strecke gehen noch 9% verloren, so daß schließlich die Transmission 1% beträgt.

Auch der mathematische Ansatz $dN/dx = -C \cdot N$ und die Lösung dieser Differentialgleichung führt nach Berücksichtigung von Randbedingungen und der Einführung der physikalischen Größen ε, c und d auf das Lambert-Beersche Gesetz. Seine einprägsamste Form ist wohl

$$\lg T_\lambda = -D_\lambda, \qquad [3.4]$$

worin die gesamte Transmission $T_\lambda = l_d/I_0 = N_d/N_0$ ist und die Extinktion $D_\lambda = \varepsilon_\lambda \cdot c \cdot d$.

Erlaubte und verbotene Übergänge

Bestimmt man für jeden λ-Wert beim Duchlaufen des Spektrums die Transmission, so kann man bei bekanntem c und d daraus ε berechnen und über λ oder über $\bar{\nu}$ auftragen. Sind die Schwankungen sehr groß, so empfiehlt sich für die ε-Werte eine logarithmische Skala wie in Abb. 25.

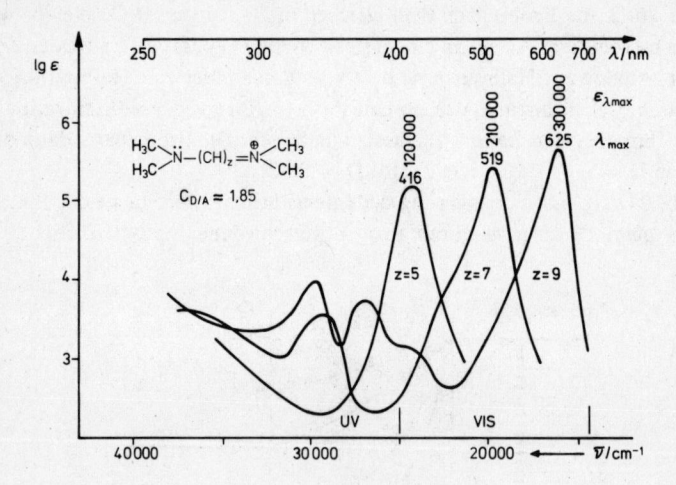

Abb. 25: Absorptionsspektren von drei Cyaninfarbstoffen.

Die drei ausgewählten Absorptionsspektren der Cyanine zeigen außer der Hauptabsorption noch weitere, allerdings um den Faktor 10 bis 100 schwächere Extinktionsmaxima im UV-Bereich. Liegen solche schwächeren Nebenabsorptionen im VIS-Bereich, beispielsweise beim Malachitgrün, so werden sie farbrelevant. Auch ihnen entspricht natürlich ein Übergang eines Elektrons von einem Energieniveau in ein anderes, doch ist offensichtlich die »Erfolgsrate« beim Zusammentreffen eines Photons mit einem Farbstoffteilchen geringer als bei der Hauptabsorption. Innerhalb der Cyaninreihe nimmt $\varepsilon_{\lambda max}$ mit wachsender Moleküllänge zu.

In einer linearen (nicht logarithmischen) ε-Skala wären die Cyaninpeaks noch viel steiler als in Abb. 25. Andere, ebenso gut absorbierende Farbstoffe haben eher breitere aber niedrigere Banden. Zum Vergleich der Absorptionsneigung hat man daher anstelle von $\varepsilon_{\lambda max}$ eine andere Größe eingeführt, die *Oszillatorstärke f*. Sie ist zur Fläche F des Absorptionspeaks proportional:

$$f = C_1 \cdot F \qquad [3.5]$$

mit $C_1 = 4{,}32 \cdot 10^{-9}$ mol $\cdot$ cm$^2 \cdot$ l^{-1}, wenn F die Dimension l $\cdot$ mol$^{-1} \cdot$ cm^{-2} erhält.

Da die Maßzahlen von F im allgemeinen zwischen 10^7 und 10^9 liegen, ergeben sich bei guten Farbstoffen Oszillatorstärken um den Zahlenwert 1 herum; Cyanine erreichen noch höhere Werte.

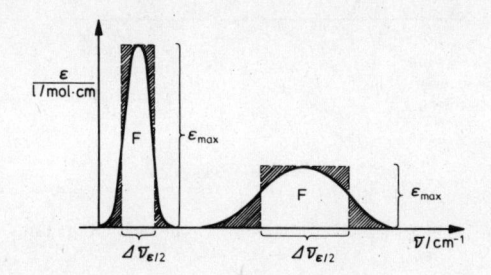

Abb. 26: Ermittlung der Oszillatorstärke f. Die Peakfläche $F = \int_{\text{Bande}} \varepsilon \, d\bar{\nu}$ läßt sich abschätzen, indem man $\varepsilon_{\max}$ mit $\Delta \bar{\nu}_{\varepsilon/2}$, der Breite in halber Höhe, multipliziert.

Theoretisch lassen sich Unterschiede der Oszillatorenstärken über das sogenannte *Übergangsmoment M* der Funktionen ψ_i und ψ_k ableiten: Es ist

$$f = C_2 \cdot \hat{\nu} \cdot M^2, \qquad [3.6]$$

worin C_2 wiederum eine Naturkonstante und $\hat{\nu}$ die mittlere Wellenzahl der betrachteten Bande, also proportional zu $(E^k - E^i)$ ist. Das Übergangsmoment in einem linearen Absorptionssystem der Länge L ist definiert als

$$M = e \cdot \int_{-\frac{L}{2}}^{+\frac{L}{2}} \psi_i \cdot r \cdot \psi_k \, dr \qquad [3.7]$$

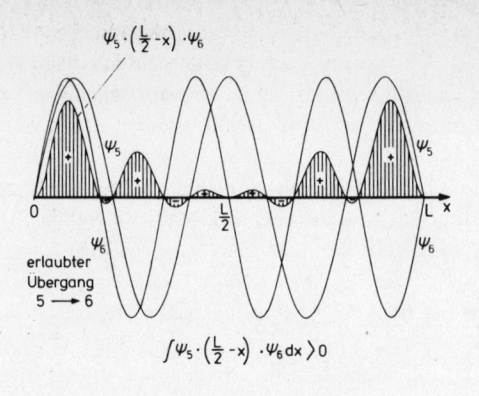

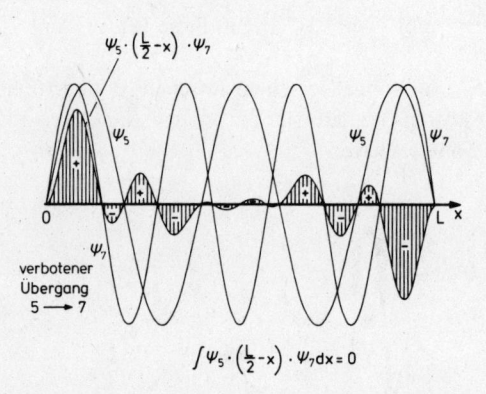

Abb. 27: Erlaubter und verbotener Übergang bei einem Heptamethin.

und hat die Dimension Ladung mal Länge. Es läßt sich zeigen, daß man mit den einfachen Funktionen $\psi_i = \sqrt{\dfrac{2}{L}} \sin \dfrac{i\pi x}{L}$ des KUHN-Modells nach [3.6] Oszillatorenstärken erhält, die gut mit den experimentell nach Abb. 25 und 26 ermittelten übereinstimmen.

z	i → k	L/nm	M/esu·cm	$\bar{\nu}$/cm^{-1}	$f_{ber.}$	$f_{exp.}$	ε_{max}/ l/mol·cm	$\Delta\bar{\nu}_{E/2}$/ cm^{-1}
5	4 → 5	1,065	$1,024 \cdot 10^{-17}$	24040	1,19	1,0	120000	1930
7	5 → 6	1,315	$1,269 \cdot 10^{-17}$	19270	1,46	1,2	210000	1320
9	6 → 7	1,568	$1,517 \cdot 10^{-17}$	16000	1,73	1,5	300000	1160

Falls das Übergangsmoment *M* nach [3.7] den Wert Null hat, tritt keine Absorption entsprechender Photonen auf, und man nennt solche Übergänge »symmetrieverboten« (Abb. 27).

Eine wichtige, ebenfalls experimentell prüfbare Konsequenz folgt aus dem *Vektorcharakter des Moments M:*

Das elektromagnetische Wechselfeld des Lichtes kann nur dann anregend wirken, wenn das Absorptionssystem richtig, d. h. senkrecht zum Lichtstrahl orientiert ist. Solange Farbstoffteilchen regellos verteilt liegen oder in Lösung herumwirbeln, und solange nichtpolarisiertes Licht auftritt, findet sicherlich Absorption statt. Schließt man aber langgestreckte Farbstoffmoleküle in plastische Folien ein und richtet sie durch Recken der Folie parallel aus, so zeigt es sich, daß *polarisiertes* Licht nur dann absorbiert wird, wenn die Polarisationsrichtung mit der Ausrichtung des Absorptionssystems übereinstimmt (Abb. 28). Nichtlineare Farbstoffe wie beispielsweise Kristallviolett (306) zeigen diesen sogenannten *Dichroismus* nicht.

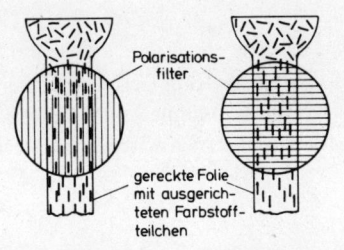

Polarisationsrichtung stimmt mit Ausrichtung der Farbstoffteilchen überein: gute Absorption, kräftige Farbe

Polarisationsrichtung ist senkrecht zur Ausrichtung der Farbstoffteilchen: schlechte Absorption, blasse Farbe

Abb. 28: In einer Folie ausgerichtete Farbstoffteilchen zeigen Polarisationsdichroismus.

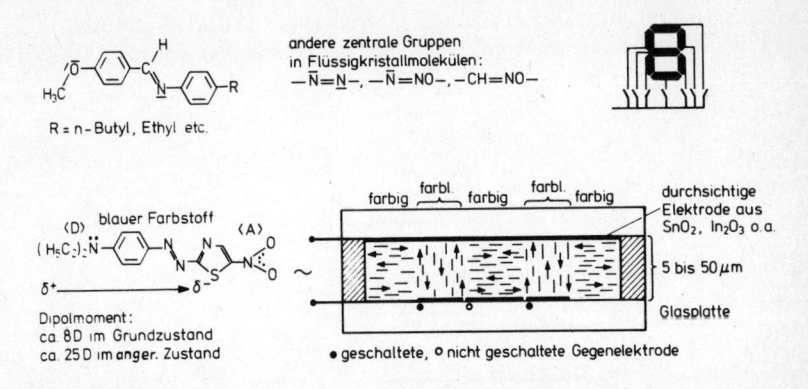

Abb. 29: Flüssigkristalle, eingebetteter Farbstoff, Bauprinzip einer Anzeigeplatte mit Farbschaltung.

Viele Anzeigetafeln von Digitaluhren, Taschenrechnern usw., die mit hoher Schaltgeschwindigkeit und sehr geringer Leistungsaufnahme arbeiten, bestehen aus einer doppelten Glasplatte, die einen sehr dünnen Flüssigkristallfilm einschließt. Meistens wird dessen Lichtstreuung durch ein elektrisches Feld herabgesetzt, so daß dunkle Zeichen auf hellem Grund erscheinen. Eine Variante dazu stellen transparente Flüssigkristalle dar, die zu 1 bis 2% einen Farbstoff enthalten, dessen polare Moleküle sich zusammen mit den Wirtsmolekülen ausrichten lassen. Liegen sie parallel zu den Platten, so absorbieren sie kräftig, sind sie in Lichtrichtung orientiert, dagegen nur schwach (Abb. 29).

Die Umwandlung absorbierter Photonen

Unsere letzte mit dem Absorptionsvorgang zusammenhängende Frage galt dem Verbleib der aufgenommenen Energie. Was kann ein Molekül überhaupt mit Energie machen, welche Energieformen und -mengen kann es aufnehmen, umwandeln, abgeben, und wie schnell geht das?

Rotationsenergie

Verleihen elastische Stöße einem Molekül Geschwindigkeit oder versetzen sie es in Rotation, so bedeutet das die Aufnahme von Wärmeenergie. Die Beträge, die dabei von Molekül zu Molekül übertragen werden, sind im Vergleich zu einem Lichtquant sehr klein.

Vibrationsenergie

Schon größere Energiequanten sind erforderlich, um Schwingungen der Atomkerne innerhalb desselben Moleküls zu bewirken: Die zur Anregung geeigneten Photonen liegen im IR-Bereich. Bei Zimmertemperatur (rund 300 K) sind die Kerne im Molekül nicht ruhig, sondern sie vibrieren um eine energieärmere Ruhelage herum. Regt IR-Einstrahlung Oberschwingungen an (A_{IR} in Abb. 30), so kehrt das Molekül sofort unter Wärmeabgabe, also über rotatorische Zwischenstufen, in den niedrigsten Vibrationszustand zurück.

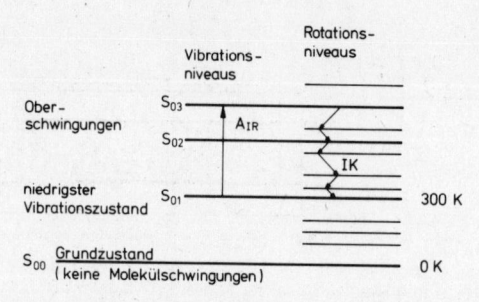

Abb. 30: Infrarotabsorption bei Zimmertemperatur.

A: Absorption
F: Fluoreszenz
P: Phosphoreszenz
IK: Innere Konversion unter Wärmeabgabe an die Umgebung
ISC: »Intersystem Crossing« Spinumkehr im angeregten Zustand

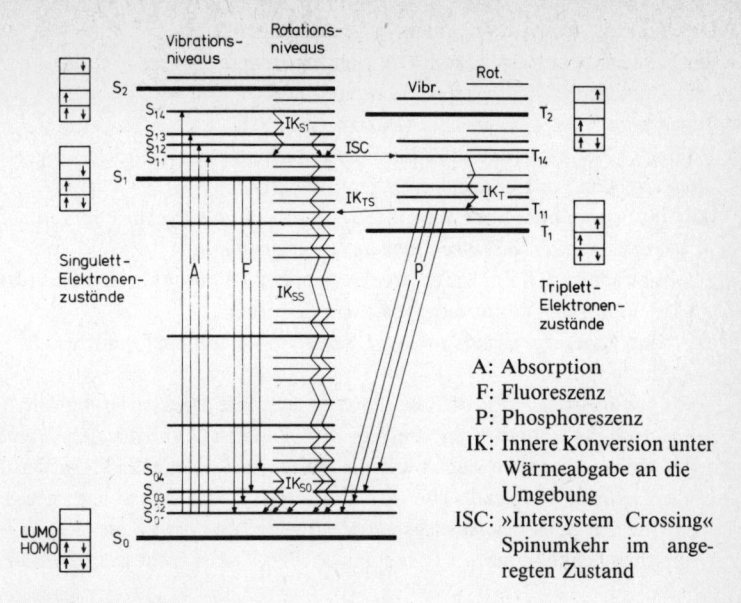

Abb. 31: Energieniveauschema.

Man nennt diese schnelle Art der Rückkehr — sie benötigt nur ca. 10^{-11} s — *innere Konversion* (IK in Abb. 30 und 31) bzw. *strahlungslose Desaktivierung*, weil das Molekül aufgenommene Strahlungsenergie in Wärme verwandelt, die an die Umgebung abgegeben wird.

Elektronenenergie

Rund zehnmal größer als IR-Quanten sind Photonen aus dem VIS-Bereich. Wollte ein absorbierendes Molekül ein solches Energiepaket in Kernschwingungs- oder Bewegungsenergie umwandeln, so wäre das sein sicheres Ende, weil chemische Bindungen zerreißen würden. Es muß einen Schutzmechanismus geben, der die Moleküle die Aufnahme einer derart gefährlichen Energiefracht unbeschadet überstehen läßt und der alle Farbstoffe auszeichnet: Es ist die Möglichkeit eines Elektrons, ein höheres, noch leeres Orbital zu besetzen und darin wenigstens 10^{-9} s lang zu verweilen.

Wir haben das höchste, gewöhnlich mit zwei Elektronen entgegengesetzten Spins besetzte Orbital (HOMO) und das niedrigste unbesetzte (LUMO) bereits in Kap. 3.4.2 eingeführt. Da bei der Absorption (A in Abb. 31) keine Spinumkehr erfolgt, sind im angeregten wie im Grundzustand alle Elektronenspins gepaart. Man nennt solche Zustände *Sigulett* und bezeichnet sie mit S_0, S_1, S_2 ...

Die Vibrationsniveaus von S_1 (S_{11}, S_{12} usw.) sind wie die von S_0 (S_{01}, S_{02} usw.) gestaffelt, so daß mehrere benachbarte Lichtquanten absorbiert werden können.

Das erklärt, weshalb in einem Molekülabsorptionsspektrum nicht einzelne, scharfe Linien auftreten, sondern mehr oder weniger breite, strukturierte Banden. Durch innere Konversion, also innerhalb 10^{-11} s, wird das niedrigste Vibrationsniveau S_{11} von S_1 erreicht (IK_{S1} in Abb. 31).

In einer Nanosekunde fällt dann die Entscheidung, welche der folgenden drei Möglichkeiten zur Energieabgabe genutzt wird:

IK_{SS}: Es erfolgt über hohe Vibrations- und Rotationsniveaus von S_0 innere Konversion unter *Wärmeabgabe an die Umgebung*,

F: das Molekül kehrt unter *Aussendung eines Photons* in den Grundzustand, d. h. auf ein Vibrationsniveau von S_0 zurück,

ISC: das angeregte Elektron *kehrt seinen Spin um* und stellt einen Triplettzustand her.

Für die meisten Farbstoffe ist die strahlungslose Desaktivierung durch innere Konversion der wahrscheinlichste Weg zurück in den Grundzustand; denn ein normales Molekül hat viele, auch bis in die Höhe von S_1 reichende Vibrationsniveaus. Ist das Gerüst des Moleküls aber sehr starr gebaut, so stehen weniger geeignete Niveaus für den Start des Abstiegs zur Verfügung, und der zweite Weg gewinnt an Wahrscheinlichkeit: der Stoff sendet nach allen Seiten Licht aus, er *fluoresziert!*

Typ A
Typ B

(37) (38)

Die Versteifung der Moleküle beim Typ B durch eine Brücke Z läßt also Fluoreszenz erwarten, wie ein Vergleich von Phenolphthalein (304) mit Fluorescein (157, R = H), Bindschedlers Grün (9) mit Methylenblau (332) oder Michlers Hydrolblau (19, R = H) mit Acridinorange (155, R = H) bestätigt.

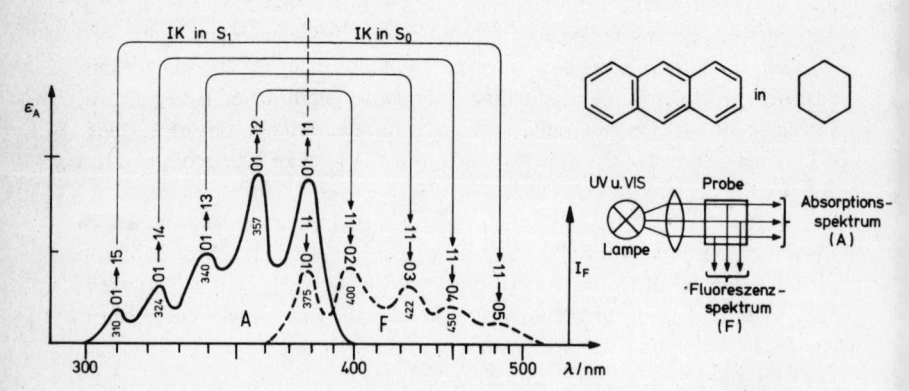

Abb. 32: Absorptions- und Fluoreszenzspektrum von Anthracen in Cyclohexan.

Aus Abb. 32 kann man ablesen, daß die Vibrationsniveaus S_{11}, S_{12}, S_{13} ... über dem niedrigsten angeregten Zustand S_1 in gleicher Weise gestaffelt sind wie die Vibrationsniveaus S_{01}, S_{02}, S_{03} ... über dem Grundzustand S_0. Sind nämlich die Wärmeverluste durch innere Konversion in S_1 und S_0 gleich, so müssen die Vibrationsfeinstrukturen von Absorptions- und Fluoreszenzspektrum spiegelbildlich zueinander sein. Die Symmetrieachse entspricht dem energiegleichen $S_{01} \rightleftharpoons S_{11}$-Absorptions-Emissions-Vorgang, den man mit Resonanzfluoreszenz bezeichnet. Alle anderen ausgestrahlten Photonen sind energieärmer als die absorbierten (vgl. Kap. 6.4).

In jedem Fall wird auch durch Fluoreszenz in spätestens 10^{-6} s der Grundzustand wieder erreicht.

Bleibt die dritte und seltenste Möglichkeit, die Spinumkehr, die auch in der deutschsprachigen Literatur »Intersystem Crossing« (ISC) genannt wird (Abb. 31). In dem neuen Zustand liegen zwei ungepaarte Elektronenspins vor, weshalb man ihn mit *Triplett* T_1, T_2 ... bezeichnet. Auch im Triplettzustand führt innere Konversion IK_T sehr schnell zum niedrigsten Vibrationszustand T_{11}, welcher etwa 0,1 bis 1 eV unter S_{11} liegt und eine relativ lange Lebensdauer von bis zu 10 Sekunden hat. Gewöhnlich erfolgt von dort aus strahlungslose Desaktivierung IK_{TS} unter gleichzeitiger Spinpaarung zurück zum Grundzustand. Davon merkt man nichts. In besonderen Fällen aber, wenn die Farbstoffmoleküle z.B. Schweratome (Br, I) enthalten und obendrein in Feststoffe (Gläser) eingeschlossen werden, ist Strahlung möglich. Solches Nachleuchten nennt man *Phosphoreszenz* (P in Abb. 31), und es ist klar, daß wegen der Lage von T_1 zu S_1 diese Emission, verglichen mit der Absorption, bei noch größeren Wellenlängen erfolgt als die Fluoreszenz.

Die hier gebotene, stark vereinfachte Darstellung der Anregung und Desaktivierung von Farbstoffmolekülen soll lediglich einen ersten groben Überblick ermöglichen. Spezielle Erscheinungen wie der Einfang mehrerer Photonen, wie die Bevölkerung angeregter Zustände und deren schlagartige Entleerung in Farbstofflasern oder wie die Übertragung von Energiepaketen an Nachbarmoleküle zur Ausnutzung bei chemischen Reaktionen (vgl. Abb. 22 und Abb. 60) bauen auf diesem theoretischen Grundgerüst auf.

3.5 Geschichte der Farbstofftheorien

Im letzten Viertel des 19. Jahrhunderts begann der Prozeß, der die Lehre von der Farbigkeit aus dem Bereich bloßer Spekulation in den Rang einer naturwissenschaftlichen Theorie hob. Während Chemiker immer präzisere Vorstellungen vom Bau der Moleküle entwickelten, indem sie den Elementen bestimmte Valenzen gaben und Atome entsprechend verknüpften, deuteten Physiker das Licht als elektromagnetische Welle, die nach bestimmten Gesetzen gebrochen, reflektiert oder absorbiert werden kann. Aus der großen Zahl der Forscherpersönlichkeiten ragen KEKULÉ und MAXWELL heraus: Mit ihren grundlegenden Arbeiten schufen sie die Möglichkeit, einen Zusammenhang zwischen chemischer Struktur und Farbe zu entdecken.

Den entscheidenden ersten Schritt auf diesem Weg tat O. N. WITT, ein deutscher Chemiker in London, als er der Royal Society Anfang 1876 folgende Theorie vorlegte: »Die Farbstoffnatur aromatischer Körper ist bedingt durch die gleichzeitige Anwesenheit einer farbstoffgebenden und einer salzbildenden Gruppe«. Im Nitrophenol z. B. bezeichnete er die NO_2-Gruppe mit »*Chromophor*«, den Gesamtkörper ohne die salzbildende OH-Gruppe, also das Nitrobenzol, als sein »*Chromogen*«. Im Nitranilin war bei gleichem Chromogen die OH- durch die Aminogruppe NH_2 ersetzt, die ebenfalls – diesmal in saurer Lösung – zur Salzbildung befähigte. WITTS Bezeichnungen, er nannte 1888 die OH- und die NH_2-Gruppe »*Auxochrome*«, sind heute noch gebräuchlich. Die Grundidee, daß Farbstoffmoleküle aus Atomgruppen mit unterschiedlichen Funktionen zusammengesetzt seien, blieb nicht nur die Basis aller späteren Theorien, sondern sie regte auch mit größtem Erfolg zur gezielten Synthese neuer Farbstoffe an.

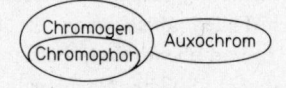

Es fällt schwer, sich zur Würdigung der Leistung des erst 23 jährigen WITT in den Kenntnisstand jener Zeit zu versetzen. Trotz genauer Elementaranalysen gelang es den Chemikern oft erst nach langen Kontroversen, eine korrekte Molekülstruktur anzugeben. So stützten sich C. GRÄBE und C. LIEBERMANN in ihrem 1868 veröffentlichten Aufsatz »Über den Zusammenhang zwischen Molecularconstitution und Farbe bei organischen Verbindungen« noch auf die Formel (39) für Indigo. Sie sahen die Ursache der Farbigkeit in der »überflüssig innigen, durch zwei Sauerstoffatome vermittelten Bindung zwischen den beiden Kohlenstoffgruppen«, eine Besonderheit, welche nach Reduktion zu (40), dem Indigweiß, ihrer Meinung nach wegfallen würde.

Die WITTschen Grundbegriffe haben zahlreiche Erweiterungen erfahren, und ihre Definition mußte immer wieder neuen Theorien angepaßt werden. Wurden zunächst nur die Gruppen NO, NO_2, N=N und CO zu den Chromophoren gezählt, so führten R. NIETZKY und H. E. ARMSTRONG 1888 mit der Chinontheorie die Struktur (41) als *das* Farbstoffbauelement schlechthin ein. Die späteren Verfechter dieser Theorie, allen voran A. HANTZSCH, verstrickten sich in oft über Jahre ausgetragene, unfruchtbare Streitereien. Fragen wie die, ob Methylenblau eine Thionium- (42a) oder Ammoniumstruktur (42b) zukomme, konnten 1905 bis 1911 nicht entschieden werden; daß schon die Frage falsch gestellt war, blieb lange unbemerkt.

$$(CH_3)_2N \cdot C_6H_3 \underset{S(Cl)}{\overset{N}{=}} C_6H_3 \cdot N(CH_3)_2 \quad \text{oder} \quad Cl \cdot (CH_3)_2N : C_6H_3 \underset{S}{\overset{N}{=}} C_6H_3 \cdot N(CH_3)_2$$

(42a)   (42b)

H. KAUFFMANN hatte schon vor 1910 Auxochrome und Chromophore in eine gewisse Rangordnung gebracht:

$\cdot OR < \cdot NHCOR < \cdot NH_2 < \cdot NR_2 < \cdot NHAr$ bzw.

$:C:O > :C:S > :C:N \cdot > \cdot N:N \cdot > \cdot N:O > \cdot NO_2 > \cdot SO_2 > \cdot COOH > \cdot As:As \cdot > \cdot C\vdots N$

und aufgrund einiger gegenläufiger Substituenteneffekte die WITTschen Chromophore als »*Antiauxochrome*« bezeichnet. P. PFEIFFER, W. DILTHEY und R. WIZINGER lösten die Chromophore noch weiter auf und betrachteten die unvollständige Sättigung an jedem einzelnen Atom. Sie markierten nach einem Vorschlag DILTHEYs koordinativ ungesättigte Atome mit einem dicken Punkt, der als »Bonner Punkt« Ende der zwanziger Jahre eine gewisse Berühmtheit erlangte. Michlers Hydrolblau schrieb man $((CH_3)_2NC_6H_4)_2\overset{\bullet}{C}HX$, Kristallviolett $((CH_3)_2NC_6H_4)_3\overset{\bullet}{C}X$, und erklärte das Carbonium-$\overset{\bullet}{C}^{\oplus}$ zum eigentlichen Chromophor. Ähnliche Farbverantwortlichkeit wurde einem Carbeniat-$\overset{\bullet}{C}^{\ominus}$- oder einem Azenium-$\overset{\bullet}{N}^{\oplus}$-Atom zugeschrieben, und eine Aufhebung dieser Wirkung durch brückenlose, direkte Verknüpfung mit einem Auxochrom als »*Inversion der Auxochrome*« gedeutet. Mit genau diesem Titel schrieb WIZINGER 1961 einen Aufsatz, in dem sich noch einmal die unbezweifelbare Leistungsfähigkeit der WITTschen Grundidee zur Systematisierung nach chemischen Gesichtspunkten niederschlug. Die Tatsache, daß sie ganz ohne Mathematik auskam, machte die Chromophortheorie populär und begründete ihre bis heute zu beobachtende Beliebtheit bei Schulbuchautoren. Dennoch ist zu beklagen, daß die sogar mit einem gewissen Stolz vertretene Aversion jener Farbstoffchemiker gegen physikalisch-mathematische Betrachtungsweisen eine Verschmelzung ihrer Theorie mit neuen Anschauungen erschwerte. Es wurde versäumt, den alten Begriffen unter Einbeziehung quantenchemischer Beschreibungen verschiedener Absorptionssysteme neue Definitionen zu geben. So ist zu befürchten, daß die WITT-WIZINGERsche Chromophortheorie eines Tages nur noch von historischem Interesse sein wird.

Längst ereilte dieses Schicksal die Lehre von der Valenztautomerie, wohl auch als Hypothese der »*oszillierenden Wertigkeit*« bekannt: Bei der Formulierung von Farbsalzen des Di- und Triphenylmethantyps nahmen A. v. BAEYER und R. WILLSTÄTTER 1907/1908 an, daß ein schneller Wechsel zwischen zwei verschiedenen Strukturen, analog etwa zur Keto-Enol-Tautomerie, möglich sei, z. B. zwischen (43a) und (43b).

(43a) und (43b)

Im Zeitmittel läge damit jedes der rechten Ringsysteme in einem halboxidierten, von WILLSTÄTTER »*merichinoid*« genannten Zustand vor. Es vertrug sich die Annahme, daß das Element Stickstoff sowohl drei- als auch fünfwertig in *einem* Molekül auftrat, hervorragend mit den als Farbursache angesehenen »gemischten Wertigkeiten« z. B. des Eisens im Berliner Blau oder des Bleis in Mennige. Die Oszillationshypothese wurde von der Mesomerielehre abgelöst, in welcher sie unter dem Begriff »Grenzzustände« weiterlebte, auch wenn schon sehr früh Zweifel an deren Realität geäußert wurden. H. KAUFFMANN schrieb 1907: »Die gewöhnlichen Zustände nehmen eine Mittelstellung zwischen zwei oder vielleicht auch mehreren Grenzzuständen ein. Die mittleren Zustände lassen sich nur durch Partialvalenzen ausdrücken«. Gemäß einer 1899 von J. THIELE entwickelten Vorstellung zeichnete K. GEBHARD solche *Teilvalenzen* als Wellenlinien und formulierte 1911 das Malachitgrün wie folgt:

(44)

Bei komplizierteren Molekülen führte die Valenzaufsplittung zu unübersichtlichen Formelbildern, und man hatte die Dogmatiker ganzzzahliger Wertigkeit, die keine Partialvalenzen gelten ließen, gegen sich. Schließlich aber wurde die klassische Strukturlehre doch erschüttert und der Weg zu neuen Denkansätzen wie dem von W. KÖNIG frei.

Bis zum Jahre 1926 entwickelt, also 50 Jahre nach WITTs Chromophoridee, nahm KÖNIGs Lehre vom *Mesochrom (Me)* zwischen zwei *Perichromen Pe und Pe'* viele Gedanken der Mesomerielehre vorweg, verfiel nicht in deren Irrtümer und kann heute als *der Vorläufer aller modernen Theorien* angesehen werden.

KÖNIG konnte zeigen, daß sich in jedem damals bekannten organischen Farbstoff eine Gruppierung

$$\text{Pe}\!=\!\!(\text{Me})\!=\!\text{Pe}'$$
$$\underbrace{\qquad\qquad}_{K}$$

erkennen läßt. Das dreiwertige Mesochrom besteht aus einer beliebig substituierten Polymethinkette $=\!(CR)_z\!=$ mit ungeradem z. Im Prinzip kann jedes CR-Glied durch ein dreiwertiges Atom oder eine Atomgruppe, z. B. $=\!N=, =\!As=$ oder $=\!NO=, =\!SR=$ ersetzt werden. Diese Kette ist im »*Chromozustand*«, auch dann, wenn sie aromatische Strukturen durchläuft, durch einen weitgehenden *Valenzausgleich* charakterisiert, welchen die beiden Perichrome zusammen mit dem von KÖNIG »*Konjugens*« K genannten Gegenion bewirken. Man muß sich die Perichrome jeweils aus einem Auxochrom und dem äußeren Atom an der Doppelbindung eines Antiauxochroms entstanden denken:

Auxochrom →	Pe$=$	Me)$=$Pe'	← Antiauxochrom
$O^\ominus$—	$O=$ $\{\frac{1}{2}\ominus$	$=CR)=O$ $\frac{1}{2}\ominus\}$	—CRO
RO—	$RO=$ $\{\frac{1}{2}\oplus$	$=N)=O$ $\frac{1}{2}\ominus\}$	—NO
$R_2C^\ominus$—	$R_2C=$ $\{\frac{1}{2}\ominus$	$=NO)=O$ $\frac{1}{2}\ominus\}$	—NO$_2$
R_2N—	$R_2N=$ $\{\frac{1}{2}\oplus$	$=CH)=NR_2$ $\frac{1}{2}\oplus\}$	—CH=$\overset{\oplus}{N}R_2$
$ArN^\ominus$—	$ArN=$ $\{\frac{1}{2}\ominus$ usw.	$=N=NAr$ $\frac{1}{2}\ominus\}$	—N=NAr

Da das innere Atom an der Chromophordoppelbindung bereits zum Mesochrom zählt, ist sofort zu erkennen, wann *identische* Perichrome entstehen. Bei negativer Halbvalenz sprach KÖNIG von *Aci-Perichromen*, bei positiver von *Onium-Perichromen*, was sich gegen die ab 1930 beherrschende Terminologie der Mesomerielehre ebensowenig durchsetzen konnte wie die Wellenlinien für Partialvalenzen gegen die Grenzstrukturen und den bekannten Mesomeriedoppelpfeil.

Was aber leistete die KÖNIGsche Interpretation! Bei einer geeigneten Klassifizierung der Perichrome und aufgrund überschaubarer Substitutionsregeln für das Mesochrom konnte aus der Konstitution auf die Farbtiefe geschlossen werden. Es gelang, das Verhalten der Polymethine bei Substitutionen richtig zu deuten, indem man in der Kette abwechselnd positive und negative Teilladungen annahm. Auch die längerwellige Absorption bei symmetrischen Perichromen im Vergleich mit unsymmetrischen war bekannt. Das Zusammenschalten einer positiven Pe- mit einer negativen Pe'-Halbvalenz erübrigte das Konjugens K in den Merocyaninen, Azofarbstoffen u. a. Schließlich wurde die Regel von der konstanten λ_{max}-Verschiebung bei vinyloger Verlängerung der Kette von KÖNIG aufgestellt und viele neue Farbstoffe nach dem Polymethinkonzept synthetisiert. Dabei bot das Interesse der Fotoindustrie z. B. L. G. S. BROOKER und seinen Mitarbeitern 1940 bis 1950 die finanziellen Möglichkeiten zu umfangreichen Untersuchungen.

E. WEITZ erkannte 1928, daß sich die tieffarbigen, von WURSTER 1879 beschriebenen *Radikalsalze* (45) und (48) eingliedern lassen, wenn man auch geradzahlige Mesochrome zuläßt.

$R_2N=\!\!\!\!\!=\!\!\!\!\!=\!\!\!\!\!=NH_2$ *Wursters Rot*
(45)

Noch aber fehlte um 1930 als Ergänzung des *chemischen* Polymethinprinzips eine *physikalische* Beschreibung des Absorptionsvorgangs. WEITZ machte die »merkwürdig symmetrische Ladungsverteilung« im Molekül bzw. Ion für die tiefe Farbe verantwortlich, während G. N. LEWIS und 1939 M. CALVIN versuchten, mit einem klassischen Oszillatormodell die Absorption sowohl der Polymethine als auch der Polyene zu erklären. Ihr Ansatz ging zurück auf eine bereits 1904 von P. DRUDE geäußerte, von J. E. LENNARD-JONES 1937 wiederaufgegriffene Vorstellung, daß in ungesättigten Verbindungen *leichtbewegliche Elektronen* vorhanden sind, die mit auftreffendem Licht mitschwingen und die Energie anschließend als Atomschwingung, d. h. Wärme, an das übrige Molekül abgeben können. Dieses Oszillatormodell erklärte auch die Proportionalität zwischen λ und der Molekülänge, die seit der Zeit bekannt war, als Bezeichnungen wie Farb*höhe* und *-tiefe* in Analogie zur Akustik geprägt wurden. Der Vergleich eines Absorptionssystems mit einer schwingenden Saite, den man noch heute gelegentlich hört, ist jedoch ebenso irreführend wie der Hinweis auf einen auf eine bestimmte Wellenlänge eingestellten Rundfunkempfänger. Diese Vergleichsobjekte stellen *mit einer Eigenfrequenz veränderliche* Systeme dar, was sich nicht mit der quantenmechanischen Beschreibung eines stationären Zustandes verträgt. Dennoch führte die Vorstellung schwingungsfähiger Elektronen zu einigen wichtigen Erkenntnissen: J. D. KENDALL stellte die nach ihm benannten *Aza-Substitutionsregeln* auf und G. SCHEIBE belegte die Notwendigkeit der *ebenen* Anordnung 1939 mit der Farbrelevanz von cis-trans-Umwandlungen. Das Tatsachenmaterial war enorm angewachsen, die Syntheseverfahren und Meßapparaturen wurden immer raffinierter. Das Spektralphotometer, mit dem W. N. HARTLEY 1881 Farbstoffabsorptionen untersuchte, war nicht mit den Geräten zu vergleichen, die in den dreißiger Jahren zur Verfügung standen.

Unabhängig von der Theorie der Farbstoffe entwickelte sich bis 1930 aus der Elektronentheorie der Valenz die Mesomerielehre. Die neuen Begriffe erwiesen sich als gut geeignet, die chemische Stabilität vieler Verbindungen zu begründen und Reaktionsmechanismen zu verstehen, haben aber bei der Deutung von Spektren vollkommen versagt. Deshalb sehen viele Autoren heute in der Mesomerielehre eine Sackgasse in der Geschichte der Farbstofftheorie und bedauern, daß hinter ihrer Dominanz in der Mitte dieses Jahrhunderts frühere, leistungsfähigere Ansätze wie der von KÖNIG in Vergessenheit gerieten.

F. ARNDT und anderen waren zunächst überzeugende Beweise dafür gelungen, daß Moleküle mit mehreren möglichen Valenzformeln im Gegensatz zu tautomeren Verbindungen nicht als verschiedene Spezies vorliegen, sondern einen *Zwischenzustand* einnehmen, der einen *geringeren Energieinhalt* besitzt als jeder der denkbaren *Grenzzustände*. C. K. INGOLD führte dafür 1933 den Begriff »Mesomerie« ein, während L. PAULING von einer »Resonanz« zwischen verschiedenen Grenzstrukturen sprach. In der deutschen Literatur wurde zunächst die Elektronenschreibweise nach G. N. LEWIS (46) benutzt, in der englischen bürgerte sich die Pfeildarstellung (47) des Konjugationseffekts ein.

(46) (47) p-Nitrosoanilin

Die vergeblichen Bemühungen, jede Mesomerie als eine durchgehende Reihe von *Dreielektronenbindungen* darzustellen, wurden bald von der quantenmechanischen Begründung der π-Bindung abgelöst (R. S. MULLIKEN 1928/1929, E. HÜCKEL 1930, L. PAULING 1931). Auch die Pfeilschreibweise kann heute nicht mehr empfohlen werden, weil sie zur Darstellung von Elektronenverschiebungen im Verlauf chemischer Reaktionen ebenfalls benutzt wird, also für einen völlig anderen Prozeß, als es die Bildung des mesomeren Grundzustandes ist. HÜCKEL, unter den deutschen wohl der berühmteste Quantenchemiker, schlug 1937 vor, die π-Elektronendelokalisierung durch eine punktierte Linie zu markieren, was der GEBHARD-KÖNIGschen Wellenlinie durchaus entsprach und bis heute speziell für kleine Systeme Anwendung findet:

usw.

Die genaue Zahl der π-Elektronen geht allerdings besser aus den Grenzstrukturformulierungen mit Doppelpfeilen hervor, die bald in allen Publikationen gebräuchlich wurden:

$H_2\bar{N}-\langle\rangle-\overset{\oplus}{N}\overset{\bar{O}|}{\diagdown} \quad H_2\overset{\oplus}{N}=\langle\rangle=N\overset{/\overset{\ominus}{O}/}{\diagdown} \quad H_2\overset{\oplus}{N}=\langle\rangle-\overset{\ominus}{N}\overset{\bar{O}|}{\diagdown} \quad$ usw.

Jeder Strich bedeutet ein Elektronenpaar, ob *bindend* oder *nichtbindend**, ein Punkt ein *radikalisches* (ungepaartes) Elektron wie beispielsweise in *Wursters Blau* (48, R = CH$_3$):

$R_2\bar{N}-\langle\rangle-\overset{\bullet}{N}R_2 \quad R_2\overset{\bullet}{\underset{\oplus}{N}}-\langle\rangle-\bar{N}R_2 \quad R_2\overset{\oplus}{N}=\langle\rangle-\bar{N}R_2 \quad$ usw.
$\quad\quad\;$(48 a)$\quad\quad\quad\quad\;\;$(48 b)$\quad\quad\quad\quad\;\;$(48 c)

Der Ausbau der Mesomerielehre zu einer Farbstofftheorie ist mit den Namen B. EISTERT, TH. FÖRSTER, G. SCHWARZENBACH sowie G. N. LEWIS, M. CALVIN und L. PAULING verbunden. Es setzte sich allgemein die Erkenntnis durch, daß nicht einzelne Atome oder Substituenten der Chromophor sind, sondern vielmehr *die Gesamtheit der beteiligten π-Elektronen*. Je größer die Zahl und vor allem die »Beweglichkeit« dieser Elektronen im Molekül ist, umso leichter sollte die Anregung durch Licht, umso tiefer die Farbe sein. Gute Beweglichkeit herrscht zwischen Polymethingrenzzuständen, die sich durch ihre Symmetrie als *energiegleich* zu erkennen geben, weniger gute bei Polyenen, wenn verschieden polare Strukturen angenommen werden müssen. Begriffe wie »*Valenzkopplung*« in konjugierten Systemen, »*Ladungsresonanz*« in Merocyaninen,

$R_2\bar{N}-CH=CH-CH=\bar{O}| \quad R_2\overset{\oplus}{N}=CH-CH=CH-\bar{\underset{\ominus}{O}}| \quad R_2\overset{\oplus}{N}=CH-\bar{CH}-CH=\bar{O}| \quad R_2\bar{N}-\overset{\oplus}{CH}-CH=CH-\bar{\underset{\ominus}{O}}|$

oder »*Mesomeriekurzschluß*« bei durch Z überbrückten Arylmethinfarbstoffen (49) wurden geprägt, um das Farbverhalten, um Lösungsmitteleinflüsse, Änderungen durch Protolysen usw. zu erklären.

Der Energieunterschied zwischen Grund- und angeregtem Zustand, also die Lichtabsorption, sollte nun dadurch berechenbar sein, daß den beteiligten Strukturen jeweils *verschiedene Anteile* zugeschrieben werden, daß im angeregten Zustand energiereichere prozentual stärker vertreten sind. Dabei geriet man jedoch in Schwierigkeiten; es konnten nämlich keine allgemeingültigen, einfachen Regeln für die Auswahl der relevanten Grenzstrukturen gefunden werden. Die ursprünglichen Erwartungen, aus der Zahl der möglichen Formeln, der Ausdehnung des Systems und der Mesomerieenergie auf die Absorption schließen zu können, erfüllten sich nicht, im Gegenteil: Die Literatur wurde von Fehlinterpretationen regelrecht überschwemmt.

---

* *Anm.:* (n→π*)-Anregungen genau lokalisierter Elektronen einer Carbonyl-, Azo- oder Nitrosogruppe konnten 1939 noch nicht gedeutet werden.

(49)   (50)   (51)

Einige Beispiele sollen das *Versagen der Mesomerielehre als Farbstofftheorie* aufzeigen:
1. *Azulen* (50) ist tieferfarbig als *Naphthalin* (51), obwohl es weniger gleichwertige Grenzstrukturen hat und seine Mesomerieenergie sicherlich kleiner ist.
2. Die Spektren der drei *Nitrophenole* oder *Nitraniline* sollten bei der ortho- und para-Verbindung ähnlich sein. In Wahrheit ist λ_{max} sowohl bei der para- als auch der meta-Verbindung relativ kurz, während die ortho-Form das größte λ_{max} zeigt, in der Gesamtgestalt des Spektrums aber eher der meta-Form ähnelt (Abb. 33a).
3. Obwohl das »mesomere System« des *Kristallviolettkations* (306) ausgedehnter ist als das von *Malachitgrün* (305), absorbiert es mit λ_{max} = 590 nm kürzerwellig als jenes mit 620 nm. Mag der »Mesomeriker« die Hypsochromie hier noch auf den sterischen Zwang zu propellerartiger Verdrillung der drei gleichwertigen Flügel (vgl. Kap. 6.1.1) schieben können, eine Ausrede, die kaum befriedigt, so werden ihm

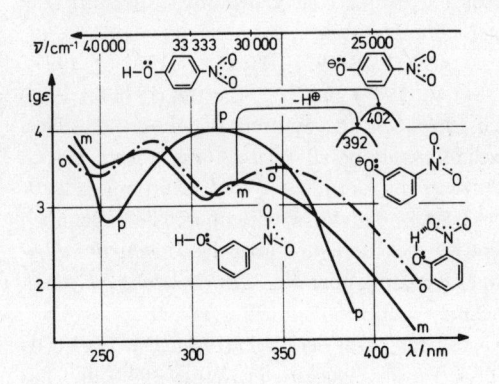

a) Nitrophenolspektren (Die ε-Werte des m- und p-Anions wurden willkürlich angenommen).

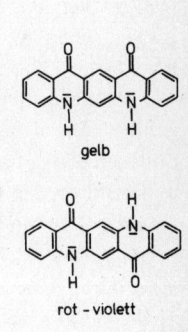

b) Isomere von Chinacridon.

Abb. 33: Mesomerie und Lichtabsorption.

4. beim Vergleich der isomeren *Chinacridone* (Abb. 33b und (245)) sicherlich die Argumente ausgehen.

Für den Farbenchemiker ist dennoch der Mesomeriebegriff ein unentbehrliches Werkzeug geworden:

- die Schreibweise ist überschaubar, unkompliziert und allgemein verbreitet; beim Aufstellen der Elektronenbilanz wird kein Elektron vergessen,
- gute Mesomerie in einem größeren System signalisiert neben wahrscheinlicher Farbigkeit auch chemische Stabilität, und
- schließlich lassen sich moderne Anschauungen wie die Donor-Acceptor-Theorie oder das Polymethinkonzept ohne Schwierigkeit in der Mesomerieschreibweise darstellen.

Wie bereits in Kapitel 3.4.1 erwähnt, mündeten die quantentheoretischen Methoden in Molekülorbitalmodellen für Absorptionssysteme, deren erstes von E. HÜCKEL Anfang der dreißiger Jahre vorgelegt wurde. Basis war die auf Spektraldaten gestützte, von der Schrödingergleichung beherrschte *Atomorbitaltheorie*. F. HUND hatte bereits 1928 die *getrennte Betrachtung von σ- und π-Elektronen* bei der Berechnung elektronischer Grundzustände vorgeschlagen. Die Kombination der p-Orbitale benachbarter Atome zu Molekülorbitalen ergab π-Systeme, die nach dem *Prinzip maximaler Überlappung* möglichst eben gebaut sein sollten. Man erhielt ferner aus der Besetzung der MOs mit Elektronen exakte Zahlen über die Verteilung aller Ladungen im System, sowie aus den π-Bindungsordnungen die mittleren Atomabstände. Bei Kenntnis der Ladungsverteilungen waren der höchste besetzte und der niedrigste unbesetzte energetische Gesamtzustand eines Moleküls nicht nur mit dem elektrophilen und nukleophilen *Reaktionsverhalten* korrelierbar, sondern sie gaben auch Auskunft über *Wellenlänge und Extinktion* der Lichtabsorption.

Die frühen Arbeiten von MULLIKEN (1928/1929), HÜCKEL (1930 bis 1939), PAULING (1932 bis 1940), A. L. SKLAR (1937) und TH. FÖRSTER (1938 bis 1941) wurden nach dem Krieg zunächst in USA, der Schweiz und England weitergeführt. Die deutsche theoretische Chemie besaß Weltgeltung, erlebte jedoch politisch bedingt ab 1933 einen Niedergang, der junge Wissenschaftler sich mehr und mehr an den Fortschritten in USA und anderswo orientieren ließ. Dennoch ging der Anschluß nicht verloren, wie sich Berichten über die *Tagung der deutschen Bunsengesellschaft 1940 in Leipzig* und über das *2. Internationale Farbensymposium 1964 in Elmau* entnehmen läßt.

Aus der Vielzahl neuer Entwicklungen seien herausgegriffen: Die Elektronengasmethode (N. S. BAYLISS, W. T. SIMPSON, H. KUHN 1948) und das PPP-Verfahren (R. PARISER, R. G. PARR 1953/1955, J. A. POPLE 1954). Erstere wird in ihrer einfachsten Ausprägung in diesem Buch dargestellt (Kap. 3.4.2), letzteres wurde in der immer noch wachsenden Zahl moderner MO-Verfahren fortentwickelt.

Die letzten Jahrzehnte brachten keinen im Prinzip neuen Ansatz, wohl aber eine *didaktische Aufbereitung* der Farbstofftheorien und eine *Besinnung auf ihre historische Entwicklung*. Dabei wurden viele frühere Ideen wiederentdeckt, in ihrem Wert erkannt und erneuten Bewährungsproben in der Praxis zugeführt. So erlebt das KÖNIGsche Mesochrom-Perichrom-Konzept als Polymethinprinzip

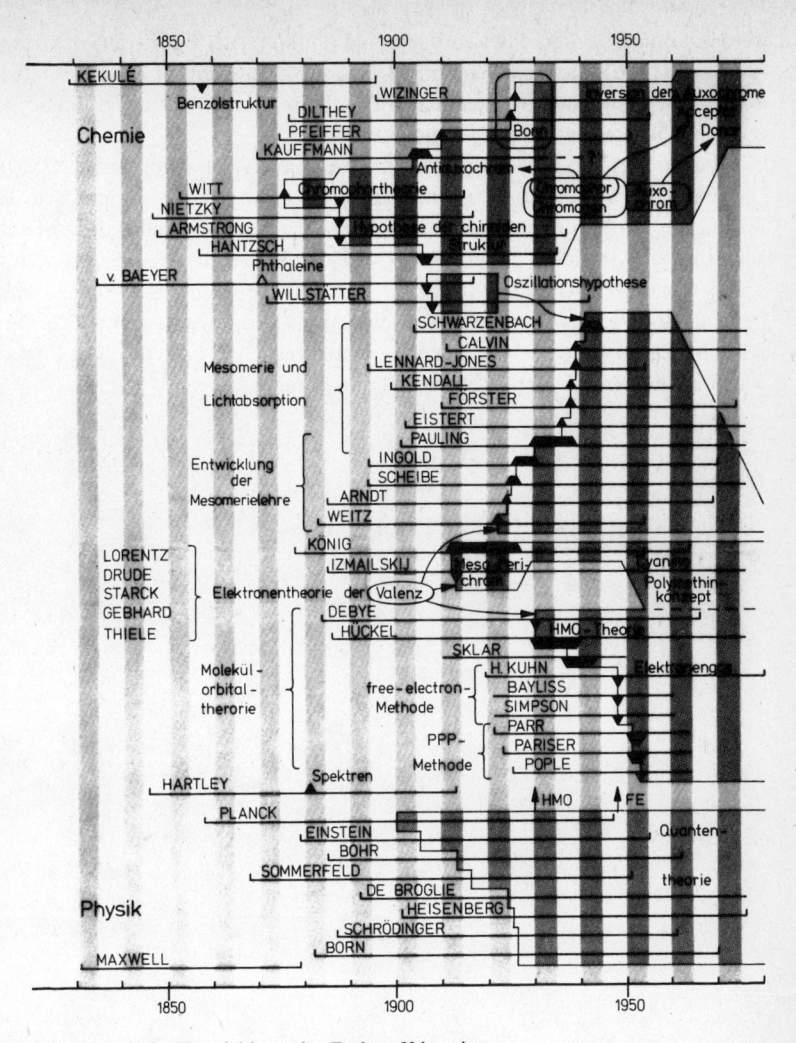

Abb. 34: Historische Entwicklung der Farbstofftheorien.

im Rahmen der modernen Donor-Acceptor-Theorie heute eine Renaissance. In diesem Zusammenhang stellt sich dem Lehrer der Chemie die Aufgabe, die zum Teil überholte oder unscharfe Terminologie und Symbolik der Schulbücher kritisch zu überprüfen. Eine Korrektur, welche neue Erkenntnisse und Anschauungen berücksichtigt, sollte behutsam erfolgen und altbewährte, typisch chemische Begriffe wie »funktionelle Gruppe«, »Konjugation« usw. bei schärferer Definition beibehalten. Einen Weg, wie an diesem didaktischen Problem gearbeitet werden könnte, weisen das Lehrbuch von J. GRIFFITHS, Leeds, aus dem Jahre 1976, sowie 1978 die Arbeiten von M. KLESSINGER, Münster, und S. DÄHNE, Berlin-Adlershof. Sie vermitteln einen Überblick über den aktuellen Stand und geben reichlich Hinweise auf Originalliteratur.

Bei dem Versuch, die historische Entwicklung in einer synoptischen Darstellung (Abb. 34) zusammenzufassen, müssen wir zwangsläufig vereinfachen: Die verschiedenen Theorien bestanden keineswegs getrennt und konkurrierend nebeneinander, sondern sie ergänzten und durchdrangen sich oder wurden zu neuen Gesamtkonzeptionen vereinigt. Auch ist die Zuordnung der einzelnen Persönlichkeit zu jeweils nur einer Richtung insofern falsch, als mancher Forscher im Laufe seines Lebens seine Ansichten revidierte oder aber zur Fortentwicklung mehrerer Theorien gleichzeitig beigetragen hat.

4. Farbstoffklassen

Die Vielzahl der Farbstoffe, die in den acht Gruppen dieses Kapitels behandelt werden, geht über den Rahmen eines Schulbuches hinaus. Dennoch streben wir nicht Vollständigkeit an, sondern möchten Schwerpunkte setzen: Wir stellen gemeinsame Charakteristika innerhalb jeder Gruppe heraus, beschreiben typische Synthesen und gehen auf Verwendungsmöglichkeiten, in einigen Fällen auch auf natürliche Farbstoffe ein.

Der Unterrichtende, dem es darauf ankommt, an geeigneten Beispielen die Vielfalt der Farbstoffchemie zu demonstrieren, soll *seine* Auswahl treffen können und zugleich Anregungen und Material zu Aufgaben finden. *Dem Studierenden* wollen wir einen Überblick vermitteln, der ihn befähigt, die Spezialliteratur mit Verständnis zu benutzen.

Die technische Synthese von Farbstoffen kommt mit einer überraschend kleinen Anzahl von Primärsubstanzen aus. Die wichtigsten sind Benzol, Toluol, die Xylole, sowie Naphthalin und Anthracen. Nach einer Reihe von Umwandlungen, insbesondere durch Einführung der Gruppen $-SO_3H$, $-NO_2$, $-Hal$, $-NH_2$, $-NR^1R^2$, $-OH$, $-OR$ oder durch Oxidationen bzw. Reduktionen werden aus ihnen bereits über 1000 Zwischenprodukte erzeugt, die zur Weiterverarbeitung zur Verfügung stehen. War früher der Steinkohlenteer die Hauptquelle, so wird heute der überwiegende Anteil der genannten Ausgangssubstanzen auf Erdölbasis produziert. Die von der Farbstoffindustrie benötigten Mengen liegen aber weit unter denen, die beispielsweise in die Kunststoffchemie fließen.

Zahlreiche Lehrbücher behandeln die Reaktionen, die zu den Zwischenprodukten führen, sowie die dabei geltenden Substitutionsregeln und dirigierenden Effekte. Wir setzen diese Regeln, die auch bei den in den folgenden Teilkapiteln angeführten Farbstoffsynthesen zu beachten sind, als bekannt voraus.

Färbetechnische Begriffe wie Substantivität, Entwicklungsfärben usw., die wir hier schon verwenden müssen, werden erst im folgenden Kap. 5 erläutert.

4.1 Azofarbstoffe

Durch Variation der Reaktionsbedingungen Druck, Temperatur, pH und Katalysatoren erhält man bei der Reduktion aromatischer Nitroverbindungen die verschiedensten Produkte.

Die Anordnung der Abbildung 35 ist an den Oxidationszahlen des Stickstoffs orientiert und verdeutlicht, daß die *Azofarbstoffe* als Derivate des Azobenzols ($OZ_N = -I$) aus aromatischen Aminen ($OZ_N = -III$) oxidativ gewonnen werden können.

Das *Anilin* (52a) selbst ist, frisch destilliert, farblos, wird aber an der Luft leicht zu braunen Produkten oxidiert. Die Aminogruppe dirigiert – ähnlich wie

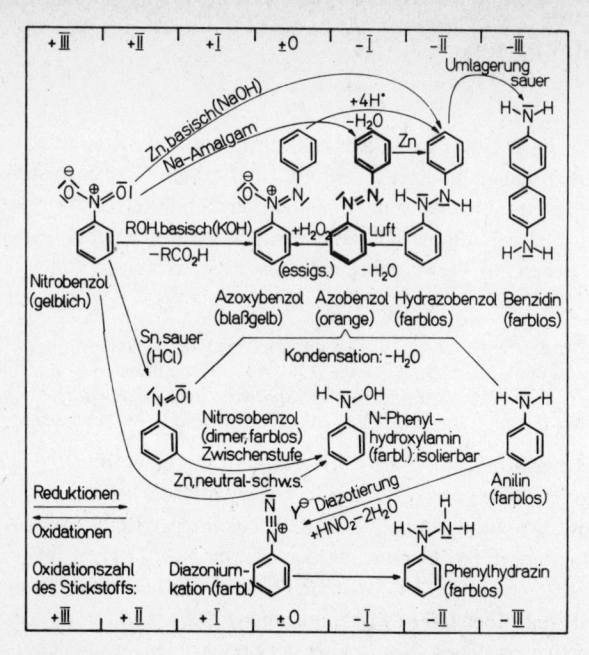

Abb. 35: Redoxreaktionen an aromatischen Stickstoffverbindungen.

die phenolische OH-Gruppe — Zweitsubstituenten bei elektrophilem Angriff eher in ortho- und para-Stellung als in die meta-Position. Die Grenzformeln (52b, c, d) machen dieses Verhalten plausibel.

(52a)   (52b)   (52c)   (52d)

Das doppelt besetzte, nichtbindende p_z-Orbital des Stickstoffs überlappt mit dem π-System des Benzolrings zu einem 7 Kerne-8π-System. Dadurch ist der Eintritt eines Protons in eben dieses Stickstofforbital erschwert, Anilin also eine schwächere Base als Ammoniak. Viele Aniliniumsalze hydrolysieren so stark, daß sie nur in konzentrierten Mineralsäuren beständig sind (Abb. 36).

Die Bildung des Amid-Anions ist dagegen — wieder mit Ammoniak verglichen — erleichtert, so daß man bei der wasserfreien Umsetzung mit Kalium z. B. das Salz ($K^{\oplus}C_6H_5NH^{\ominus}$) erhält.

Die orangegelben Nitroaniline, kurz *Nitraniline*, sind noch schwächer basisch als Anilin selbst, weil die Bereitschaft des π-Systems, von der Aminogruppe Ladung zu übernehmen, durch die Nitrogruppe unterstützt wird (Abb. 36).

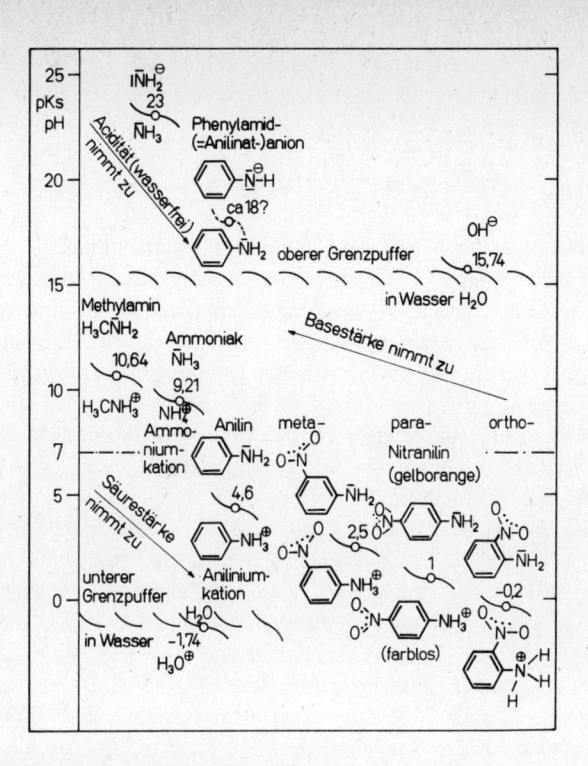

Abb. 36: Protolysen an Aminostickstoff.

Von zentraler Bedeutung für die Farbstoffchemie sind die Synthesewege zu den *Azoverbindungen* $Ar^1-\bar{N}=\underline{N}-Ar^2$; denn Farbstoffe dieses Typs übertreffen alle anderen sowohl an Menge als auch an technischem Wert. MITSCHERLICH hatte 1834 bereits aus Nitrobenzol mit Alkohol und KOH Azobenzol erhalten (Abb. 35). Nach Vorarbeiten von P. GRIESS in England begann 1863 die Entwicklung des Diazotierungsverfahrens, das noch immer – von wenigen Spezialfällen abgesehen – der wirtschaftlichste Weg zu den Azofarbstoffen ist. Danach erfolgt die Synthese in zwei Schritten, der eigentlichen *Diazotierung*, bei der ein primäres aromatisches Amin $Ar^1\bar{N}H_2$ (= Diazokomponente) mit salpetriger Säure zum Diazoniumkation umgesetzt wird

$$Ar^1-\bar{N}H_2 + HNO_2 + H^\oplus \rightarrow Ar^1-N^\oplus\equiv N\,|\, + 2H_2O,$$

und der anschließenden *Kupplung* mit einem substituierten Aromaten HAr^2R (= Kupplungskomponente)

$$Ar^1-N^\oplus\equiv N\,|\, + HAr^2R \rightarrow Ar^1-\bar{N}=\underline{N}-Ar^2R + H^\oplus.$$

Die übliche symbolische Kurzdarstellung für $D^{\oplus}$ + HK → DK + $H^{\oplus}$ ist D → K. Obwohl aromatische Diazoniumkationen, verglichen mit aliphatischen, relativ stabil sind, geben sie doch gemäß

$$Ar^1-N^{\oplus}\equiv N\,|\,+\,X-Y\,\rightarrow\,N_2\uparrow\,+\,Ar^1-Y\,+\,X^{\oplus}$$

leicht Stickstoff ab, so daß beim Diazotieren gekühlt werden muß.

Die Vielfalt der Azofarben – der Colour-Index verzeichnet über 2000 verschiedene – ergibt sich aus der Verwendung unterschiedlich substituierter Aromaten Ar^1 und Ar^2, sowie aus der Möglichkeit, mehrere Azogruppen in ein Farbstoffmolekül einzuführen und Dis-, Tris-, Tetrakis-, d.h. *Polyazofarbstoffe* zu synthetisieren.

Auf die Schwierigkeit, mit einem einfachen Modell die Absorption zu erklären, wurde in Kap. 3.4.3 hingewiesen, und in Kap. 6.1 wird das Problem bei den Indikatorumschlägen nochmals aufgegriffen. Nach einer groben Faustregel absorbieren gelbe, orange und rote Azofarbstoffe mit »Rand-Mitte-Systemen«, d.h. einer oder mehreren Donorfunktionen an einem Ring und dem komplexen Acceptor $Ar^1-\bar{N}=\underline{N}-Ar^2$. Purpurrote, violette und blaue besitzen dagegen ein »Quer-rüber-System«, haben also am zweiten Ring einen speziellen Acceptor, z.B. $-NO_2$ oder im Falle der Polyazofarbstoffe die Gruppierung $-\bar{N}=\underline{N}-Ar^3$. Es gibt allerdings zahlreiche Sonderformen, kombinierte Systeme und Einflüsse von außen, die dieser Regel widersprechen. Ihrer Individuenzahl und Variabilität entsprechend eignen sich Azofarbstoffe für fast alle Färbeverfahren.

Diazotierung

Die Diazotierung eines primären aromatischen Amins wird unter *Eiskühlung* bei 0 bis +5 °C im *sauren Milieu* durchgeführt, wobei die Teilchen $Ar\bar{N}H_2$, $H^{\oplus}$, $Y^{\ominus}$ und HNO_2 vorliegen müssen. Es kann nur die freie Base $Ar\bar{N}H_2$ reagieren, nicht das Ammoniumion $ArNH_3^{\oplus}$, obwohl in dieser Form die Hauptmenge aus der sauren Lösung zunächst gewöhnlich ausfällt. Für schwach basische Amine wie p-Nitranilin eignet sich 5- bis 10 M Salzsäure, während extrem schwache konzentrierte Schwefelsäure erfordern (vgl. Abb. 36). In Säure schwer lösliche, z.B. mit Sulfogruppen substituierte Amine werden mit Soda oder Alkali gelöst und erst bei der Diazotierung mit Säure versetzt. Die salpetrige Säure erhält man in der Regel aus einer in Portionen eingetragenen Nitritlösung unter Verbrauch eines Äquivalents der vorgelegten Säure (a in Abb. 37).

Unerwünschte Nebenreaktionen

Ein Überschuß an Nitrit ist nach $2HNO_2 + 2HJ \rightarrow 2H_2O + J_2 + 2NO$ durch momentane Blaufärbung von Jodstärkepapier nachweisbar. Er ist in jedem Fall schädlich, da er die

Stabilität der Diazoniumionen ungünstig beeinflußt und bei der nachfolgenden Kupplung an der Kupplungskomponente unerwünschte Diazotierung bzw. Nitrosierung bewirken kann. Gegebenenfalls wird ein Nitritüberschuß nach $RNH_2 + HNO_2 \rightarrow ROH + N_2 + H_2O$ mit Reduktionsmitteln wie Harnstoff ($R = H_2N-CO$) oder Amidoschwefelsäure ($R = HO_3S$)zerstört. Die oxidierende Wirkung der salpetrigen Säure läßt sich durch Zink- oder Kupferionen herabsetzen, was manchmal zum Schutz empfindlicher Reaktionspartner nötig ist.

Der wichtigste und langsamste Schritt der Diazotierungsreaktion ist die *Nitrosierung* der Aminogruppe, die stark von der Basizität des Arylamins bzw. vom pH der Lösung abhängt (c in Abb. 37).

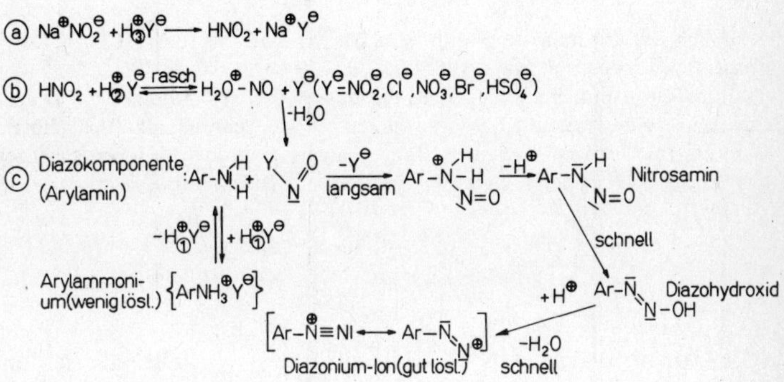

(a) $Na^{\oplus}NO_2^{\ominus} + H_3^{\oplus}Y^{\ominus} \longrightarrow HNO_2 + Na^{\oplus}Y^{\ominus}$

(b) $HNO_2 + H_2^{\oplus}Y^{\ominus} \underset{\text{rasch}}{\rightleftharpoons} H_2O - NO + Y^{\ominus} \quad (Y^{\ominus} = NO_2^{\ominus}, Cl^{\ominus}, NO_3^{\ominus}, Br^{\ominus}, HSO_4^{\ominus})$

(c) Diazokomponente (Arylamin): $Ar-N\overset{H}{\underset{H}{\diagdown}} + \overset{Y}{\underset{N=O}{\diagdown}} \xrightarrow{-Y^{\ominus}}_{\text{langsam}} Ar-\overset{\oplus}{N}\overset{H}{\underset{H}{\diagdown}} \xrightarrow{-H^{\oplus}} Ar-\underline{N}\overset{H}{\underset{N=O}{\diagdown}}$ Nitrosamin

Arylammonium (wenig lösl.) $\{ArNH_3^{\oplus}Y^{\ominus}\}$

$[Ar-\overset{\oplus}{N}\equiv N| \longleftrightarrow Ar-\underline{N}\underset{N^{\oplus}}{\diagdown}]$ Diazonium-Ion (gut lösl.)

$+H^{\oplus}$ Ar-$\underline{N}\underset{N-OH}{\diagdown}$ Diazohydroxid

Abb. 37: Diazotierung, vorgelagerte Gleichgewichte.

Die *Substitution* $-\bar{N}H_2 \rightarrow -\bar{N}=\underline{N}^{\oplus}$ verläuft nach dem S_E-Mechanismus. Der elektrophile Angreifer ist unter extremen Bedingungen das Nitrosyl-Ion $NO^{\oplus}$ selbst, im Normalfall jedoch die Verbindung $Y-NO$ mit der Base $Y^{\ominus}$. Erst diese Base veranlaßt das Nitritacidium-Ion $H_2O \overset{\oplus}{-} NO$ zur Wasserabspaltung (b in Abb. 37) und leitet den Angriff auf das aromatische Amin ein.

Man erkennt, daß zwei – besser drei – Äquivalente Säure notwendig sind: Das erste Proton $H^{\oplus}$ wird vorübergehend im Arylammoniumkation gebunden. Das zweite erzeugt aus dem Nitrit-Ion salpetrige Säure, und das dritte liefert zusammen mit dem ersten, infolge $Ar\bar{N}H_2$-Verbrauchs wieder freigesetzten Säureäquivalents die erforderliche Protonenkonzentration, die das Diazonium-Ion stabilisiert und Sekundärreaktionen entgegenwirkt (s. u.). Unterhalb pH 2 gibt es einen optimalen pH-Wert, bei dem das HNO_2-Gleichgewicht weit genug auf der Seite der elektrophileren Teilchen liegt, ohne daß zu wenig freies Amin vorläge.

Problematische Amine

Schwierigkeiten bereiten extrem schwach basische Amine. Ihnen kommt man mit besonderen Substanzen oder Verfahren bei, z. B. mit Nitrosylschwefelsäure HSO_4NO als

Diazotierungsmittel, oder indem man das Amin in Eisessig löst und unter Kühlung zu einer Lösung von NaNO₂ in konz. H₂SO₄ laufen läßt. Letztere Methode nach HODGSON führt bei 2,4-Dinitro-1-naphthylamin und auch bei Phenylendiaminen zu besseren Ausbeuten, obwohl sich die üblichen Nebenprodukte wie Benztriazol (53) aus o-Phenylendiamin oder Chinondiimin (54) als Oxidationsprodukt der p-Verbindung nicht ganz verhindern lassen.

(53)   (54)

Ähnlich verfährt man mit p-Nitranilin, das man in 5- bis 10 M HCl heiß löst, mit Eis abschreckt und sofort mit Nitrit versetzt.

Sulfanilsäure und andere Amine, die durch Zwitterionbildung die Diazotierung erschweren, werden mit Nitrit zusammen neutral oder schwach alkalisch gelöst und auf ein Salzsäure-Eis-Gemisch geschüttet. Dabei bilden sich aus den Anionen gleichzeitig die beiden Säuren und reagieren glatt zum Zwitterion p-Diazoniumbenzolsulfonat (55).

(55)

Diazoniumsalze $ArN_2^{\oplus}Y^{\ominus}$ bilden farblose Kristalle, die sich an der Luft leicht dunkel verfärben. Sie dissoziieren in Lösung vollständig, reagieren neutral und sind in Ether schwer löslich. Trocken, besonders als Nitrat oder Perchlorat, sind sie explosiv, und zwar schlag- und wärmeempfindlich. Bereits in hoch konzentrierten Lösungen und Suspensionen, vor allem bei Erwärmung, wäre eine Gefährdung gegeben, doch ist weder in der Industrie noch im Labor für Arbeiten im Farbstoffbereich eine Isolierung nötig. Auch werden bei möglichst niedrigen Temperaturen ausschließlich wäßrige Lösungen verwendet.

Für einige Naphtol AS-Farbstoffe sind die stabilen Salze mit den Anionen $ZnCl_4^{2\ominus}$ und $BF_4^{\ominus}$ wichtig (s. u.). Alle Diazoniumverbindungen sind gegen Licht zu schützen, es sei denn, man will die lichtinduzierte Zersetzung technisch ausnutzen (Diazotypie s. u.). Mit Alkali gehen die Diazoniumsalze in *Diazotate* - über.

Lewis-Säure   Diazohydroxid   trans-   cis-
Diazonium-Ion =Diazosäure   Diazotat-Ion
                              (56)   (57)

Die Lewis-Säure reagiert zweibasisch, ohne daß die Zwischenstufe *Diazohydroxid* zu fassen wäre; denn die zweite Acidität skonstante K_{S2} ist etwa 1000 mal größer als K_{S1}. Man beachte den Gegensatz zu zweibasischen Brönstedsäuren, bei denen K_{S2} immer kleiner als K_{S1} ist! Gibt man zu einem Äquivalent Diazoniumsalz ein Äquivalent NaOH, so erhält man $\frac{1}{2}$ Äquivalent Diazotat neben $\frac{1}{2}$ Äquivalent unverbrauchtem Diazonium-Ion. Das ist ein gefährliches Paar; denn es kann sich im pH-Bereich 5,5 bis 7,5 schon bei Zimmertemperatur zu gelben, hochexplosiven *Anhydriden* des Typs $Ar-\bar{N}=\underline{N}-\bar{\underline{O}}-\bar{N}=\underline{N}-Ar$ vereinigen.

Neben der nicht mehr kupplungsfähigen trans-Form (56) existiert auch das weniger stabile, aber immer noch aktive cis-Diazotat (57).

Die trans-Form läßt sich durch Säurezugabe in der Kälte oder auch fotochemisch in die cis-Form überführen. Im ersten Fall setzt Protonierung am Ar-Stickstoff die stabilisierende Wirkung des 3 Kerne-4π-Systems herab und erlaubt die Drehung um die NN-Bindung, im zweiten Fall ist im angeregten Zustand die Bindungsordnung zwischen N und N verringert.

Verkochung

Bei höheren Temperaturen (»Kochen«) zerfallen die Diazoniumkationen unter Stickstoffabspaltung und Phenolbildung nach

$$Ar-N^{\oplus}\equiv\bar{N} \underset{}{\overset{\text{langsam}}{\rightleftharpoons}} N_2 + Ar^{\oplus} \xrightarrow[\text{schnell}]{+ H_2O} ArOH + H^{\oplus}.$$

Die Reaktion des intermediär auftretenden Phenylkations mit dem Lösungsmittel ist monomolekular, d.h. nach S_{N1} greift der Partner mit der höchsten Elektronendichte sofort an. In der Regel ist das H_2O, kann aber für synthetische Zwecke auch ein gezielt ausgewähltes Agens, z.B. ein Alkohol oder bei der Sandmeyer-Reaktion HCl in Gegenwart von $Cu^{\oplus}$, sein. Die Ausbeute ist mit 60% ungünstig, doch die gewonnenen Verbindungen, z.B. Phenole, sind frei von Isomeren. Auch alkaliempfindliche Nitroverbindungen, die über eine Sulfonierung mit anschließender Alkalischmelze nicht erhältlich sind, lassen sich über die Diazotierung herstellen. Beispielsweise kann so das relativ teure m-Nitrophenol (Abb. 33a) durch Verkochen in 40- bis 50-prozentiger H_2SO_4 bei ca. 160°C gewonnen werden.

Kupplungsreaktion

Durch die Kupplung werden die aromatischen Systeme der Diazo- und der Kupplungskomponente über eine Azobrücke $-N=N-$ zu farbigen Verbindungen verknüpft. Dabei gelten die S_E-Regeln; denn das Diazonium-Ion tritt als schwach elektrophiles Agens in die Kupplungskomponente, meist ein Phenol oder Arylamin, manchmal auch ein Pyrazolonderivat (64) oder ein Acetessigsäureanilid (63) ein. In jedem Einzelfall sind die Elektronenhaushalte und die geometrische Gestalt beider Reaktionspartner, der möglichen Übergangsformen und der Produkte zu beachten, um Abweichungen vom »Normalverlauf« zu verstehen.

(58a) (58b)

Das einfachste, das Benzoldiazonium-Ion, hat neben seinem σ-Gerüst 10 π-Elektronen, die bei linearer Ar–N–N-Anordnung zu einer annähernd dreifachen NN-Bindung führen (58a), bei Winkelung dagegen zu stärkerer Ar–N-Bindung und einem »leeren« Orbital am zweiten Stickstoffatom (58b). Die Kupplungskomponente ihrerseits besitzt in einem π-System eine Methingruppe, bei der sich bevorzugt Ladung anreichert, so daß durch Überlappung mit dem leeren Stickstofforbital eine neue σ-Bindung geknüpft werden kann (59). Der σ-Komplex kann entweder wieder zerfallen oder aber das C-Proton abspalten und sich dabei zum fertigen Azofarbstoff (60) stabilisieren. Anhand dieses Grundprinzips, das auch zahlreiche Analogien zur Arylmethinsynthese (Abb. 39), sowie zur chromogenen Entwicklung (Abb. 62) aufweist, lassen sich Faktoren, die die Kupplung beeinflussen, diskutieren:

(59) (60)

Substituenteneffekte

R^1: Substituenten wie $-NO_2$, $-CN$, $-SO_3H$, die die Elektronendichte des Systems verringern und das Elektronendefizit des endständigen N-Atoms verstärken, wirken sich für die Kupplungsreaktion günstig aus. So reagieren 2.4-Di- und 2.4.6-Trinitrobenzdiazoniumchlorid in stark saurer Lösung sogar mit Mesitylen (1.3.5-Trimethylbenzol), einem nur schwer zu aktivierenden Kupplungspartner. Alkyl-, HO- und Alkoxigruppen dagegen erschweren eine Kupplung.

R^2: Seitens R^2 kann nur ein umgekehrt gerichteter Effekt positiv für die Kupplung sein, wenn also der Substituent dem System Elektronen zuliefert wie $-\ddot{N}H_2$, $-\ddot{N}R_2$, $-\underline{\ddot{O}}H$, $-\underline{\ddot{O}}|^{\ominus}$ usw.

pH-Wert

Im allgemeinen steigert *pH-Erhöhung* die Reaktivität der Kupplungskomponente, da deren deprotonierte Form aktiver ist:

(61a) Ar–O⁻ ≫ Ar–OH (61b)

(62) Ar–NH₂ ≫ Ar–⁺NH₃

(63)

(64) (90%) / (10%)

Die Kupplung mit Phenolaten (61a) erfolgt meist schneller als mit Aminen (62), die mit Phenolen (61b) dagegen langsamer (s. u.). Bei Acetessigsäureaniliden (63) und Pyrazolonderivaten (64) kann nur die deprotonierte Form reagieren, womit sich bei letzteren eine Diskussion des Gleichgewichts 9:1 zwischen N- und O-protonierter Form in wäßriger Lösung erübrigt.

Die Kupplungshemmung im Sauren wird zusammen mit einem anderen Effekt, der erwähnten Lichtempfindlichkeit von Diazoniumverbindungen, beim Diazotypieverfahren ausgenutzt: Für positive Lichtpausen z. B. werden Papiere benutzt, die in ihrer Beschichtung eine sauer stabilisierte Mischung von Diazo- und Kupplungskomponente enthalten. Nach Belichtung wird mit einer Base (NH_3 oder RNH_2) bedampft und die Kupplung zum Farbstoff bewirkt. Dieser kann sich nur an unbelichteten Stellen entwickeln, weil dort die Diazoniumkomponente intakt geblieben ist.

Da die Erhöhung der Alkalität auf der anderen Seite eine unerwünschte Reaktion, nämlich die Bildung des nicht mehr kuppelnden trans-Diazotats (s. o.) bewirkt, gibt es in jedem Einzelfall einen optimalen pH-Bereich: mit Arylaminen zwischen 4 und 9, mit Enolaten zwischen 7 und 9, mit Phenolen bei ca. 9, in Ausnahmefällen auch darüber.

Für die Aufnahme des bei jeder Kupplung freiwerdenden Protons reichen in der Regel die im System vorhandenen Akzeptoren aus. Manche organischen Basen wie Pyridin können zugleich katalytisch wirken, indem sie sich so an den σ-Komplex (59) anlagern, daß sie nur ganz bestimmte C-Protonen übernehmen können.

Während elektrophile Substituenten normalerweise sowohl in para- als auch in ortho-Stellung zu Donatorgruppen in ein aromatisches System eintreten, ist bei der Azokupplung die para-Position klar favorisiert, bei Phenol z. B. zu 99%. Nur wenn die p-Position besetzt ist oder bei β-Naphthyl-Verbindungen tritt die Kupplung in ortho- bzw. α-Position ein.

Temperatur

Wie bei der Wahl des optimalen pH-Wertes muß man auch bei der Temperatur einen Kompromiß schließen: Einerseits nimmt die Kupplungsgeschwindigkeit pro 10° Temperaturerhöhung um den Faktor 2,0 bis 2,4 zu, andererseits zerstört Wärme die Diazonium-Ionen, wobei die Zersetzungsgeschwindigkeit analog um

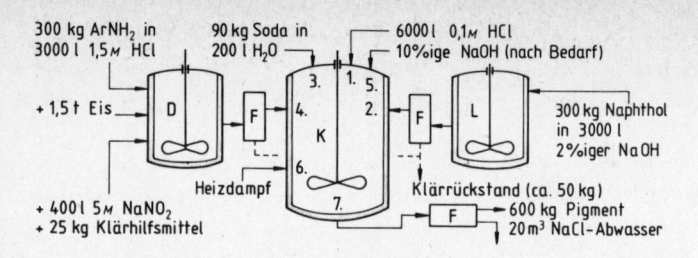

Abb. 38: Industrielle Herstellung eines Azofarbstoffs. D Diazotierer, L Löser für die Kupplungskomponente, K Kuppelgefäß, F Filterpressen.

den Faktor 3,1 bis 5,3 wächst (Angaben nach RYS-ZOLLINGER)! Deshalb werden in der Praxis meistens gekühlte Lösungen der beiden Komponenten miteinander vermischt oder wenigstens die Diazoniumsalzlösung kalt gehalten.

Abb. 38 zeigt das Schema einer Fabrikationsanlage und den Materialfluß, der schließlich zu 600 kg eines rohen Azopigments führt. Alle Gefäße sind gewöhnlich aus Stahl, innen gummiert oder ausgemauert. Etwa zwei Stunden dauert die Diazotierung im ca. 10 m^3 großen Behälter D. Unterdessen rieselt in dem etwa 40 m^3 fassenden Kuppelgefäß K die geklärte Naphthollösung zu 6000 l verdünnter Salzsäure, wobei das Naphthol i. a. feinkristallin ausfällt. Nach Puffern mit Soda wird auf 25 °C geheizt und langsam innerhalb von 3 Stunden unter laufender pH- und Temperaturkontrolle die geklärte Diazoniumsalzlösung verrührt. Bei Bedarf verhindert Natronlauge, daß der pH unter den Wert 7,8 sinkt.

Nach beendeter Kupplung heizt man die Farbstoffsuspension kurz auf 80°C, kühlt durch Wasserzugabe wieder ab, filtriert, wäscht und führt den Preßkuchen schließlich der Weiterverarbeitung zu. Die Kupplung verläuft, abgesehen von wenigen Ausnahmen, nach diesem Schema, während die Aufarbeitung je nach Farbstofftyp unterschiedlich und oft sehr arbeitsintensiv sein kann. Die Bemühungen der Apparatetechnik um weitere Automatisierung zielen darauf ab, die Beschäftigten zu entlasten und sie gleichzeitig vor Dämpfen, Stäuben und anderen Gefahren zu schützen. Schließlich stellt auch die Reinigung der gesamten Anlage ein besonderes Problem dar.

Neben der C-Kupplung kennt man bei einigen primären aromatischen Aminen auch die N-Kupplung. Allerdings lagern sich die zunächst entstehenden Diazoamino-Verbindungen (65a) leicht in Aminoazoverbindungen (65b) um.

Die Umlagerung erfolgt nicht intra- sondern intermolekular, d. h. nach säurekatalysierter Spaltung ① schließt sich eine C-Kupplung ② an, bei der $H_2\bar{N} - Ar^2$ mit einer gegebenenfalls hinzugefügten neuen Kupplungskomponente $X - Ar^3$ konkurriert.

Technisch gewann diese N-Kupplung zur Konservierung der Diazokomponente von sogenannten *Rapidogenfarbstoffen* Bedeutung: Zunächst wird durch

(66)   (67)

N-Kupplung mit einem o-, p-blockierten Amin, hier der Sulf-Anthranilsäure (66), ein beständiges Diazoamin (67) hergestellt. Dieses läßt sich mit der endgültigen Kupplungskomponente $X - Ar^3$, z. B. aus dem Naphtol AS-Sortiment, mischen, ohne zu reagieren. Wird eine mit dieser Mischung getränkte Faser mit Säure bedampft, so bildet sich nach ① und ② der unlösliche Farbstoff (65b), während sich die lösliche Sulf-Anthranilsäure $H_2\bar{N}Ar^2$ herausspülen läßt.

Als *wichtigste Kupplungskomponenten* für die Farbstoffproduktion sind zu nennen:
für gelbe Töne vor allem 5-Pyrazolonabkömmlinge (64) und für orange bis blauviolette Töne die Naphthol- und Naphthylaminderivate, unter letzteren z. B.

Bezeichnung	$R^1 = OH$ in Pos.	$R^2 = SO_3H$ in Pos.	$R^3 = NH_2$ in Pos.	kuppelt alkalisch in Pos.	kuppelt sauer in Pos.
a) Schäffer-Säure	2	6		1	
b) Nevile-Winther-Säure	1	4		2	
c) G-Säure	2	6+8		1	
d) R-Säure	2	3+6		1	
e) Chicago-Säure SS	8	2+4	1	7	
f) H-Säure	8	3+6	1	7	2
g) γ-Säure	8	6	2	7/5	1
h) J-Säure	5	7	2	6	1

J-Säureharnstoff (68) kuppelt alkalisch in beiden Positionen 6. I-Säure (69) ist N-acylierte J-Säure und kuppelt bei pH 8 ausschließlich in Stellung 6.

Ein Beispiel: In der H-Säure konkurrieren in saurem Milieu die dirigierenden Wirkungen der HO- und der H_2N-Gruppe miteinander ($-\bar{Q}H$ verliert!), in alkalischem Milieu dagegen $-\bar{Q}|^{\ominus}$ mit $-\bar{N}H_2$ ($-\bar{Q}|^{\ominus}$ gewinnt!). Kuppelt man

(68) (69)

also zunächst sauer, so dirigiert die Aminogruppe in Stellung 2. Dazu darf man den pH bei hinreichend reaktiver Diazokomponente bis zum Wert 1 absenken, ohne daß die Aminogruppe bis zur Reaktionsunfähigkeit protoniert wird. Im neutralen bis schwach alkalischen Milieu verlagert sich durch Naphtholatbildung die Kupplung zur Stellung 7. Will man also den Disazofarbstoff *Naphtholblauschwarz B* (70) erhalten, so muß man zunächst vollständig Position 2 im Sauren besetzen und dann erst im Neutralen oder Alkalischen Position 7.

(70)

Andere Wege zu Azofarbstoffen sind aus Abb. 35 abzulesen: Reduktion von Nitro- oder Nitrosoaromaten, Oxidation primärer Amine mit Permanganat oder Blei(IV)-Verbindungen, die Kondensation von Aminen mit Nitrosoverbindungen und schließlich die oxidative Kupplung, die 1957 von HÜNIG entwickelt wurde. Sie gewann Bedeutung, weil mit ihr interessante Azoverbindungen über Hydrazone von Heterocyclen zugänglich wurden, deren Synthese auf dem üblichen Weg an der Instabilität der entsprechenden Diazoniumsalze scheiterte. So kuppelt z. B. das 2-Amidrazon des N-Methyl-benzthiazols (71) mit dem Indol

(71) (72) (73)

(72) zu einem roten Farbstoff (73, $\lambda_{max.}$ = 505 nm). Ebenso liefern oxidative Kupplungen bestimmter Chinolinhydrazone mit Aminen (74, λ = 590 nm, blau) oder Phenolen (75, λ = 558 nm, violett) Farbstoffe, deren langwellige Absorption sie allerdings nicht als typische Monoazo-, sondern als Azamethinfarbstoffe ausweisen (vgl. Kap. 4.3). Die Kupplungen finden in Methanol oder Dimethylformamid statt, und rotes Blutlaugensalz, $Pb^{4\oplus}$, $Cu^{2\oplus}$ oder H_2O_2 mit Fe-Salzen dienen als Oxidationsmittel.

(74)   (75)

Azofarbstoffe

Die früheste technische Entwicklung der Azofarbstoffchemie begann in England, wo PETER GRIESS 1858 die ersten Verbindungen beschrieb. Alsbald setzte eine eifrige Forschung ein, an der MARTIUS 1863 mit der Synthese des *Bismarckbraun* (s. u.), KOLBE, KEKULÉ, sowie WITT 1876 mit *Chrysoidin* (76, X = NH_2, R = H) beteiligt waren. 1863 kam *Anilingelb* (76, X = R = H) schon in den Handel, noch bevor es 1866 als p-Aminoazobenzol beschrieben werden konnte. Es war noch stark säureempfindlich und mußte bald echteren Farbstoffen weichen. Das p-Dimethylamino-azobenzol oder *Buttergelb* (76, X = H, R = CH_3) wurde zum Färben von Butter verwendet, bis man seine karzinogene Wirkung bemerkte. Auch *Ölgelb* (3.2′-Dimethyl-4-aminoazobenzol, (77)) ist gut fettlöslich.

(76)   (77)

1870 entdeckte KEKULÉ die Fähigkeit diazotierter Arylamine, mit Phenolen zu kuppeln. Als erste »saure« Azofarbstoffe gelten *Orange I und II* (78 und 79) aus diazotierter Sulfanilsäure und α- bzw. β-Naphthol. β-Naphtholorange = Orange II färbt Wolle direkt und Baumwolle nach Beizung. Orange I dagegen ist für Färbezwecke untauglich, weil sein phenolischer pK_S-Wert von 8,2 beim Waschen mit Alkalien bereits die Ausbildung des Dianions mit geänderter Farbe und guter Löslichkeit ermöglicht. Bei dem von ROUSSIN 1876 entwickelten Orange II ist das nicht der Fall, da sein durch die Wasserstoffbrücke heraufgesetzter pK_S-Wert 11,4 in der Praxis nicht überschritten wird (vgl. 316i u. j. S. 190).

(78)   (79)   (80)

Aus diazotierter Naphthionsäure, die er mit β-Naphthol kuppelte, stellte CARO 1877 das *Echtrot A* (80) dar, einen ebenfalls »sauren« Farbstoff mit durch den zusätzlichen Ring (vgl. 79) vertiefter Farbe. Als erster substantiv ziehender Baumwollfarbstoff wurde 1884 von BÖTTIGER das *Kongorot* (95) erhalten.

Ebenfalls zu den klassischen, seit ca. 100 Jahren bekannten Azoverbindungen gehören die Indikatoren *Methylorange* (= Helianthin, (316f)) und *Methylrot* (316g). Sie werden aus diazotierter Sulfanil- bzw. Anthranilsäure mit Dimethylanilin gewonnen.

Pyrazolonfarbstoffe sind lichtechte, meist gelbe Wollfarben. 1884 wurde das *Tartrazin* (81, X = SO$_3$H, Y = COOH), 1892 das *Flavazin* = *Echtlichtgelb G* (81, X = H, Y = CH$_3$) entwickelt.

(81)

Die *Eignung der Azoverbindungen als Farbstoffe* hängt von bestimmten Strukturen des Moleküls ab. Wie bei Orange I/II schon angedeutet, versteift eine Wasserstoffbrücke zum zweiten N-Atom der Azobrücke das Molekülgerüst, was neben Konsequenzen für die Farbigkeit auch Einfluß auf den pK$_S$-Wert hat: Während Phenole in mittleren pH-Bereichen zwischen 3 und 10 deprotoniert und damit als Anion löslich werden, gelingt die Herauslösung des Protons aus einem *inneren Chelat* (82) erst oberhalb pH 11. Bei ortho-Aminochelaten (83) ist die Eingliederung des D-Elektronenpaares in das π-System begünstigt und dadurch seine Protonierung so erschwert, daß sie nicht schon bei pH 4 bis 3 erfolgt (vgl. Abb. 36), sondern erst unterhalb pH 2. Für die Färberei werden daher bevorzugt Farbstoffe mit ortho-OH- bzw. ortho-NHR-Gruppen produziert, z.B. Orange II oder Echtrot A. Beim *Säureanthracenbraun RH* (84) bilden sich sogar zweimal Wasserstoffbrücken der o-ständigen Hydroxi- bzw. Aminogruppen zur Azobrücke aus.

(82)   (83)   (84)

Auf die Fähigkeit der o,o'-Dihydroxi-azofarbstoffe, die Brückenprotonen abzugeben und stattdessen Metallionen zu komplexieren, gehen wir noch genauer ein.

Nun entstehen aber, da die Kupplung in der ortho- gegenüber der para-Stellung erheblich erschwert ist, bevorzugt para-Verbindungen. Bei diesen kann man die genannten Nachteile dadurch ausschalten, daß man bei der Synthese des Farbstoffs p-Gruppen alkyliert oder acyliert. Die Wasserlöslichkeit solcher Deri-

vate nimmt in der Reihe Acetyl > Propionyl > n-Butyryl > Benzoyl > p-Tosyl (Toluolsulfonyl) > p-tert. Butylbenzoyl ~ Capryl ($C_7H_{15}CO$) ab und umgekehrt die Affinität zu Proteinfasern und die Waschechtheit zu.

Das Tautomeriegleichgewicht zwischen *Azo- und Hydrazonform* (85 a b) bei allen Farbstoffen mit OH, NH_2, NHR stellt sich immer sehr schnell ein. Es ist – obwohl von theoretischem Interesse – bei den meisten Farbstoffen gar nicht bekannt und liegt vermutlich nur bei Azonaphtholen auf der Hydrazonseite (85 b).

(85 a)   (85 b)

Monoazofarbstoffe *mit ein bis drei SO_3H-Gruppen* werden zum Färben von Protein- bzw. synthetischen Polyamidfasern im pH-Bereich 2 bis 6, aber auch in der Papier- und Lederfärberei verwendet. Einige unlösliche Salze dieser Stoffe mit den Kationen $Ba^{2\oplus}$, $Ca^{2\oplus}$ u. a. eignen sich als *Pigmente*.

Mehr als die Hälfte aller technisch verwendeten *Dispersionsfarbstoffe* sind Mono- und Disazofarbstoffe, die ihre minimale aber sehr konstante Wasserlöslichkeit bestimmten funktionellen Randgruppen verdanken. Als Beispiele mögen das *Cellitonechtgelb G* (86) und das *Cibacetylviolett 5R* (87) genügen.

(86)   (87)

Gelbpigmente für Malerfarben, die lichtecht sind und auch nicht aus ihrer Farbschicht herausdiffundieren, werden vielfach durch Kupplung mit Acetessigsäureaniliden (63) gewonnen, z.B. das *Hansagelb G* (88).

(88)

Naphtol AS-Entwicklungsfarbstoffe

Die Idee, eine Textilfaser zunächst mit nur einer Komponente zu tränken und dann erst die Kupplung durchzuführen, war schon früh mit den sogenannten

Eisfarben verwirklicht worden, bei denen meistens 2-Naphthol die erste Komponente darstellte. Das Verfahren war jedoch kompliziert und führte leicht zu ungleichmäßigen Färbungen. Auch waren die Farbstoffmoleküle noch so klein, daß sie relativ leicht von der Faser absublimierten. LASKA und ZITSCHER fanden 1913, daß das Anilid der 2-Naphthol-3-carbonsäure, kurz *Napht(h)ol AS* (89) genannt, sehr viel besser als das 2-Naphthol auf Pflanzenfasern aufzieht und dann als Kupplungskomponente gegenüber beliebigen Diazoniumsalzen dienen kann. Die entwickelten Moleküle sublimieren nicht mehr und verbinden mit völliger Unlöslichkeit den bereits erwähnten Vorteil orthoständiger Donatorgruppen. Solche *Entwicklungsfarbstoffe*, besonders die roten und violetten Nuancen, rangieren in ihrer Echtheit gleich hinter den Küpenfarbstoffen, und sie haben das früher so wichtige Alizarin fast vollständig verdrängt.

(89) (90)

Das für *Indrarot* (90) benötigte Derivat Naphtol ASITR – die letzten drei Buchstaben bedeuten *i*ndanthrenechtes *T*ürkisch*r*ot – wird aus 2-Naphthol-3-carbonsäure und 2.4-Dimethoxi-5-chloranilin über PCl_3 gewonnen. Mit etwas Formalin zieht es aus alkalischer Lösung gut auf Baumwolle auf und kann mit diazotierter Echtrotbase ITR (3-Amino-4-methoxi-benzolsulfonsäurediethylamid) gekuppelt werden, ohne daß zwischendurch getrocknet werden muß.

Andersfarbige Entwicklungsfarbstoffe vergleichbarer Güte entstehen mit Kupplungskomponenten, die gar keine Naphthole mehr sind. Trotzdem wurde die Sammelbezeichnung beibehalten, gelegentlich mit anderer Schreibweise, nämlich -tol statt -thol.

Beispiele: *Naphtol AS-G* (91a, R = 91b) für gelbe Disazofarbstoffe, *Naphtol AS-LB* (92) für braune Töne. Die Entwicklung neuer Naphtol AS-Kupplungs-

(91a) (91b) (92)

komponenten mit besonderer Affinität zu synthetischen Fasern oder zur Erzeugung von Polyazopigmenten des *Chromophthalsortiments* hält an.

Zur Konservierung der Diazokomponente dienen folgende Verfahren:
- Sogenannte »*Echtsalze*« oder »*Echtfarbbasen*« werden als Arylsulfonate, Tetrafluoroborate oder mit den komplexen Anionen $ZnCl_4^{2\ominus}$ bzw. $SnCl_6^{2\ominus}$ kristallisiert.
- *Rapidechtfarbstoffe* entstehen aus trans-Diazotaten, die alkalisch gelöst zusammen mit der Naphtol AS-Komponente aufziehen und dann gemäß (56) sauer entwickelt werden. Der Zwang, für das Diazotat einen präzisen pH-Wert einzuhalten, schränkt die Kombinationsmöglichkeiten allerdings so stark ein, daß dieses Verfahren weitgehend verdrängt wurde.
- Bei den *Rapidogenfarbstoffen* wird aus einer Diazoaminoverbindung (66/67) nach (65) protonenkatalysiert die Diazokomponente freigesetzt, was sich so gut handhaben läßt, daß mit einer breiten Naphtol AS-Auswahl kombiniert werden kann und in speziellen Fällen sogar Entwicklung mit neutralem Dampf möglich ist (Neutrogenfarbstoffe).

Die Echtheit konnte so verbessert werden, daß 1973 bereits 162 Naphtol AS-Kombinationen mit dem *Indanthrenetikett* (s. u.) ausgezeichnet wurden. Ca. 50 verschieden stabilisierte Echtfarbbasen und mehr als 30 Naphtol AS-Varianten stehen zur Verfügung.

Direkt färbende Azofarbstoffe für Baumwolle verdanken ihre Substantivität dem langgestreckten Bau des Moleküls und der besonderen Verteilung der Ladung in den zwei, drei oder mehr Azo-Systemen. Zur Synthese können u. a. diazotierte Amine entweder symmetrisch mit zwei Äquivalenten eines Partners gekuppelt werden oder unsymmetrisch in zwei Zügen. Das gelingt, weil die Reaktivität der zweiten Diazogruppe nach erfolgter erster Kupplung stark vermindert ist. Als Ausgangsstoffe zur Erzeugung von Dis- bzw. Polyazofarbstoffen bieten sich einfache Phenylendiamine, sowie Vertreter der folgenden beiden Verbindungstypen an.

Typ I (93): Benzidin,   R = H
            o-Dianisidin = OCH_3
            o-Tolidin   = CH_3 (93)

(94)

Typ II (94): 4.4'-Diaminoazobenzol: $Z = \bar{N} = \underline{N}$
             4.4'-Diaminodiphenylharnstoff: $= \bar{N}H - CO - \bar{N}H$
             4.4'-Diaminostilben: $= CH = CH$
             N-(p-Aminobenzoyl)-p-phenylendiamin: $= \bar{N}H - CO$

Die Verwendung von Benzidin ist heute weltweit wegen erwiesener Kanzerogenität eingestellt worden. Auch seine Derivate unterliegen strenger Kontrolle, eine Vorsicht, die man in der Frühzeit der Farbstoffchemie nicht kannte.

Das bereits erwähnte *Kongorot* (95) stellte man durch Kuppeln von beidseitig diazotiertem Benzidin mit Naphthionsäure her. Es war der erste substantive Azofarbstoff, allerdings säureempfindlich und deshalb heute nur noch als Indikator und in der Mikroskopie in Gebrauch (Kap. 6.1.1).

(95)

Ähnlich wurde das noch ältere *Bismarckbraun* aus nur einer Muttersubstanz, nämlich m-Phenylendiamin, gewonnen: ein Drittel wurde vollständig diazotiert und dann mit den beiden anderen Dritteln gekuppelt. Eine einheitliche Substanz konnte dabei allerdings kaum entstehen. Einige weitere Disazofarbstoffe werden bei den Indikatoren in Kap. 6.1.1 angegeben.

Um die Synthese komplizierter Polyazofarbstoffe zu beschreiben, benutzt man häufig eine Kurzschreibweise: an Pfeile, die immer von der Diazo- zur Kupplungskomponente zeigen, schreibt man die Reihenfolge und das jeweilige Milieu (a für alkalisch, s für sauer) der Einzelschritte. Das Symbol

$$\text{Anilin} \xrightarrow[a]{2} \text{H-Säure} \xleftarrow[s]{1} \text{Benzidin} \xrightarrow[a]{3} \text{m-Phenylendiamin}$$

beschreibt die Synthese von *Direkttiefschwarz EW* (96), während *Diamingrün B* gemäß

$$\text{p-Nitranilin} \xrightarrow[s]{1} \text{H-Säure} \xleftarrow[a]{2} \text{Benzidin} \xrightarrow[a]{3} \text{Phenol}$$

gebildet wird.

(96)

Ein Direktfarbstoff mit primären p-Aminogruppen kann schließlich auf der Faser nochmals diazotiert und abschließend mit 2-Naphthol o. a. gekuppelt werden, womit sich die Naßechtheit weiter verbessert. Ein Beispiel ist das *Sambesischwarz V* (97), welches nach dieser Behandlung fünf Azogruppierungen besitzt und trotz seiner Sulfonatfunktionen nicht mehr löslich ist. Man kann, obwohl die Systeme sich untereinander stark beeinflussen, doch einzelnen Molekülteilen dieses Farbstoffs die Absorption verschiedener Bereiche des visuellen Lichtes zuschreiben: der Polyazokette links den *L*-Anteil, der H-Säureumgebung den mittleren und der auf der Faser entstehenden o-Hydroxiazogruppierung rechts oben den kurzwelligen *K*-Bereich.

(97)

(98)   (99)

Ein Molekül, das den *M*-Bereich überhaupt nicht absorbiert und zwei getrennte Absorptionssysteme für *L* und *K* besitzt, müßte demnach ein brillantes Grün ergeben (vgl. Kap. 2.2). Diese Trennung der Systeme gelang durch den Einbau von *Cyanurchlorid* (98): *Chlorantinlichtgrün BLL* (99) war der erste lichtechte Farbstoff dieser Art.

Komplexbildende Azofarbstoffe

o.o'-Dihydroxi-azofarbstoffe können als dreizähnige Liganden mit Metallionen Komplexe bilden, was einerseits die Farbe durch Verbreiterung der Absorptionsbande stumpfer und dunkler macht, andererseits durch Absenken des Protonierungs-pH die chemischen Eigenschaften verändert. Mit $Cr^{3\oplus}$ können sich 1:1- oder 1:2-Komplexe bilden, z.B. *Neolanblau 2G* (100), *Irgalanbraunviolett DL* (101, R = H) oder *Irgalangrau BL* (101, R = $HN-CO-OC_2H_5$), sowie gemischte Komplexe des Typs (269). Der Buchstabe L im 1:1-Komplex steht für ein Wassermolekül oder XŌH.

(100)   (101)

Die Frage, welches der beiden Azo-Stickstoffatome ein Ligandenelektronenpaar stellt, und wie die Formel am besten zu schreiben ist, wurde u.a. von SCHETTY diskutiert.

Bei den sogenannten *Chromierfarbstoffen* erfolgt die 1:2-Komplexbildung erst auf der Faser, und zwar entweder nach $Cr^{3\oplus}$-Beize oder durch Nachchromieren oder nach Reduktion von Dichromat zu $Cr^{3\oplus}$. Reaktionspartner des Dichromats können Gruppen der Faser sein, organische Begleitsubstanzen oder aber eine Vorstufe des Farbstoffs. So wird *Diamantschwarz PV* (102) erst auf der Faser zu einem Naphthochinonderivat (103) oxidiert und dadurch schwarz.

(102)   (103)

Eriochromschwarz T (345) ist ursprünglich ein Chromierungsfarbstoff für Wolle, dient aber auch als Metallindikator und wird als solcher in Kap. 6.1.3 vorgestellt.

Die Echtheit der Färbung wird besonders dann erhöht, wenn die Faser funktionelle Gruppen mit einsamen Elektronenpaaren besitzt, die die Ligandenplätze L, beispielsweise in (100) und (103), einnehmen. Das gilt auch für *Alizaringelb R* (104), bei dem allerdings die Azogruppen nicht an der Komplexierung beteiligt sind.

Ein Beispiel mit zusätzlichen Kationbrücken ist der Direktfarbstoff (276).

Sehr viel fester noch als die Fixierung über Kationen ist die Verankerung bei Reaktivfarbstoffen, unter denen es zahlreiche Azofarbstoffe gibt. Das

(104)

Cyanurchlorid (98), ein typischer reaktiver Anker, war bereits beim Chlorantinlichtgrün BLL (99) aufgetaucht, dort aber als π-unterbrechendes Mittelglied ganz im Farbstoffmolekül verschwunden. Bleibt das obere Cl unsubstituiert, kann diese Funktion mit der Faser reagieren, was in Kap. 5.2.4 noch eingehender dargestellt wird.

Auf die interessante Frage, warum *in der Natur keine Azofarbstoffe* vorkommen, ist eine eindeutige Antwort schwer zu finden. Es kann sein, daß die Bedingungen zu ihrer Bildung (vgl. Abb. 35) während der Evolution nie eingetreten sind. Ebenso wäre denkbar, daß die Natur sie sehr wohl »ausprobiert«, dann aber verworfen hat, weil ihre Biosynthese unökonomisch war oder weil sie sich als Gift erwiesen. Die Hypothese, daß die Gruppierung Ar–N=N–Ar prinzipiell lebensfeindlich sei, wird durch Azofarbstoffe gestützt, die gewisse Bakterien töten, z. B. das *Prontosil rubrum* (105). Dem steht allerdings entgegen, daß andere als Lebensmittelfarbstoffe zugelassen sind (Kap. 6.4). Es ist also anzunehmen, daß Prontosil nicht als Azoverbindung, sondern als Sulfonamid bakterizid wirkt. Anders die *Salvarsane* Ar–As=As–Ar, die zweifellos der Arsenobrücke ihre Wirkung verdanken. Seit ihrer Einführung durch EHRLICH 1907 spielten sie bis zur Entwicklung von Antibiotika eine wichtige Rolle in der Chemotherapie der Syphilis. Ein Salvarsan, das lösliche *Spirotrypan* (106), soll als Beispiel die Verwandtschaft mit den Azoverbindungen aufzeigen.

(105)   (106)

4.2 Nitro- und Nitrosofarbstoffe

Diese Gruppe verdankt ihre Farbigkeit dem Valenzausgleich zwischen einem Donator –ÖH oder –ṄR$_2$ und einer Nitro- bzw. Nitrosogruppe quer über ein aromatisches System hinweg.

An diesen einfachen Molekülen entwickelte WITT 1876 seine Farbstofftheorie, ohne die Spektren (Abb. 33) genauer zu kennen (vgl. Kap. 3.5). Die Nitrofarbstoffe sind gelb bis braun, säureempfindlich und wegen ihrer geringen

Wasch- und Lichtechtheit heute kaum noch in Gebrauch. Die Verwendung von *o-Nitranilin* (107a) als Indikator in wasserfreien Lösungsmitteln beruht auf der Donatorverstärkung in (107b).

Pikrinsäure (312g), mit der man im 19. Jahrhundert Seide färbte, ist wohl der erste synthetische Farbstoff überhaupt; denn sie wurde bereits 1771 von WOULFE mit HNO_3 aus Indigo gewonnen.

Die *technischen* Hydroxinitrofarbstoffe (108) werden wegen der Oxidationsempfindlichkeit des Naphthols nicht direkt, sondern durch Nitrosubstitution aus der 1-Naphthol-2.4-disulfonsäure hergestellt.

Früher fand *Martiusgelb* (108, X = H) als Wollfarbstoff Verwendung, desgleichen *Naphtholgelb S* oder *Citronin A* (108, X = SO_3H), das in der Fotografie auch als Desensibilisator dient (vgl. Kap. 6.2). *Cellitonechtgelb 2R* (109) ist ein Vertreter der Nitrodiphenylamine, die sich gut zum Färben der ab 1924 fabrizierten Acetatseiden eigneten. Heute noch im Handel befinden sich der Pigmentfarbstoff *Amidogelb E* (110) und eine Reihe von 4-Alkoxi-2'-nitro-diphenylamin-4'-sulfonsäureamiden (111), die als Dispersionsfarbstoffe bei guter Naßechtheit auf Polyester und Acetatseide ein rotstichiges Gelb bei $R^1 = OC_2H_5$, $R^2 = CH_3$ oder ein grünstichiges Gelb bei $R^1 = H$, $R^2 = CH_2-CH_2-CN$ ergeben.

Während Nitrosoverbindungen häufig zur Synthese anderer Farbstoffe eingesetzt werden (vgl. 162, 166 und 252), sind Nitrosofarbstoffe selten. Sie enthalten ausschließlich die OH-Gruppe als Donator, da Nitrosoaniline so basenempfindlich sind, daß sie sich schon mit H_2O zu Nitrosophenolen umsetzen. Die Anhebung eines nichtbindenden Elektrons aus einem NO-Orbital in das π^*-Orbital äußert sich in einer schwachen, langwelligen Nebenbande, die die Farbe von gelb/braun nach grün verschiebt. Von technischem Wert sind wegen ihres geringen Preises und aufgrund ihrer stumpfen Farbe die Metallkomplexe der o-Nitrosonaphthole, z. B. das *Naphtholgrün B* (112, $X = SO_3H$), das als militärische Tarnfarbe dient.

(112)   (113)

Den theoretischen Chemiker interessiert das Tautomeriegleichgewicht (113), das man der allgemeineren Frage unterordnen kann, welchen Einfluß eine ringschließende Wasserstoffbrücke auf ein U-förmiges 5-Zentren-6π-System hat (vgl. 313 und 343). Der Nitrit/Nitroso-Nachweis nach LIEBERMANN gemäß

rot   (114a)   blau   (114b)

stützt die These, daß ein symmetrisches System (114b) eine tiefere Farbe verursacht als ein unsymmetrisches (114a) (vgl. 24a/b und 308).

4.3 Polymethinfarbstoffe

Das Polymethinprinzip wurde bereits eingehend in Kap. 3 besprochen. Es ist auf alle Farbstoffe anwendbar, in denen zwischen einem Atom $\ddot{X}-$ an einem Ende und einem Atom $=Y$ am anderen mehr oder weniger vollkommener Valenzausgleich herrscht:

$$\langle D \rangle \ \ddot{X}^{\ominus}(CR)_z = Y \ \langle A \rangle \ \leftrightarrow \ \langle A' \rangle \ X = (CR)_z^{\ominus} - \ddot{Y} \ \langle D' \rangle .$$

Symmetrische Endgruppen haben die *Cyanine* $= \ddot{N} - (CR)_z = \overset{\oplus}{N} =$, die *Oxonolate* $|\ddot{Q}^{\ominus}(CR)_z = Q|$ und die *protonierten Oxonole* $H\ddot{Q} - (CR)_z = \overset{\oplus}{Q}H$, ferner die instabilen Carbeniat- und Carbeniumpolymethine, $=\overset{..}{C}{}^{\ominus}(CR)_z=C=$ bzw. $-\overset{..}{C}-(CR)_z=C^{\oplus}$, die jedoch nur von theoretischem Interesse sind.

Ein unsymmetrisches, polares, nach außen ungeladenes Absorptionssystem mit im allgemeinen unvollkommenem Valenzausgleich besitzen *Oxonole* $H\overset{..}{\underset{..}{O}}-(CR)_z=\underset{..}{O}|$ und *Merocyanine* $=\overset{..}{N}-(CR)_z=\underset{..}{O}|$. Endgruppenvariationen, Kettenveränderungen, Kopplungen, Überkreuzungen und Ringschlüsse treten in den großen Farbstoffklassen auf, so daß nur noch wenige im Sichtbaren absorbierende Stoffe übrig bleiben, in denen sich kein Polymethinsystem entdecken läßt:

1. Die Polyene $R-(CR=CR)_j-R$ ohne D/A-Paar, also ohne nennenswerten Valenzausgleich (Kap. 4.5),
2. die sogenannten »nichtalternierenden« Polycyclen wie die Azulene (Abb. 11),
3. die in Reihe anellierten Aromaten wie Pentacen, Rubren usw., sowie die Leiterpolymere (115),
4. die flächig anellierten, donatorlosen Carbonylfarbstoffe (Kap. 4.7.3) und schließlich
5. die farbschwachen aber theoretisch interessierenden $n \to \pi^*$-Chromogene (vgl. Gruppe 1 der Klassifizierung nach GRIFFITHS in Kap. 3.3). Da die Typen 2, 3 und 5 ohne färbetechnisches Interesse sind, da für Typ 1 und 4 jeweils ein eigenes Kapitel vorbehalten ist und da alle anderen großen Farbstoffklassen Polymethinstrukturen aufweisen, bleiben nur noch ganz wenige Farbstoffe übrig, die sich keiner dieser Klassen zuordnen lassen.

Das wären zunächst die Streptocyanine mit einfachen Endgruppen und ungeschützter Methinkette. Sie sind schwer herzustellen, äußerst labil, also färberisch uninteressant. Ihre Empfindlichkeit gegen Alkali, Säure und Reduktionsmittel zeigt das Schema (115).

(115)

Natürlich kann sowohl die Bildung der Carbinolbase als auch die saure Reduktion an jeder δ^+-Stelle der Kette stattfinden. Die nachfolgenden Beispiele zeigen, gegen welche Angriffe die jeweiligen Strukturen schützen; denn falls die Endatome X bzw. Y Bestandteil eines Ringes sind, oder wenn die Kette solche stabilisierenden Strukturen durchläuft, erhält man Stoffe mit interessanten, oft außergewöhnlichen Merkmalen. Z.B. wird in der Farbfotografie eine scharf selektive und starke Absorption verlangt, so daß die Sensibilisierung von Filmen das Hauptanwendungsgebiet der Polymethinfarbstoffe ist (vgl. Kap. 6.2). Ferner finden einige dieser Farbstoffe in der Lasertechnik, als Datenspeicher, Temperaturindikatoren, optische Schalter, sowie in photochromen Gläsern (s. u.) Verwendung. Nur wenige färben Textilien befriedigend licht- und sublimierecht, ohne zu teuer zu sein.

4.3.1 Cyanine im engeren Sinn

Die Cyanine, N-Alkylchinoliniumsalze, gehören zu den ältesten synthetischen Farbstoffen überhaupt und wurden etwa um 1912 von A. KAUFMANN und E. VONDERWAHL in ihrer Struktur aufgeklärt. Möglichkeiten zur Kettenverlängerung brachten POPE und MILLS mit dem Formalin und W. KÖNIG 1915 mit den o-Ameisensäureestern in die Darstellungsverfahren ein. Für die ersten Synthesen verwandte man Salze des Chinolins (116, R = H), Lepidins (116, R = CH_3) oder Chinaldins (117), welche man Jodäthylate nannte. Sie wurden alkalisch erhitzt und ergaben je nach Stellung der Methylgruppe und des Substituenten 2.2'-, 2.4'-, 4.2'- oder 4.4'-Verknüpfungen, beispielsweise aus (117) und (118) das 2.2'-verknüpfte *Pseudocyanin* (119), welches nach Abb. 14 bei ca. 520 nm absor-

biert und gelbstichig rot aussieht. Ebenfalls nach Abb. 14 ist das 4.4'-verknüpfte *Kryptocyanin* (120) ein Heptamethin mit λ_{max} = 590 nm und blauer Farbe. WILLIAMS entdeckte diese Farbstoffe 1856, also im gleichen Jahr wie PERKIN das Mauvein, und nannte sie nach der Kornblume *Cyanine*. Der Name wurde später auf die ganze Klasse ohne Rücksicht auf die Farbe übertragen. Noch heute dient das ebenfalls 4.4'-verknüpfte *Chinolinblau* (120), das zwei Isopentylgruppen $-CH_2-CH_2-CH(CH_3)_2$ statt der beiden Ethylgruppen enthält, als Sensibilisator bis 650 nm oder als Vitalfarbstoff in der Mikroskopie. Durch Kettenverlängerung auf drei Methingruppen zwischen 2.2'-gebundenen Ringen erhält man Pentamethine wie das *Pinacyanol* (121, R = H) oder das *Pinachromblau* (121, R = OC$_2$H$_5$) die früher *Carbocyanine* genannt wurden.

(121)   (122)

Moderne Cyanine enthalten neben Stickstoff im Endgruppenring oft O, S oder Se als Heteroatom, z. B. der *Grünsensibilisator MA 2116* (122). Hinsichtlich der Absorptionen verweisen wir auf Abb. 14, hinsichtlich der Verwendung in der Fotografie auf Kap. 6.2.1. Es tritt bei diesen Kationen konzentrationsabhängig eine scharfe, langwellige J-Bande auf, die man auf Assoziatbildung in konzentrierten Lösungen bzw. auf Oberflächen zurückführt. Man nimmt an, daß sich dabei die Moleküle schindelartig etwas versetzt übereinanderlegen, was auch die Weiterleitung angeregter Elektronen über mehrere tausend Moleküle hinweg an geeignete Stellen der Trägerfläche erklärt (vgl. Abb. 60).

Für die Synthesen der *Indoleninfarbstoffe* (Indocarbocyanine) spielt die *Fischerbase* (123) eine Rolle, die man aus Phenylhydrazin durch Kondensation mit einem Keton, Ringschluß, NH$_3$-Abspaltung über ZnCl$_2$ und schließlich N-Alkylierung erhält. Ihre direkte Verknüpfung mit p-Aminobenzaldehyden oder Kettenverlängerung mit o-Ameisensäureestern liefert die sehr brillanten PAN-Farbstoffe des Typs *Astrazonrot G* (124) bzw. *Astraphloxin FF* (125). Bei letzterem stellt der Ameisensäureester das zentrale C^3 der Polymethinkette.

(123)   (124)   (125)

Brillante Gelbtöne für PAN-Fasern verlangen Trimethinsysteme wie im *Astrazongelb 3 GL* (126). Hier und im Beispiel (124) greift kein Ring um das rechte

Stickstoffatom herum in die Kette hinein. Man spricht dann von *Hemicyaninen*, zu denen auch das *Maxilonrot BL* (127) oder ein anderer Azo-polymethinzwitter (74) gerechnet werden dürfen. Solche Azacyanine lassen sich mit der bereits in Kap. 4.1 beschriebenen *oxidativen Kupplung* nach HÜNIG gewinnen.

(126)   (127)

(128)   (129)

Es wird dabei deutlich, daß das Herstellungsverfahren keineswegs schon eindeutig den Farbstoff klassifiziert, sondern daß sich vielmehr der Elektronenhaushalt des fertigen Moleküls nach dem Prinzip der energieärmsten Struktur zum registrierbaren Absorptionssystem organisiert. Der von BOSSARD 1961 entwickelte Farbstoff (128) ist als *2.3.4-Triazapentamethincyanin* zu verstehen, während *Lumogen* (129), ein hellgelber Leuchtfarbstoff, nur wie ein Azamethin aussieht, in Wirklichkeit aber mit zwei Kopf-an-Kopf-Merocyaninsystemen $-\bar{N}=CH-Ar-\underline{\ddot{O}}-H$ absorbiert und mit der Gelenkigkeit in seiner Mitte genau die Bedingung erfüllt, die in Kap. 6.3 als Voraussetzung für Fluoreszenz im visuellen Bereich beschrieben wird.

4.3.2 Oxonole

Die ungeradzahlige Methinkette zwischen zwei Sauerstoffatomen ist ein sehr häufiges Strukturelement in Naturstoffen. Die Vergänglichkeit der Farben von Blüten und Früchten deutet an, daß echte Färbungen mit Oxonolfarbstoffen selbst dann nicht erzielt werden können, wenn die Endgruppen durch Ringschluß stabilisiert sind:

(130)

Als rote Komponente im Safflor der Färberdistel ist das wenig echte *Carthamin* (131) enthalten (vgl. Kap. 7), und auch das *Muscarufin* (132), den orangeroten Farbstoff des Fliegenpilzes, kann man nicht gerade beständig nennen (vgl. 134).

(131)　　　　(132)　　　　(133)

Ninhydrin ist das 2.2-Dihydroxi-1.3-indandion, ein empfindliches Reagens auf α-Aminosäuren $^\ominus O_2CCHRNH_3^\oplus$, mit denen es unter CO_2- und RCHO-Abspaltung zu einem blau-violetten Farbstoff (133) reagiert. Einer ähnlichen Aza-oxonolstruktur verdankt das *Murexid* (339), das sich beim Harnsäurenachweis mit NH_3 bildet, die purpurrote Farbe. Sein Ammoniumsalz dient in der Komplexometrie als Indikator (siehe Abb. 14 und Kap. 6.1.3).

4.3.3 Merocyanine

Wenn man formal die Cyanine als Vinylhomologe des Formamidiniumkations und die Oxonole als diejenigen der Ameisensäure bzw. des Formiatanions ansieht, dann lassen sich die neutralen, dazwischenstehenden *Merocyanine* vom Formamid ableiten:

Formamidinium　　Formamid　　Formiat

Cyanin　　Merocyanin　　Oxonol(at)

Die Merocyaninstruktur findet sich in zahlreichen Farbstoffen der anderen Klassen, z. B. in allen Hydroxi-azo- und Amino-carbonylfarbstoffen. In der Natur kommen seltene Heteroringe mit offenem Aldehydende vor, z. B. das *Muscaflavin*, ein in seiner freien Form (134) gelblicher Fliegenpilzfarbstoff. Die synthetischen *Chinophthalone* sind dagegen an beiden Enden durch Ringschluß geschützt und zusätzlich durch eine H-Brücke stabilisiert, beispielsweise das *Chinolingelb* (135), das bis zu seiner Verdrängung durch Azofarbstoffe einer der wichtigsten Direktfärber für Wolle und Seide war. *Cellitonechtgelb 7G* (136) wurde 1936 für Acetatseide entwickelt und dient heute als Dispersionsfarbstoff für Polyester.

(134)   (135)   (136)

Manche Merocyanine verdanken der Beweglichkeit ihrer Methinkette die Fähigkeit zu wahrhaft akrobatischen Kunststücken. Hier zwei Beispiele:

1. Allopolare Isomerisierung bei geeigneter Kettenverzweigung

In unpolaren Lösungsmitteln absorbiert der Farbstoff als unsymmetrisches Pentamethin relativ kurzwellig; denn er dreht die eine Benzthiazolgruppe aus der Merocyaninebene heraus. Dagegen lokalisiert er in *polarer* Umgebung eine negative Ladung am Sauerstoff des Pyrazolonringes, dreht jetzt diesen aus der Molekülebene heraus und ist tieffarbig, wie es sich für ein symmetrisches Cyanin gehört. (Die positive Ladung ist natürlich nicht lokalisiert!)

2. Photochromie durch spiro-Ringschluß

In *phototropen Gläsern*, die bei Normalbeleuchtung farblos, durch UV-Bestrahlung aber dunkel werden, nutzt man die besondere Geometrie einiger Merocyanine, z. B. (137).

(137a)   (137b)

Die entfärbende Wirkung des VIS-Lichtes erklärt man sich so: Der schwache Dipol des Grundzustandes wird durch die Absorption verstärkt, wobei der Gruppe ⟨A²⟩ Ladung zufließt. Gleichzeitig erfolgt bei * eine trans→cis-Drehung, wodurch ein nichtbindendes Sauerstoffelektronenpaar in unmittelbare Nähe des elektrophilen 2'-C-Atoms vom Indolsystem gerät und einen Benzopyranring mit einer neuen σ-Bindung knüpft. In der spiro-Struktur mit tetraedrischem 2'-Kohlenstoffatom sind alle größeren Absorptionssysteme unterbrochen: der Stoff läßt alles sichtbare Licht passieren (137b). Sonne jedoch läßt ihn wieder dunkeln, weil UV-Quanten den ganzen Prozeß umkehren (137b → 137a).

Nur die genaue Kenntnis des räumlichen Baus und der Ladungsverteilungen im Molekül befähigt den Farbstoffchemiker, Strukturen mit derart außergewöhnlichen Fähigkeiten zu verstehen und wie ein Architekt ihre Synthese am Reißbrett zu konzipieren.

4.4 Arylmethin-Farbstoffe und Aza-Analoga

Das zentrale Atom X ist in allen Arylmethinfarbstoffen Bestandteil des Absorptionssystems. Diese Systeme gehorchen streng, speziell bei der Aza-Substitution von X, den in Kap. 3.4.2 besprochenen Verschiebungsregeln für Polymethine.

Pentamethin   Heptamethin   Nonamethin   Undekamethin

Wir behandeln nur den wichtigsten Typ mit Nonamethinsystem, also p.p'-ständigem D̈/A-Paar.

Zur Nomenklatur

Die alte, in der Praxis immer noch übliche Bezeichnung »Di- bzw. Triphenyl*methan*farbstoffe« darf nicht mißverstanden werden, indem man ein zentrales Kohlenstoffatom mit vier Nachbarn erwartet. Ein Änderungsvorschlag, der die Nomenklatur erleichtern und auf die Elektrophilie des Zentrums hinweisen möchte, wird in einigen neueren Publikationen befolgt: man spricht von Aryl*carbonium*-Farbstoffen. Doch auch dieser Name befriedigt nicht; denn er betont die Formel Ar – ⊕CR – Ar, die wie alle Grenzformeln falsch ist, übermäßig, und er vermittelt keine Vorstellung von den Bindungsverhältnissen im Absorptionssystem. Mit der Bezeichnung Aryl*methin*-Farbstoffe wird dagegen deutlich gemacht, daß das zentrale p-Orbital mit wenigstens zwei Arylsystemen überlappt, so daß bei Symmetrie jeweils etwa die π-Bindungsordnung 0,5 erreicht wird:

$$\text{Ar} \overset{0,0}{=\!=} \text{X} \overset{1,0}{=\!=} \text{Ar} \leftrightarrow \text{Ar} \overset{0,5}{=\!=} \text{X} \overset{0,5}{=\!=} \text{Ar} \leftrightarrow \text{Ar} \overset{1,0}{=\!=} \text{X} \overset{0,0}{=\!=} \text{Ar}.$$

Es erscheint zweckmäßig, diese neue und ungewohnte Bezeichnung vorerst nur zu verwenden, um die Absorptionssysteme zu charakterisieren, zur Benennung der Farbstoffe aber die traditionellen Namen beizubehalten.

Durch das Vordringen der Azofarbstoffe sind die Arylmethine in der Textilfärberei stark zurückgegangen. Bedeutung haben nur noch einige basische Woll-, Seiden-, Leder- und PAN-Farbstoffe (Kationen), sowie Säure- und Komplexfarbstoffe (Anionen) behalten, ferner eine Reihe von Indikatoren.

Die umfangreichste und bekannteste Gruppe sind die Triphenylmethanfarbstoffe, die sich durch hohe Brillanz auszeichnen, aber nur geringe Wasch- und Lichtechtheit besitzen. Auch wenn neuerdings zum Färben synthetischer Fasern einige wieder Aktualität erlangt haben, ist ihre große Zeit, die mit Mauvein und Fuchsin/Rosanilin begann, vorüber.

Sonderanwendung finden beispielsweise
- Mercurochrom, Trypaflavin u.a. in der Medizin,
- fuchsinschweflige Säure in der Analytik,
- Eosin als Kosmetikfarbe und Patentblau V als Lebensmittelfarbstoff,
- Rhodamin B in der Kriminalistik,
- einige Blaugrünfarbstoffe in der Fotografie und
- die Fanalfarben zum Drucken.

Überall dort, wo Lichtechtheit nicht sehr gefragt ist, in der Büroindustrie zum Kopieren oder in der Druckfarbenindustrie, genügen diese relativ billigen Substanzen den Ansprüchen. Fluoreszierende Farbstoffe, die man für Plakate und Verkehrsmarkierungen verwenden kann, kommen unter den Xanthenen und Acridinen besonders häufig vor.

Die Systematisierung der folgenden Teilkapitel ist an den Grundstrukturen (138) und (139) orientiert.

(138) (139)

A. Arylmethinfarbstoffe (X = CR)

Kap.	Bezeichnung	Typ	Beispiele
4.4.1	Triphenylmethan-F. (R = ⟨o m p⟩)	(138)	Malachitgrün, Benzaurin
	speziell mit p-Donator	(138)	Aurin, Kristallviolett
	speziell mit o-COOH	(138)	Phthaleine
	speziell mit o-SO$_3$H	(138)	Sulfonphthaleine
4.4.2	Diphenylmethan-F.	(138)	Michlers Hydrolblau,
	(R nicht aromatisch)		Auramin

Kap.	Bezeichnung	Typ	Beispiele
4.4.3	Acridine (Z = N̄R)	(139)	Trypaflavin, Acridinorange
	Xanthene (Z = Ō)	(139)	Fluorescein, Rhodamin B
	Thioxanthene (Z = S̄)	(139)	Thiopyronin
	Fluorene (Z ≈ Direktbindung)	(139)	Fluorenchinone

B. *Aza-Analoga (X = N)*

4.4.4	Chinonimine, z. B.		
	Indamine (D̈/A = =N̈/N̈⊕=)	(138)	Bindschedlers Grün
	Indophenole (=HŌ/Q ǀ)	(138)	Tillmanns Reagens
	Indaniline (= =N̈/Q ǀ)	(138)	Phenolblau
4.4.5	Azine (Z = N̄R)	(139)	Safranin T, Neutralrot
	Oxazine (Z = Ō)	(139)	Capriblau, Oxonin
	Thiazine (Z = S̄)	(139)	Methylenblau, Thionin

4.4.1 Triphenylmethan-Farbstoffe

Je nach der Gestalt des Gesamtchromophors unterscheiden wir zwei Typen von Triphenylmethanfarbstoffen:

– den Malachitgrün-Typ mit T-Chormophor und
– den Kristallviolett-Typ mit Y-Chromophor.

Ein T-Chromophor besitzt *nur ein D̈/A-Paar* an zwei eben ausgerichteten Ringen, verantwortlich für eine langwellige x-Bande, während der dritte, aus der Ebene herausgedrehte Ring an der y-Absorption beteiligt ist (140).

(140)

T-Chromophore liegen außer im *Malachitgrün* (140, D̈/A = (CH₃)₂N̈/ N̈⊕(CH₃)₂) im violetten *Benzaurinanion* (140, D̈/A = ǀŌ⊖/Q ǀ) und *Doebners Violett* (140, D̈/A = H₂N̈/N̈⊕H₂) vor, ferner in allen *Phthaleinen* und *Sulfonphthaleinen* (Kap. 6.1).

Wie Abb. 51 zeigt, ist die Extinktion der x-Bande etwa fünfmal größer als die der y-Bande. Voluminöse Substituenten in 2- oder 6-Stellung (140) drehen den unteren Phenylring ganz aus der Molekülebene heraus, wirken sich also auf die y-, dagegen kaum auf die x-Absorption aus. An vier weiteren Beispielen zeigt die folgende Tabelle die Wirkung paraständiger Donator- bzw. Akzeptorgruppen:

	λ_x/nm	λ_y/nm
Malachitgrün (305 und 306) *	621	427,5
2-t-Butyl-	623,5 (−)	415 (hypso)
2.6-Dimethyl-	624 (−)	410 (hypso)
4-Methyl- (schwach D)	616,5 (hypso)	437 (batho)
4-Methoxi- (mittel D) *	608 (hypso)	465 (batho)
4-$(CH_3)_2$N- (stark D) *	(hypso) 589	(batho)
(= Kristallviolett)	(eine Bande)	
4-Nitro- (Akzeptor)	645 (batho)	425 (−)

* Spektren s. Abb. 51 c

Y-Chromophore mit dreizähliger Drehsymmetrie wie das Kristallviolettkation besitzen das blaurote Aurindianion (140, Ď/A = $|\ddot{\underline{O}}^\ominus/\underline{O}|$, 4- $|\bar{\underline{O}}^\ominus$) und das tiefrote *Parafuchsinkation* (140, Ď/A = $H_2\ddot{N}/\overset{\oplus}{N}H_2$, 4-$H_2\bar{N}$- und 143 ab, R = H).

Der Grundkörper Triphenylmethan = Tritan Ph_3CH, von KEKULÉ 1874 aufgeklärt, ist eine in farblosen Blättchen kristallisierende Substanz, die bei 93 °C schmilzt, bei 359 °C siedet und sich in Ether und heißem Ethanol löst. Tritan läßt sich mit PbO_2 leicht zum Carbinol, *Tritanol* Ph_3COH (Schmp. 164 °C) oxidieren. Die drei Phenylringe bedingen ein spezielles Verhalten; denn sie ermöglichen drei ungewöhnliche Strukturen, die bei der Synthese und bei Reaktionen der Triphenylmethanfarbstoffe eine Rolle spielen können: das *Carbanion* $Ph_3C^\ominus$, das *Carboniumion* $Ph_3C^\oplus$ und das *Tritylradikal* $Ph_3C^\bullet$. Formal entsprechen die Farbstoffe zwar immer der Carboniumstruktur, z. B. (143 a), doch der Valenzausgleich teilt dem Zentralatom im Grundzustand ca. 0,9 π-Ladungseinheiten zu, was der Besetzung des Radikals viel näher kommt und die von uns bevorzugte Bezeichnung »Arylmethin« (143 b) stützt.

Die oxidativ erhaltenen, meist farblosen oder gelblichen *Carbinolbasen* (141) sind recht stabil. Die Farbstoffe erzeugt man aus ihnen daher nicht durch $OH^\ominus$-Abspaltung, sondern durch H_2O-Entzug und anschließende Protonierung, also auf dem Umweg über die sogenannte *Homolka-Base* (142).

Die Alkaliempfindlichkeit aller Arylmethinfarbstoffe beruht auf ihrer Bereitschaft, durch $OH^{\ominus}$-Aufnahme (307) diesen Prozeß umzukehren. Das Grundprinzip aller Synthesewege gibt Abb. 39 schematisch wieder:
- ein Teilchen A mit einem elektrophilen δ^+-C-Atom, dem zukünftigen Molekülzentrum, greift eine δ^--Stelle eines Aromaten B an,
- der Komplex AB spaltet ein kleines Molekül (H_2O, HCl) ab, wobei das zentrale C-Atom erneut elektrophil wird,
- mit einem Aromaten C erfolgt eine weitere Verknüpfung.

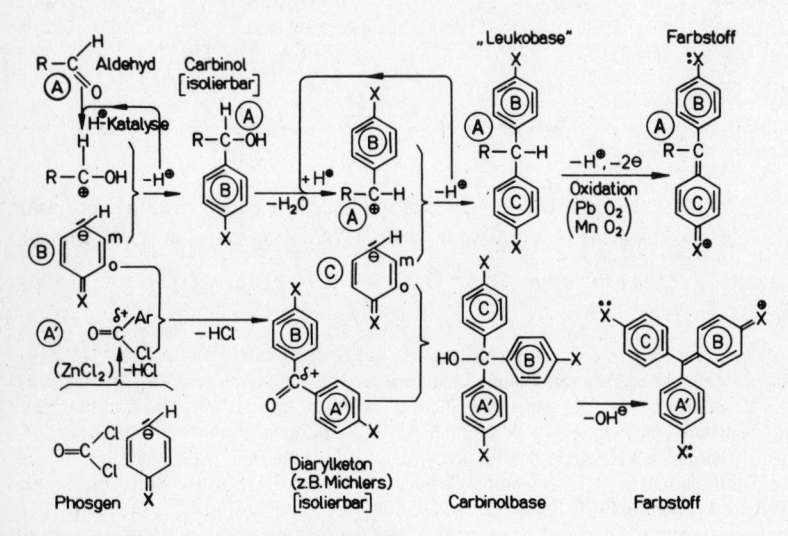

Abb. 39: Syntheseschema für Arylmethinfarbstoffe.

Für Ⓐ kommen vor allem aromatische Aldehyde aller Art in Frage, aber auch Formaldehyd, nur muß dann zweimal mit Ⓒ gekuppelt werden. Zur Bildung von Ⓐ eignen sich statt Phosgen auch Chloroform $CHCl_3$ oder Tetrachlormethan CCl_4, wobei man statt des Diarylketons natürlich ein Diarylchlormethan als Zwischenprodukt erhält. Während reaktionsfähigere Aromaten Ⓑ schon in HCl umgesetzt werden, erfordern trägere die Katalyse durch Schwefel- oder Phosphorsäure, sowie $ZnCl_2$ bzw. Phosphorchloride als Kondensationsmittel. Man vergleiche die teilweise analogen Verhältnisse in Abb. 62.

Als isolierbares Carbonylzwischenprodukt ist speziell *Michlers Keton* (X = $N(CH_3)_2$) zu nennen. Es kann aus Dimethylanilin und Phosgen mit $ZnCl_2$ dargestellt werden, wobei Aminüberschuß die anfallende Salzsäure bindet. Die zweite Stufe von Michlers Keton zum Farbstoff, z. B. Kristallviolett, führt nach dem unteren Weg in Abb. 39 direkt zum Carbinol, während bei der Aldehydsynthese nach dem oberen Weg in der Regel die Leukobase entsteht, die mit PbO_2, MnO_2

o. a. oxidiert werden muß. Setzt man statt des Aldehyds Ⓐ Phthalsäurederivate ein, so erhält man die diversen Phthaleine, werden für Ⓑ bzw. Ⓒ m-Phenole oder m-Aniline gewählt, so lassen sich *Xanthene* bzw. *Acridine* synthetisieren. Eine weitere präparativ genutzte Folge der besonderen Bindungsverhältnisse in Tritanderivaten ist die leicht erreichbare nukleophile Substitution von p-ständigen Substituenten R^1, wobei über die Zwischenstufe

der neue Substituent R^2 eingeführt wird. Bei dieser unter »Abschmelzen« bekannten Reaktion werden z. B. Halogene, Amino-, Alkoxi- oder Sulfonsäuregruppen R^1 gegen aromatische Amine R^2 ausgetauscht.

Beispiele:

Oxonol-/Oxonolat-Typ

Bereits 1834, also lange vor der Synthese des Mauvein durch PERKIN, hatte RUNGE als goldgelbes Oxidationsprodukt des Phenols *Aurin* (144, R = H, X = OH) erhalten. Es hat wie das *Benzaurin* (144, R = X = H) ohne haptochrome Funktion keine färberischen Qualitäten, wohl aber Indikatoreigenschaft (s. o.).

(144) (145) (146)

Mit geeigneten Substituenten R gewinnen diese Oxonolatfarbstoffe Ligandenqualität und stellen gute Beizen- und Chromierungsfarbstoffe für Wolle dar. Hierzu gehören das *Chromviolett Gy* (144, X = OH, R = COOH) oder das *Chromazurol S* (342).

Die Phthaleine sind die 2-Carbonsäuren von (140), die Sulfonphthaleine die entsprechenden 2-Sulfonsäuren. Die Farbumschläge, Strukturen und Derivate dieser Indikatoren werden in Kap. 6.1 behandelt. Ihre Synthese und Erforschung gelang VON BAEYER in den Jahren 1871 bis 1880. Den einfachsten und bekanntesten Vertreter, das *Phenolphthalein* (304), erhält man durch Kondensation von Phthalsäure(anhydrid) mit zwei Äquivalenten Phenol. Man kann aber auch von Phthalophenon (145) ausgehen, nitrieren (erfolgt bevorzugt in para-Position der freien Ringe), zum Amin reduzieren, diazotieren und schließlich zum Lacton verkochen. VON BAEYER diente diese Reaktion bei der Konstitutionsermittlung als Beweis. Nimmt man statt des Phthalsäureanhydrids den bekannten Süßstoff Saccharin (146), so erhält man das Sulfonphthalein *Phenolrot* Abb. 51a), das sich weiter zum *Bromphenolblau* (302n) bromieren läßt.

Einige Xanthenfarbstoffe wie das *Fluorescein* (157, R = H) gehören ebenfalls zu den Phthaleinen, werden von uns aber erst in Kap. 4.4.3 behandelt.

Cyanintyp

Pararosanilin (141, R = H) und *Rosanilin* (141, R = CH$_3$) werden die farblosen Carbinol- oder Leukobasen des Parafuchsins bzw. des Fuchsins genannt. Von diesen berühmten Anilinfarben, die 1858 von HOFMANN, 1859 von VERGUIN entdeckt wurden, leiten sich durch Einführung von Alkyl- oder Arylresten in die Aminogruppen auch blaue und violette Farbstoffe ab, die im 19. Jahrhundert die schnelle Entwicklung der Farbenindustrie maßgeblich mitbestimmten. Heute wird *Fuchsin* (143, R = CH$_3$) durch Oxidation äquimolarer Mengen Anilin, p- und o-Toluidin mit Nitrobenzol und HCl gewonnen, wobei die Methylgruppe des p-Toluidins das zentrale C-Atom stellt. Als Chlorid bildet es treppenförmige, spröde, grüngelb metallisch glänzende Kristalle, die sich in Alkohol oder Wasser intensiv rot lösen. Leitfähigkeitsmessungen ergeben, daß totale Dissoziation erfolgt. Säuren lassen durch Donatorblockade die Farbe nach gelb umschlagen, Basen entfärben zum Cabinol (Kap. 6.1.1), aber auch Reduktions- und Oxidationsmittel greifen Fuchsin an.

Der Brom- oder Aldehydnachweis mit *Schiffs Reagens* ist noch nicht endgültig aufgeklärt. Unter der Annahme, daß in »fuchsinschwefliger Säure« das farblose Sulfonat (147) mit SO$_2$-blockierten Donatorgruppen vorliegt, könnte ein Aldehyd gemäß

$$\text{FuchsNH}_2 \cdot \text{SO}_2 + \text{RCHO} \xrightarrow{-H^{\oplus}} \text{FuchsNHCRHSO}_3^{\ominus}$$

nach Abspaltung von HSO$_3^{\ominus}$ vom Molekülzentrum die violette Struktur (148) liefern.

(147)   (148)

Bei der in der Cytologie angewandten Kernfärbung nach FEULGEN übernimmt meistens SOCl$_2$ die Funktion des SO$_2$.

Durch »Abschmelzen« (s. o.) von Parafuchsin mit Anilin entsteht bei 180°C unter Abspaltung von NH_3 das *Anilinblau* $(C_6H_5-\overset{..}{N}H-C_6H_4)_2C=C_6H_4=\overset{\oplus}{N}H-C_6H_5Cl^{\ominus}$, ein Bestandteil mancher Tinten. Dessen Sulfonierung wiederum ergibt das *Nicholson-* oder *Alkaliblau*, das 1862 als erster wasserlöslicher »saurer« Farbstoff in den Handel kam. Auch das *Säurefuchsin*, das Sulfonat des Fuchsins, war seinerzeit sehr begehrt und konnte ab 1877, als ausreichend Oleum aus dem damals neuen Kontaktverfahren zur Verfügung stand, billig produziert werden.

Kristallviolett (140, D/A = $(CH_3)_2\overset{..}{N}/\overset{\oplus}{N}(CH_3)_2$, 4-$N(CH_3)_2$) wird für gleiche Zwecke wie Fuchsin verwendet, außerdem in Kopierflüssigkeiten und -stiften, Farbbändern und Matrizen, veterinärmedizinisch gelegentlich gegen Schweinerotlauf und Würmer. Seine Synthese erfolgt über zwei Stufen: Aus Dimethylanilin und Phosgen wird Michlers Keton und mit weiterem Dimethylanilin unter Zusatz von $ZnCl_2$, $POCl_3$ oder $AlCl_3$ natronalkalisch das Carbinol erhalten. H_2SO_4 führt zur Homolka-Base (142) und NaCl-Zugabe läßt schließlich das Chlorid auskristallisieren (unterer Weg in Abb. 39). Allein aus Dimethylanilin entsteht auf dem oberen Weg in Abb. 39 das billige *Methylviolett* (140, D/A = $(CH_3)_2N/\overset{\oplus}{N}(CH_3)_2$, 4-$NHCH_3$), der Farbstoff der Umdruckermatrizen: Von einem Teil des Anilins wird zunächst – $Cu^{2\oplus}$-katalysiert – eine der N-Methylgruppen abgespalten und zu Formaldehyd oxidiert. Der Aldehyd fungiert dann als Ⓐ und wird zum Zentrum eines in jedem Fall blauvioletten Kations, das 3, 4, 5 oder 6 periphere Methylgruppen haben kann.

Doebners Violett und *Malachitgrün* wurden bereits erwähnt. Letzteres erhält man aus Benzaldehyd und Dimethylanilin mit $ZnCl_2$ (oberer Weg in Abb. 39) oder nach GRIGNARD mit Phenylmagnesiumbromid über Michlers Keton.

Außer Malachitgrün selbst färben auch das analoge Tetraethylderivat *Brillantgrün* und das *Astrazonblau G*, das am unsubstituierten Ring ein o-Cl-Atom trägt, die modernen PAN-Fasern überraschend lichtecht.

Die anionischen Patentblaufarbstoffe erhält man durch Kondensation des m-Hydroxibenzaldehyds mit Alkylanilin und anschließende Sulfonierung: *Patentblau A* (149, R = $CH_2C_6H_5$) und *Patentblau V* (149, R = C_2H_5).

(149)   (150)

Mit *Wollgrün BS* (150, $R^1 = CH_3$, $R^4 = OH$, $R^2 = H$, $R^3 = SO_3H$) und *Naphthalingrün V* (150, $R^1 = C_2H_5$, $R^2 R^4 = H$, $R^3 = SO_3H$) sind weitere anionische Wollfarbstoffe im Handel, mit *Viktoriablau B* (150, $R^1 = CH_3$, $R^2 = HNC_6H_5$, $R^3 = R^4 = H$) und *Viktoriareinblau BO* (150, $R^1 = C_2H_5$, $R^2 = HNC_6H_5$, $R^3 = R^4 = H$) zwei kationische Vertreter, die mit Phosphormolybdän- oder mit Phosphorwolframsäure wasserunlösliche Lacke, die Fanalfarben für Tapeten- und Dekorationsdrucke liefern.

4.4.2 Diphenylmethanfarbstoffe

Die zumeist basischen Diphenylmethanfarbstoffe, eigentlich Diarylmethine Ď – Ar – CR = Ar = A, erhält man durch Reduktion. So liefert Michlers Keton mit Zinkstaub *Michlers Hydrolblau* (19, R = H), mit Schwefel und Ammoniumchlorid *Auramin O* (151), das als sehr billiges Gelb zum Färben von Papier, Kokosfasern und Jute dient, sowie als Fluorochrom zur Erkennung von Tuberkelbazillen. Es wirkt bakterizid, steht aber auch im Verdacht kanzerogen zu sein.

Die beiden natürlichen Farbstoffe *Hämatein* (152, R = OH) und *Brasilein* (152, R = H) mit Chromindangerüst (400) werden aus Blau- und Rotholz gewonnen (vgl. Kap. 7). Ihr Verhalten bei Deprotonierung und Komplexierung beweist, daß sie in ihrer tieffarbigen Form mit einem Oxonolat-diarylmethinsystem $|\overset{\ominus}{\text{Ö}} - Ar - Cr = Ar = Q|$ absorbieren, dessen Zentrum durch einen »unten herumgreifenden Bügel« $\overset{|}{CH_2} - \overset{|}{COH} - \overset{|}{CH_2} - \overset{|}{Q}|$ geschützt ist. Eine direkte Versteifung »oben herum« besitzen die Moleküle der nächsten Gruppe.

4.4.3 Acridine, Xanthene, Fluorene

Kennzeichen aller Acridine und Xanthene (153) ist ein Donator Z, der eine Brücke zwischen $\delta^{\oplus}$-Ecken bildet. Das wirkt sich in zwei Effekten aus, nämlich in einer hypsochromen Farbverschiebung und in der Neigung, zu fluoreszieren. Eine Begründung der Fluoreszenz wurde in Kap. 3.4.4 beim Vergleich der Farbstofftypen (37) und (38) gegeben, während die hypsochrome Verschiebung von λ_{max} aus der Stabilisierung des Grundzustands folgt. Sie beträgt bei

$$-Z- = -\bar{N}H- \quad \text{etwa 110 bis 120 nm,}$$
$$-Z- = -\bar{N}CH_3- \quad \text{140 bis 150 nm,}$$
$$-Z- = -\bar{Q}- \quad \text{60 bis 80 nm,}$$
$$-Z- = -\bar{S}- \quad \text{40 bis 60 nm,}$$

jeweils verglichen mit dem entsprechenden brückenlosen Farbstoff vom Typ (37).

(153)

Die Einbeziehung eines weiteren doppelt besetzten p-Orbitals in das Absorptionssytem gab Anlaß zu interessanten theoretischen Erörterungen (H. KUHN, GRIFFITHS). Dabei haben Berechnungen der Ladungsverteilung ergeben, daß eine »mesomere Grenzstruktur« mit einer vollen positiven Ladung am Heteroatom Z, wie man sie häufig antrifft, die Farbstoffe nicht richtig wiedergibt!

Zur Synthese gemäß (154) verwendet man Aromaten, die in m-Position zu X bzw. Y substituiert und zur Kondensation fähig sind.

Kondensation (154) Oxidation

Eine Versteifung des Molekülgerüstes kann statt durch ein Brückenatom auch durch eine direkte Bindung erreicht werden. Die Fluoreszenz ist dann aber nach dem Kopplungsprinzip mit einer bathochromen Farbverschiebung verbunden, wie die Fluorene (160) bestätigen.

Beispiele:

Acridine

Acridinorange (155, R = H) und *Acridingelb* (155, R = CH$_3$) färben, wenn auch wenig lichtecht, neben Wolle, Seide und Leder auch tannierte Baumwolle.

(155)   (156)

Interessant ist, daß einige N-alkylsubstituierte Farbstoffe eine ähnliche therapeutische Wirkung wie andere Acridine, z. B. das Wunddesinfiziens Rivanol, haben: *Acridiniumgelb* (156, R = CH_3) ist ein Antiseptikum ebenso wie *Trypaflavin* (156, R = H), das früher gegen die Erreger der Schlafkrankheit eingesetzt wurde und neben Kakao und Milchpulver Bestandteil der Panflavintabletten zur Rachendesinfektion ist.

Bei den Xanthen-Farbstoffen entsteht die Sauerstoffbrücke durch Kondensation zweier phenolischer HO-Gruppen. Statt über konz. H_2SO_4 kann die Synthese auch bei 200°C über $ZnCl_2$ erfolgen.

Resorcin

Phthalsäureanhydrid   lactoide Form   (157)

Fluorescein (157, R = H) ist in seiner stabilen Form braunrot und in kaltem Wasser, Alkoholen, Ether oder Eisessig nur schwer löslich. Alkalisch gelöst erscheint es bei Durchsicht gelbrot und fluoresziert intensiv grüngelb, was man noch in $1:10^8$-facher Verdünnung wahrnimmt. Das leicht kristallisierende Dinatriumsalz ist als *Uranin* im Handel. Bromierung liefert das rote *Eosin* (157, R = Br), Jodierung das braunrote, als Lebensmittelfarbstoff zugelassene *Erythrosin* (157, R = I). Eosin färbt Wolle und Seide direkt, wenn auch wenig lichtecht, und ist außerdem Grundlage für rote Tinten, Lippenstifte und Warnfarben. Als Sensibilisator steigert es die Empfindlichkeit für Gelb und Grün (Abb. 59). *Eosin BN*, das Natriumsalz von Dibromdinitrofluorescein, ergibt licht- und walkechtere Färbungen. Aus Di- und Tetrachlorphthalsäureanhydrid gewinnt man mit Resorcin die bekannten alten Seidenfärber *Phloxin* bzw. *Rose bengale*, während mit m-Alkylaminophenolen die basischen *Rhodamine* (158) entstehen. Besonders die ethylsubstituierten ergeben rote bis bläulich-rote Nuancen mit starker Fluoreszenz. *Rhodamin B = Brillantrosa* ist das N,N,N',N'-Tetraethylrhodamin (158). Man benutzt es zur Vitalfärbung, in der Analytik zum Nachweis von Antimon und Wolfram, sowie in der Kriminalistik zur Überführung von Dieben, indem man Lockangebote mit dem Farbstoff fein einpudert.

(158)   (159)

Mercurochrom (159), als Antiseptikum vielfach verwendet, ist das Natriumsalz des Hydroximercuridibromfluorescein.

Schließlich seien noch die Fluorenchinone (160) erwähnt, die man aus Brenzcatechinsulfonphthalein heiß im Vakuum mit sekundären Aminen erhalten kann. Die zumeist dunkelvioletten Substanzen werden im Vakuum farblos, an der Luft dagegen grün und sind im pH-Bereich 3 bis 14 beständig. Die farbige Form kann mit Dithionit zur farblosen Leukoverbindung reduziert und an der Luft wieder reoxidiert werden.

(160)

4.4.4 Chinonimine

Im Vergleich mit den analogen Diarylmethinfarbstoffen absorbieren die Chinonimine (138, X = N) Licht von ca. 100 nm größerer Wellenlänge. Wegen ihrer Bereitschaft zu farbrelevanten Protolysen und ihrer Spaltbarkeit in NH_3 und Chinone bzw. Aniline sind sie zu Färbezwecken untauglich. Als Indikatoren, in der Farbfotografie oder als Zwischenprodukte für weitere Synthesen kommt einigen eine gewisse Bedeutung zu. Von den zahlreichen Synthesemöglichkeiten seien drei genannt: Die *oxidative Kupplung*, die *p-Nitroso-Kondensation* und die *Oxidation von Diphenylaminen*. Die erste Methode spielt in der Farbfotografie eine Rolle (vgl. Abb. 62, Kap. 6.2.2). Beim zweiten Verfahren wird ein Phenol-(161, X = OH) oder ein Anilinderivat (161, X = NR_2) mit einem p-Nitrosodialkylanilin (162, Y = NR_2) oder einem p-Nitrosophenol (162, Y = OH) sauer kondensiert (vgl. (114)).

Das dritte Verfahren setzt die Substitution durch Donatoren voraus:

$$X-Ar-\bar{N}H-Ar-YH \xrightarrow{-2\ominus, -2H^\oplus} X-Ar-\bar{N}=Ar=Y.$$

(161)   (162)   (163)

Tillmanns Reagens zur Bestimmung von Ascorbinsäure ist 2.6-Dichlorphenolindophenol (164, R = Cl, D = OH), *Phenolblau* (164, R = H, D = N(CH$_3$)$_2$) dagegen ein Indanilin. *Fettblau Z* (165) ist als öllöslicher Farbstoff im Handel. Ein typisches Zwischenprodukt ist das *Carbazolindanilin* (166), aus p-Nitrosophenol mit Carbazol bei −20°C in konz. H$_2$SO$_4$ erhältlich, das durch Schwefelung das sehr licht- und waschechte *Hydronblau R* (252) liefert (Kap. 4.8).

(164)   (165)   (166)

Auch *Bindschedlers Grün* (9 und 163, X = Y = N(CH$_3$)$_2$) und *Phenylenblau* (163, X = Y = NH$_2$) haben nur noch als Vorstufe der Thiazine Methylenblau und Thionin (s. u.) Bedeutung.

Wenn Anilin bei alkalischer Oxidation dunkelt, so beruht das auf der Bildung achtgliedriger Ketten, die vermutlich auch bei der Anilinschwarzsynthese (171) als Zwischenstufen auftreten:

8 Anilin $\xrightarrow{-4(4\ominus,\,4H^\oplus)}$ 4 N-Phenyl-chinondiimin (gelb) $\xrightarrow{-2\ominus,\,-2H^\oplus}$ Emeraldin (167, blau) $\xrightarrow{-4\ominus,\,-4H^\oplus}$ Pernigranilin (schwarzgrün) mit durchlaufendem Absorptionssystem.

(167)

4.4.5 Azine, Oxazine, Thiazine

Die Azine (169, Z = NR), Oxazine (169, Z = O) und Thiazine (169, Z = S) werden in der Regel durch oxidativen Ringschluß von o-substituierten Chinoniminen (168, ZR = NHR, OR, S−SO$_3$H u. a.) hergestellt:

(168) (169)

(170) (171)

Der erste industrielle Farbstoff, das *Mauvein* (170), war ein Azin. Man erkennt je eine o-, m- und p-Toluidin-, sowie eine Anilinstruktur, deren geometrische Kombination bei gleichem Dibenzopyrazin-Zentralkörper natürlich auch anders erfolgen kann. PERKIN, mit achtzehn Jahren ein Schüler HOFMANNs, suchte in den Osterferien 1856 eigentlich nach einer Chininsynthese über Allyltoluidin. Er oxidierte toluidinhaltiges Anilin mit Dichromat und isolierte aus der schwarzen Masse (Anilinschwarz s. u.), durch einen violetten Überstand aufmerksam geworden, mit Methanol sein »aniline purple« oder *Anilinviolett*. Im Gegensatz zu HOFMANN, der Parafuchsin (s. o.) zwar synthetisiert, aber als unerwünscht verworfen hatte, war PERKIN geschäftstüchtig. Es ließ sich das Mauvein patentieren (erstes Farbstoffpatent überhaupt) und gab seine Assistentenstelle auf, um mit seinem Vater eine Fabrik zu errichten.

In der Blütezeit der Färberei mit natürlichem Indigo und Alizarin fand sein Produkt guten Absatz, obwohl es im Preis dem Platin gleichkam (1 kg kostete 2000 Goldfranken). Bis heute ist das Mauvein das Violett der 1-Penny-Briefmarke geblieben.

Safranine (310) sind rote bis blaue Farbstoffe, mit denen man früher Seide, Wolle und tannierte Baumwolle färbte. *Safranin T*, von WILLIAMS 1859 gefunden, dient noch heute als Papierfarbstoff. Es wird als Indikator ebenso wie das Neutralrot (311 und 333) in Kap. 6.1 vorgestellt. Unter den Indulinen und Nigrosinen finden sich viele schwarze Farbstoffe. Als wichtigster gilt *Anilinschwarz* (171, LIGHTFOOT 1863), das direkt auf der Faser durch Oxidation von Anilinhydrochlorid mit Chlorat/Chromat in Gegenwart von V-, Cu- oder Fe-Salzen erzeugt wird.

Zu den Oxazinfarbstoffen gehören das *Capriblau* (172) und die *Gallocyanine* (173), die als licht- und waschechte Beizenfarbstoffe noch eine gewisse Bedeutung haben, ferner die *Orseille-Flechtenfarbstoffe* wie der *Lackmus* (308) mit der Muttersubstanz Orcin (174), die nur noch als Indikatoren verwendet werden (Kap. 6.1.1).

(172) (173) (174)

(175)   (176)   (177)

Die Dioxazine sind Violettpigmente von großer Farbstärke, Licht- und Lösungsmittelechtheit. *Permanentviolett RL* (177) gewinnt man beispielsweise aus 3-Amino-N-ethylcarbazol (175) und Chloranil (176) durch oxidatives Erhitzen mit Nitrobenzol. Wird anschließend sulfoniert, so entstehen Derivate aus dem Sirius-Licht- bzw. Remastral-Sortiment, die neben Wolle und Seide auch Baumwolle und Viskose direkt anfärben.

Die Thiazinfarbstoffe *Thionin* (Abb. 53, LAUTH 1876) und *Methylenblau* (179, oxidiert und 332) werden als Redoxindikatoren mit pH-abhängigem Potential in Kap. 6.1.2 vorgestellt. CARO erhielt 1876 das erste deutsche Farbstoffpatent für seinen Synthesevorschlag, N.N-Dimethyl-p-phenylendiamin (178) in Gegenwart von H_2S zu oxidieren. Das neuere Verfahren nach BERNTHSEN (1888) mit $Na_2S_2O_3$ geht jedoch glatter:

(178)   grünes Indaminzwischenprodukt   (179) Leukomethylenblau (farblos)

Der Übergang von den Thiazin- zu den Schwefelfarbstoffen (Kap. 4.8) läßt sich am Beispiel des *Methylenviolett* (180) veranschaulichen: Bei geeigneten Substituenten X, z. B. Halogen, erhält man mit Polysulfid Na_2S_x hochpolymere Farbstoffe wie das *Immedialbrillantblau CLB* (181).

(180)   (181)

4.5 Polyene

4.5.1 Carotinoide

Die wichtigsten Polyenfarbstoffe sind die Carotinoide und Xanthophylle, stickstofffreie, langkettige, fettlösliche Verbindungen, deren Biogenese über »aktives Isopren«, das Isopentenyldiphosphat $H_2C=CCH_3-CH_2-CH_2-O-$ ⓟ $-$ ⓟ, verläuft. Ihre Beteiligung an der Photosynthese ist noch nicht genau bekannt und beschränkt sich unter Umständen auf eine reine Schutzfunktion.

(182) (183) (184) (185)

WACKENRODER isolierte 1831 aus Mohrrüben – daher der Sammelname – rubinrote Kristalle, und WILLSTÄTTER, der ähnliche Verbindungen auch in anderen Pflanzenteilen fand, bestimmte 1906–1914 eine Reihe von Bruttoformeln. Nachdem v. EULER β-Carotin $C_{40}H_{56}$ (182 mit 184) als Provitamin A erkannt hatte, trennte und analysierte R. KUHN 1931–1933 aus dem Petroletherextrakt grüner Blätter die *drei Carotine α, β und γ* (182 mit 183, 184, 185). KARRER, EUGSTER, INHOFFEN und ISLER entwickelten ab 1950 Wege zu kommerziellen Synthesen. Dabei wird z.B. aus β-Jonon (184) ein C_{19}-Aldehyd aufgebaut, mit $BrMgC≡CMgBr$ Kopf/Kopf-verknüpft, das entstandene C_{40}-Polyen-in-diol dehydratisiert, hydriert und schließlich cis→trans-umgelagert.

Von den über 300 heute bekannten Strukturen können wir natürlich nur eine kleine Auswahl vorstellen. Die stark lösungsmittelabhängigen Absorptionsspektren wurden am Beispiel des *Dihydrobixins* (28) in Kap. 3.4.3 besprochen, und man findet die Formel weiterer Vertreter unter den Lebensmittelfarbstoffen in Kap. 6.4. Das Färben von Fetten ist nämlich das Hauptanwendungsgebiet dieser sogenannten Lipochrome.

Lycopin (380 mit 380b) kommt in Tomaten, Hagebutten, Aprikosen und anderen Früchten vor, *Capsanthin* (380 mit 380d) in Paprika. Die 3.3'-Dihydroxiverbindungen von α- bzw. β-Carotin sind das *Lutein* (380 mit 380e) und das *Zeaxanthin* oder *Maisgelb* (380 mit 380f). Sie kommen in Eigelb, Getreide und grünen Blättern vor und verursachen, da sie langsamer als die Chlorophylle abgebaut werden, die herbstliche Laubfärbung. Braunrote Blätter enthalten das tieffarbige 3.3'-Diketo-β-carotin *Rhodoxanthin* oder das 4.4'-Isomere *Canthaxanthin*. Offensichtlich verbessert ein Oxonolsystem den Valenzausgleich in der Kette, eine Annahme, die auch durch einen bekannten Umfärbungsprozeß gestützt wird: Beim Kochen von Hummer, Langusten und anderen Krebstieren geht das blauschwarze Pigment, das vermutlich eine Proteinverbindung des *Astaxanthins* (186) ist, oxidativ in das rote *Astacin* (188) über. Astaxanthin bildet mit KOH unter Luftabschluß ein tiefblaues Enolat (187), welches mit O_2 ebenfalls rotes Astacin liefert.

(186)

(187)   (188)

Schließlich seien noch zwei kürzerkettige Farbstoffe erwähnt, das *Cis-Bixin* (189) und das *Crocetin* (190).

(189)   (190)

Bixin wird aus den Samenschalen der südamerikanischen Bixafrüchte gewonnen und diente früher als Orleanfarbstoff zum Beizenfärben (mit Alaun orange), heute ausschließlich zum Färben von Fetten und Wachswaren, z. B. der Haut von Edamer Kugelkäse. Crocetin und sein Digentiobioseester Crocin werden aus Safran gewonnen und wirken beim Gelbfärben von Lebensmitteln gleichzeitig als Würze.

4.5.2 Phenylpolyene

Diphenylpolyene $H_5C_6-(HC=CH)_n-C_6H_5$ wurden bis n = 15 hergestellt. Sie sind ab n = 3 (blaßgelb) farbig, doch vertieft die Verlängerung der Kette die Farbe nur langsam, weil wie bei den Polyenen kein Valenzausgleich stattfindet (n = 11 ist violettschwarz). Vom einfachsten Vertreter, dem *Diphenylethylen* oder *Stilben* (n = 1) leiten sich eine Reihe von Disazofarbstoffen und Weißtönern ab (vgl. Kap. 4.1, 6.1.1 und 6.3).

Phenylpolyenale können aus Croton- und Zimtaldehyd unter der katalytischen Wirkung von Piperidinacetat kondensiert werden:

Zimtaldehyd   Crotonaldehyd   Phenylpolyenal (191)

$n = 3, 5, 7 \ldots$
$x = 1, 2, 3 \ldots$

Mit Benzaldehyd statt Zimtaldehyd erhält man über diese Aldolkondensation die Kettenverlängerungen mit n = 2, 4, 6 ..., so daß sich nach chromatographischer Trennung interessante Studien zur Strukturabhängigkeit der Lichtabsorption anbieten (vgl. Abb. 19).

4.6 Aza[18]annulen-Farbstoffe

Ihre Farbigkeit verdanken Porphine und Phthalocyanine einem System von 18 π-Elektronen, das zu einem 16-kernigen Ring geschlossen ist. Vier auf das Zentrum orientierte Aza-Stickstofforbitale weisen sie als hervorragende Komplexbildner für Nebengruppenkationen aus. Leider ist die Nomenklatur, historisch oder durch unterschiedliche Interessenlagen bedingt, recht uneinheitlich.

4.6.1 Porphine

Porphin, dessen Dianion (35) bereits angegeben wurde, läßt sich durch Kondensation aus Pyrrol und Formaldehyd erhalten. Es bildet dunkelrote, schwerlösliche Blättchen, die bis 360°C beständig sind. Die Absorption seines $Cu^{2\oplus}$-Komplexes und des *Oxy-Hämoglobins* (192) sind Abb. 22 zu entnehmen und können mit derjenigen der *Chlorophylle* (193) verglichen werden.

TEICHMANN hatte 1853 bereits das braunrote $Fe^{3\oplus}$-Porphin Hämin vom Protein Globin getrennt und als Chlorid kristallin erhalten. 1912 gelang KÜSTER die Aufstellung der $Fe^{2\oplus}$-Häm-Formel (192), 1928/1930 HANS FISCHER die Synthese. Aber erst 1962 stand fest, wie die Hämgruppe im monomeren Chromoproteid *Myoglobin* der Muskeln bzw. im tetrameren *Hämoglobin* der roten Blutkörperchen eingelagert ist (PERUTZ und KENDREW). Durch oxidativen Aufbruch des Ringes entstehen unter Verlust des Zentralatoms Gallenfarbstoffe, z.B. das orangerote *Bilirubin* $C_{33}H_{36}N_4O_6$, das natürlich kein Porphin mehr ist.

Die Strukturen der *Chlorophylle a und b* (193) wurden 1940 ebenfalls von H. FISCHER ermittelt und durch die Totalsynthese von WOODWARD 1960 bestätigt.

Oxy-Hämoglobin
B 420 nm }
Q 560 nm } rot

(192)

Chlorophyll a : R = CH₃
B 429 nm }
Q 662 nm } blaugrün
F 668 nm   dunkelrot

Chlorophyll b : R = CHO
B 452 nm }
Q 642 nm } gelbgrün
F 645 nm   rot

(193)

Die Erforschung der komplizierten, ineinandergreifenden Mechanismen, nach welchen die von Chlorophyll absorbierte Photonenenergie übernommen, verwandelt und schließlich zur Zuckersynthese verwendet wird, gewinnt durch die Suche nach alternativen Energien zunehmend an Interesse. Angesichts der spektralen Verteilung der Sonnenstrahlung (Abb. 40) muß man die Natur bewundern, daß sie Moleküle entwickelt hat, die Photonen gerade aus dem reichlichsten Angebot verwerten.

Die Farbe des Blattgrüns hängt sicher mit seiner Funktion zusammen. Warum aber müssen Fleisch und Blut rot sein? Die O_2-Speicherung im Myoglobin oder im Hämoglobin scheint nichts mit der für ein $Fe^{2\oplus}$-Porphin typischen Absorp-

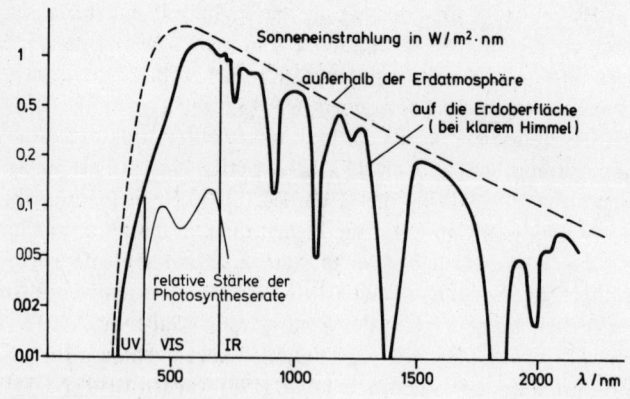

Abb. 40: Sonnenenergie und Photosynthese.

tion der Hämgruppe zu tun zu haben. So wäre diese Farbe, mit der wir Lebendigkeit schlechthin assoziieren, nur eine zufällige, zwar unnötige, aber nicht weiter störende Begleiterscheinung?

Mit der Vorstellung, wie wir wohl aussähen, wenn sich im Anfang der Evolution ein grünes oder blaues Metallporphin in Kombination mit dem Ur-Globin besser bewährt hätte als das rote, wollen wir uns der nächsten Gruppe zuwenden.

4.6.2 Phthalocyanine

Das Pigment *Kupferphthalocyanin* (36), seit 1934 als *Monastral Blue B* (Imperial Chemical Industries Ltd.) bzw. *Heliogenblau B* (IG Farben) im Handel, kristallisiert so exakt, daß seine Strukturaufklärung mit pyhsikalischen Methoden schon relativ früh gelang. Die Angaben der Abb. 41 für die metallfreie Form mit zwei Protonen zeigen u. a., daß im inneren Ring hervorragender Valenzausgleich herrschen muß, während die Phenylringe nur über Einfachbindungen (149 pm) angekoppelt sind. Damit sind die in der Literatur üblichen »mesomeren Grenzformeln« sehr in Frage gestellt. Zur Absorption vgl. Abb. 22.

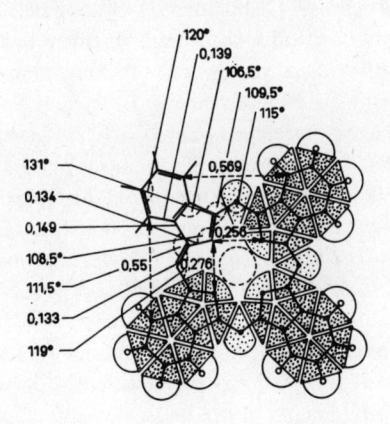

Abb. 41: Bindungslängen (in nm) und -winkel in metallfreiem Phthalocyanin.

V. BRAUN und TSCHERNIAC hatten das Phthalocyanin bereits 1907 aus einer o-Cyanobenzamidschmelze erhalten, DE DIESBACH und VON DER WEID stellten 1927 die $Cu^{2\oplus}$-Verbindung dar, aber erst in den dreißiger Jahren begann dank einer zufälligen Beobachtung von Betriebschemikern der Scottish Dyestuff Corporation die technische Auswertung. Die Struktur (s. o.), 1934 von LINSTEAD vorgeschlagen, wurde 1935 von ROBERTSON bestätigt. Die Farbe des Kupferphthalocyanins ist so echt, daß sie als Blaustandard dient.

Heute gewinnt man die Farbstoffe bei ca. 200°C in hochsiedenden Lösungsmitteln aus Phthalsäureanhydrid, Harnstoff und dem Metallsalz unter Zusatz von Borsäure oder Molybdat. Intermediär bildet sich Phthalimid (194), von dem man auch direkt ausgehen kann. Reduktion von (196) und Komplexierung führen schließlich zum Farbstoff, der weiterhin an der Peripherie substituiert werden kann, um grüne (durch Halogenierung) oder lösliche (z. B. durch Sulfonierung) Varianten zu erhalten.

(194) (195) (196)

Heliogengrün G (36) ist bis zu 16-fach chloriert, während brillante Direktfarbstoffe wie das *Chlorantinlichttürkisblau GLL* (36) zwei Sulfogruppen pro Molekül besitzen. Mercaptogruppen SH verändern sowohl die Farbe als auch die Löslichkeit: *Thionolultragrün B* (36 mit vier SH-Gruppe zieht glatt auf Cellulose auf und kann dort durch Luft oder Dichromat zu einem unlöslichen Schwefelfarbstoff (vgl. Kap. 4.8) oxidiert werden. Rote Produkte haben häufig statt der Benzolringe an der Peripherie Heterocyclen, z. B. Pyridin.

Ein interessantes Redoxspiel treibt das Cobalt als Zentralion in (36) bzw. Abb. 41: *Indanthrenbrillantblau 4G* mit *einer* Sulfonatgruppe und $Co^{3\oplus}$ ist als Zwitterion unlöslich. Mit $Na_2S_2O_4$ zum negativen $Co^{2\oplus}$-Komplex reduziert, zieht es dagegen gut auf und bildet auf der Faser mit Luft wieder die $Co^{3\oplus}$-Form wie ein normaler Küpenfarbstoff. *Phthalogenblau IBN ohne* Sulfonatgruppe ist in der nunmehr kationischen $Co^{3\oplus}$-Form wasserlöslich und geht erst durch Erhitzen auf der Faser in den unlöslichen $Co^{2\oplus}$-Komplex über.

Entwicklungsfarbstoffe für den Baumwolldruck finden sich im *Phthalogensortiment* der BAYER-AG. Die Pasten enthalten 1-Alkoxi- oder 1-Aminoderivate des 3-Imino-isoindolenin (195) zusammen mit dem Metallsalz. Erst nach dem Bedrucken des Stoffes bildet sich der Farbstoff durch trockenes Kondensieren oder Dämpfen bei 120 bis 150°C unter Abspaltung von reduzierendem ROH bzw. NH_3.

Beispiele für den 1-Amino-Typ sind das *Phthalogenbrillantblau IF3G* (liefert 36) und das *Phthalogenblauschwarz IVM* (liefert 36 mit $Ni^{2\oplus}$). Das Haupteinsatzgebiet der farbstarken, unlöslichen Phthalocyanine ist die Lack- und Farbenfabrikation. Auf ihrer hervorragenden Echtheit beruht ihre Eignung für Außenanstriche, Schiffs-, Autolacke usw.

4.7 Carbonylfarbstoffe

Die Carbonylfarbstoffe sind durch wenigstens zwei miteinander in Konjugation stehende Carbonylgruppen charakterisiert. Die meisten sind Küpenfarbstoffe, da sie sich reversibel zu wasserlöslichen Endiolaten reduzieren lassen:

$$O=C{+}C{=}C{+}_nC{=}O \underset{Ox.}{\overset{Red.}{\rightleftharpoons}} {}^{\ominus}O-C{+}C-C{+}_nC-O^{\ominus}$$

Wir behandeln die Indigoide (197) in 4.7.1, die Anthrachinone (198) in 4.7.2 und einige höher anellierte Carbocyclen wie das *Indanthrenbrillantviolett 2R* (199) in 4.7.3.

(197) (198) (199)

In Kap. 4.7.4 fassen wir Naphthochinone, einige Heterocyclen und solche Carbonylverbindungen zusammen, die keiner der drei o. a. Klassen zugeordnet werden können.

Mit gekoppelten, relativ kleinen Systemen absorbieren viele Carbonylfarbstoffe auffallend langwellig. Sehr häufig bilden sie über H-Brücken »innere Chelate«.

4.7.1 Indigoide

Die indigoiden Farbstoffe (197) unterscheiden sich in den Donatoren X ihres H-Chromophors (34) und in Substituenten.

Indigo (197, X = NH), auch *Indigotin* oder *Anil* genannt, spielte eine große Rolle in der Geschichte der Farbstoffe und zwar eine Zentralsubstanz der organischen Chemie des 19. Jahrhunderts (vgl. Kap. 8). Heute ist er als Farbstoff der Jeans wieder zu einem Favoriten geworden, obwohl – oder gerade weil? – er nur von geringer färberischer Qualität ist: Er reibt sich sehr leicht ab!

Unter den ca. 30 bekannten Synthesewegen ist nur der nach HEUMANN-PFLEGER hinreichend wirtschaftlich. Man gewinnt zunächst aus einem Anilin (200) mit Formaldehyd und Natriumcyanid über das Nitril (201) ein Phenylglycin (202), welches in der Alkalischmelze mit Natriumamid bei 180–200°C den Fünfring eines Indoxyls (203) schließt.

(200)   (201)   (202)   (203)

In einem zweiten Schritt wird in alkalischer Lösung mit Luftsauerstoff oxidativ verknüpft. Ob die Annahme einer einfachen Hydridionenabspaltung den Mechanismus erklärt oder ob intermediär Radikale entstehen, wird noch diskutiert:

$$2\ \text{Indoxyl} \xrightarrow{-2H^{\oplus},-2e} 2 \underset{X}{\bigcirc}\!-\!H \xrightarrow[-H_2E]{+E} \text{Indigo}\ (197, X = NH)$$

Denkbar ist ferner, daß nicht der Sauerstoff selbst der Elektronenakzeptor E ist, sondern daß sich bereits gebildeter Indigo in den Prozeß einschaltet. Er könnte zwei Indoxyl-Partner in die »richtige« Position zueinander bringen, sich von ihnen zur Leukoform H_2E reduzieren lassen, um nach geleisteter Verknüpfungshilfe vom Sauerstoff wieder zum Farbstoff oxidiert zu werden.

In verschiedenen Pflanzen kommen Indoxylglykoside (204) als Vorformen des natürlichen Indigos vor, z. B. das *Indican* in den Blättern der asiatischen Indigofera-Arten oder das *Isatan* im europäischen Färberwaid. Die Trennung vom Zucker Z erfolgte fermentativ bei einer Gärung der Pflanzenteile in Holzkufen, und anschließend besorgte Luftsauerstoff das Ausflocken des Rohfarbstoffs aus der gelblichen Indoxyllösung.

(204)

Das dunkelblaue, kupfrig-rot glänzende Pulver sublimiert im Vakuum unzersetzt über einen tiefroten Dampf. Da sich von jedem Molekül aus vier Wasserstoffbrücken zu Nachbarn bilden können, hat der Feststoff einen hohen Schmelzpunkt von 390–392°C, löst sich überhaupt nicht in Wasser, Alkalien, schwachen Säuren oder Alkohol und nur wenig in heißen organischen Lösungsmitteln, sowie in konzentrierter Schwefelsäure. Dabei tritt wegen des ausgeprägten Quadrupols des Monomeren (34) starke Solvatochromie auf (blau bis rot). Auch als Einzelmolekül geht Indigo nicht in die cis-Form über, weil zwei intramolekulare H-Brücken die trans-Form stabilisieren. Beim Thio-, Ox- und Selen-Indigo dagegen tritt auch die cis-Konfiguration auf.

Zur Küpenfärbung wird aus alkalischer Lösung (pK_S ca. 10) die als Enolat (205) gelbe Leukoform auf die Faser gebracht und an der Luft, vermutlich wieder über radikalische Zwischenformen (206), der blaue Farbstoff entwickelt. (Vgl. auch Kap. 6.1.2, Redoxindikatoren).

(205)   (206)   Indigo (197)

Derivate, die man entweder aus besonderen Ausgangssubstanzen oder durch Substitution am fertigen Molekül gewinnt, ändern den Farbton und färberische Qualitäten: *Brillantindigo 4B* (Cibablau 2B) ist beispielsweise 5.5'.7.7'-Tetrabromindigo (197) und erweist sich in Leuchtkraft und Echtheit dem unsubstituierten Indigo deutlich überlegen. *6.6'-Dibromindigo* (197), der *Antike Purpur*, war die Ehrenfarbe der römischen Honoratioren, später der Kardinäle. FRIEDLÄNDER, der aus 12000 Schnecken 1,4 g Purpur gewonnen hatte und 1908 die Struktur aufklärte, erhoffte mit der Synthese ein gutes Geschäft. Er mußte aber einsehen, daß das stumpfe violettstichige Braunlila dieses ehemaligen Luxusfarbstoffs mit der Leuchtkraft der seinerzeit modernen Farben nicht konkurrieren konnte. *Indigocarmin* ist ein gut wasserlösliches Natriumsalz des Indigodischwefelsäureesters und wurde bereits vor der Indigosysnthese aus dem Naturprodukt mit SO_3 hergestellt. Mit Chlorsulfonsäure in Pyridin läßt sich die Veresterung über beide Sauerstoffatome leichter erreichen, Eisen dient als das Reduktionsmittel:

$$|O=C\{C=C\}C=O| + Fe + 2HClSO_3 + 2C_5H_5N \rightarrow$$
$$^{\ominus}O_3SO - C\{C-C\}C - OSO_3^{\ominus} + Fe^{2\oplus} + 2C_5H_5NH^{\oplus} + 2Cl^{\ominus}.$$

Auf der Faser wird sauer verseift und zu Indigo oxidiert. Derartige Indigosole wurden ab 1921 entwickelt und zählen zu den Anthrasolfarbstoffen (s. u.)

Der *Thioindigo* (197, X = S) ist unter verschiedenen Namen wie *Helindonrot 2B, Algolrot 5B* oder *Küpenrot B* auf dem Markt. Er war der erste rote Küpenfarbstoff (FRIEDLÄNDER 1905) und so echt, daß einige seiner Derivate Aufnahme in das Indanthrensortiment fanden, u.a. *Helindonrosa* (4.4'-Dimethyl-6.6'-dichlorthioindigo) oder *Helindonorange* (6.6'-Diethoxithioindigo). *Indanthrenrot-violett* (5.5'-Dichlor-7.7'-dimethylthioindigo) ist wie das 5.5'.8.8'-Tetrabromderivat als Pigment in Gebrauch und als der Farbstoff der Eisenbahntriebwagen jedem bekannt.

Die Synthese verläuft wie beim Indigo, doch muß man von Derivaten der Thiosalicylsäure (207) ausgehen, weil der Fünfringschluß eine ortho-Carboxylatgruppe voraussetzt.

(207) Thioindigo (197, X = S)

4.7.2 Anthrachinon-Farbstoffe

Die Anthrachinonchemie machte um die Jahrhunderwende durch Arbeiten der Forschergruppen um SCHMIDT (BAYER), BOHN (BASF) und anderer ihre größten Fortschritte, nachdem GRAEBE und LIEBERMANN 1868 bereits die Alizarinstruktur (212) aufgeklärt hatten. Insbesondere die tieffarbigen Vertreter stellen trotz ihrer meist stumpfen Töne auch heute noch eine Konkurrenz zu den Azofarben dar, da ihre Herstellung vergleichsweise billig ist. Die Hydroxylderivate (210, X = OH) können durch Friedel-Crafts-Verknüpfung eines geeigneten Phenols mit Phthalsäureanhydrid (208) über die o-Benzoylbenzoesäure (209) erhalten werden.

(208) (209) (210)

(211) (212)

Ein anderer Weg, beispielsweise die klassische Alizarinsynthese oder die Herstellung von 1.2-Diaminoderivaten, geht vom Anthrachinon aus und führt nach dessen Sulfonierung (211, X = $SO_3^\ominus$) durch alkalische Oxidation zum Farbstoff (212).

Alizarin (31 und 212) ist als Glykosid Ruberythrinsäure zu 1 bis 2% in der Rinde der Krappwurzel enthalten. Es ist als Türkischrot oder Färberröte wohl der älteste Naturfarbstoff überhaupt. Rein bildet es rote, rhombische Nadeln vom Schmp. 289°C, die in Alkali violett löslich sind. Mit Metallionen entstehen prächtige Färbungen, die licht- und waschechten *Krapplacke*, die noch heute gelegentlich in der Beizenfärberei (Kap. 5.2) eine Rolle spielen.

Die Absorption hängt stark von der Position der verschiedenen Donatorsubstituenten und eventuellen Protolysen ab. Da die Absorptionsbanden meist sehr breit sind und komplizierte Vibrationsfeinstrukturen zeigen, sind alle λ_{max}-Werte nur sehr grobe Abschätzungen:

1-Methoxi- (210)	λ_{max} = 380 nm gelb
1-Hydroxi- (210)	405 nm orange
1-Amino- (210)	465 nm rot
1.5-Diamino- (210)	480 nm rot
1-Methylamino- (210)	508 nm purpur
1-Hydroxi-4-amino- (210)	520 nm rotbraun
1.4-Diamino- (210)	550 nm dunkelviolett
1.4.5.8-Tetraamino- (210)	610 nm blau
1.4-Dianilino- (210)	620 nm blaugrün

Der große Unterschied zwischen der α-(1.4.5.8)- und der β-(2.3.6.7)-Position erscheint auch in der Festkörper-IR-Analyse: Die CO-Schwingung des Anthrachinons bei 1676 cm^{-1} wird von einer β-OH-Gruppe mit der Eigenabsorption bei 3320 cm^{-1} kaum verschoben, während eine α-OH-Gruppe eine intramolekulare H-Brücke (212) ausbildet und eine einzige, deutlich energieärmere Bande bei 1630 cm^{-1} bewirkt. Alizarin zeigt also alle drei Banden (3380, 1660 und 1636 cm^{-1}), während das 1.4-Dihydroxianthrachinon oder *Chinizarin* nur eine IR-Bande bei 1627 cm^{-1} hat. Im Gegensatz zu Alizarin selbst wird keiner seiner Hydroxi- oder Amino-Verwandten heute noch zum Beizenfärben verwendet, wohl aber als Zwischenprodukt für weitere Veredelungen. Ein Vertreter der **anionischen**, auf Wolle direkt ziehenden Farbstoffe ist das *Supracenblau SES* (213), ein anderer das *Alizarindirektviolett EBB*, die 1.4-Diamino-anthrachinon-2-sulfonsäure. Auch peripheriesulfonierte α-Arylaminoderivate gibt es in vielen Typen, z.B. *Alizarinreinblau B* (214, X = $\bar{N}H_2$, Y = Br) oder *Alizarincyaningrün G extra* (215, X = H, R^1 = R^2 = p-(2-sulfo-)tolyl) und *Carbolanviolett 2R* (268).

Kationische Farbstoffe vom Typ (215) für Acrylfasern enthalten meist Trimethylammoniumgruppen am Ende einer aliphatischen Kette, beispielsweise

$-R^1 = -(CH_2)_3\overset{\oplus}{N}(CH_3)_3$ beim *Sandocryl*sortiment.

Dispersionsfarbstoffe wie das einfache *Palanilrosa RF* (216) oder die komplizierten vom Grundtyp (215, X = H) besitzen spezielle Gruppen, das *Cellitonechtblaugrün B* beispielsweise R^1 = R^2 = CH$_2$CH$_2$OH, sowie OH bei 5

(213)   (214)   (215)   (216)

und 8. Ein reaktiver Dispersionsfarbstoff ist das *Procinylblau R* (215, R^1 = R^2 = $CH_2-CHOH-CH_2Cl$, X = H).

Küpenfarbstoffe aus der Anthrachinonreihe sind in erster Linie α-Benzoylamino-Derivate von gelber bis rotvioletter Farbe mit hervorragender Echtheit. Die Bezeichnung *Algolfarben* war Sammelname und Gütezeichen, einige erfüllten sogar die Indanthrenanforderungen.

(217)   (218)   (219)

Helioechtgelb 6GL (217) entsteht aus 1-Aminoanthrachinon und Benzoesäurechlorid, das purpurfarbene *Caledonrot XB5* analog aus 1.4.5-Triaminoanthrachinon und drei Äquivalenten Säurechlorid. Die Echtheit wird noch gesteigert, wenn man über Isophthalsäuredichlorid zwei Aminoanthrachinonmoleküle A verknüpft, beispielsweise zum *Indanthrengelb 5GK* (219). Das *Algolgelb GC* (218), ein Küpenheißfärber und der älteste Vertreter der *Dithiazolanthrachinonreihe*, wird aus 2.6-Diaminoanthrachinon mit Benzotrichlorid und Schwefel kondensiert. Es wird heute in erster Linie im Farbdruck eingesetzt, weil seine Lichtechtheit begrenzt ist.

Bereits 1922 wurde ein anderes Kondensationsverfahren patentiert, bei dem statt mit Phthalsäure- oder Benzochloriden mit Cyanurchlorid verknüpft wird. Von den so erhaltenen Cibanonstrukturen (220) seien genannt: das *Cibanonrot G* mit X = Benzoylamino und Y = NH_2 und das *Cibanonrot 4B* sogar mit einem dritten Aminoanthrachinon-Flügel für Y.

(220)

Sowohl beim Ersatz von Halogen durch Aminogruppen als auch beim Verknüpfen zu Dianthrachinonen spielt die Ullmann-Reaktion eine Rolle, bei der Kupfer in seinen verschiedenen Oxidationsstufen in das Reaktionsgeschehen eingreift. Das Prinzip soll an der reduktiven Verknüpfung zweier Moleküle 1-Chlor-2-methyl-anthrachinon gezeigt werden:

(221)   (222)

Von der Metalloberfläche tritt zunächst ein Elektron in das erste Molekül ein und polarisiert ein zweites so, daß eine 1.1'-Bindung geknüpft wird (221). Wenn jetzt die Chance besteht, nach Erhalt eines weiteren Elektrons zwei Chloridionen abzuspalten, so könnte sich (222) stabilisieren. Die Bildung von $Cu^{2\oplus}$ mit seiner Neigung, $Cl^\ominus$ komplex zu binden, bietet sich an, und so wird auch der Mechanismus, zumeist in klassischer Mesomerieschreibweise, angegeben.

In einer weiteren Kondensation kann das $Cu^{2\oplus}$-Halogenid – sozusagen im Rückwärtsgang – als Oxidationsmittel dienen und unter Abspaltung von H_2O und Halogenwasserstoff von der Struktur (222) zum *Pyranthron* (227) führen, also zu einem Vertreter der nächsten Klasse.

Zuvor aber noch ein Blick in die Natur, die außer dem Alizarin in wenigstens 30 verschiedenen Pflanzenfamilien Anthrachinon-Farbstoffe aufbaut. So enthalten Faulbaumrinde, Rhabarber, Aloe u.a. die *Emodine*, rote bis orangefarbene Di- und Trihydroxianthrachinone mit weiteren Alkyl- und Alkoxi-Substituenten.

Aus bestimmten Schildlausarten lassen sich die *Kermessäure* (223) und die *Karminsäure* (224) gewinnen.

(223)   (224)

Schon 700 v. Chr. färbte man mit Kermes, der Droge von Eichenschildläusen, indem Wolle oder Seide sauer, manchmal nach vorheriger Alaunbeize, mit dem leuchtend roten Konzentrat getränkt wurde. Die Cochenille-Schildlaus, die auf

Opuntia-Kakteen lebt und den Karmin liefert, lernten die Spanier bei den Azteken kennen. Sie führten den Anbau der Kakteen auf den Kanarischen Inseln ein und exportieren noch heute jährlich rund 200 t Karminsäure als Lebensmittelfarbstoff bzw. Karminlacke für kosmetische Zwecke. 1 kg Lippenstiftgrundfarbstoff kann aus ca. 140 000 Tieren gewonnen werden.

4.7.3 Höher anellierte Carbonylverbindungen

Als Ausgangssubstanz (211) für die Alizarinsynthese kann man anstelle der 2-Sulfonsäure auch das 2-Aminoanthrachinon mit $X = \bar{N}H_2$ verwenden, nur muß man bei der alkalischen Oxidation darauf achten, daß die Temperatur nicht zu hoch steigt. Bei 220°C beispielsweise greifen sich zwei Moleküle mit ihren Aminogruppen gegenseitig nucleophil an und bilden nach Oxidation das *Indanthron* (225).

(225) (226)

Als BOHN diesen blauen Küpenfarbstoff im Jahre 1901 fand, nannte er ihn Indanthren = *Ind*igo aus *Anthr*acen. Dieser Name bezeichnet seit dem Indanthrenabkommen von 1922 Farbstoffe beliebiger Struktur, die bestimmten Qualitätsanforderungen genügen. Der Schutz des Bildzeichens, der Initiale I in einem Oval mit der Sonne links und Regen rechts erfolgte bereits 1921.

Zu der ausgezeichneten Waschechtheit des *Indanthrenblau RS* (225) kommt bei Chlorierung auch noch eine erhöhte Widerstandsfähigkeit gegen Bleichmittel. Königswasser chloriert beispielsweise (225) zu *Indanthrenblau GCD*, einem Farbstoff, der in der Tat oft dauerhafter ist als die damit gefärbte Ware.

Die Leukoform der meisten Carbonylküpenfarbstoffe ist nur in alkalischem Medium löslich und kommt daher zum Färben von Wolle nicht in Frage. So war es anfang der zwanziger Jahre ein großer Fortschritt, als durch BADER, SUNDER, WOLFRAM u. a. die Leukoschwefelsäureester entwickelt wurden, deren Natriumsalze oder die selbst gerade so wasserlöslich sind, daß Färbungen von ausgezeichneter Qualität auch auf Wolle möglich sind. Unter den Handelsbezeichnungen »Anthrasole«, »Cibatine«, »Sandozyle« u. a. faßt man heute lösliche Farbstoffe beliebigen Typs, die auf der Faser verseift und oxidiert werden, zusammen. Ihre Herstellung wurde beim Indigocarmin beschrieben. Da die Reduktion entfällt, sind Anthrasole im Gegensatz zu Küpenfarbstoffen sofort gebrauchsfertig und eignen sich, als Paste eingesetzt, hervorragend zum Bedrucken von Stoffen. Mit salpetriger, Salpeter- oder Chromsäure läßt sich bequem in einem Zug Hydrogensulfat abspalten und zum Farbstoff oxidieren. Einer der wichtigsten Vertreter ist das *Anthrasolblau IBC* (226), das auf der Faser in (225) übergeht.

Doch zurück zur oxidierenden Alkalischmelze von 2-Aminoanthrachinon und der Abhängigkeit der Produkte von der Temperatur. Bei über 220°C bildet sich neben dem *Indanthrenblau* (225) unter Wasserabspaltung noch ein anderes Verknüpfungsprodukt, das *Flavanthron* oder *Indanthrengelb* (227, bei A Azastickstoff), dessen Küpe ultramarinblau (!) ist. Durch den Einsatz von $SbCl_5$ oder $AlCl_3$ konnte man die Ausbeute an Indanthrengelb G auf 30% und mehr steigern.

(227)   (228)   (229)

Zum *Pyranthron* (227, bei A Methin) führt die bereits erwähnte Ullmann-Kondensation des 1-Chlor-2-methylanthrachinon (s.o.). Daraus ist durch zweifache Bromierung das *Indanthrenorange 2RT* mit kirschroter, fast schwarzer Küpe erhältlich. Sowohl die oxidierende Alkalischmelze als auch die Ullmann-Kondensation liefern je nach Reaktionsbedingungen verschiedene Nebenprodukte. Dieser Nachteil tritt bei innermolekularen Friedel-Crafts-Reaktionen an geeignet strukturierten Carbonsäuren nicht auf. So erhält man beispielsweise aus (228) die **Anthanthronfarbstoffe** (229), zu denen das *Brillantorange RK* mit X = Br gehört, ein typischer Kaltfärber für den Druck.

Eine wichtige Indanthrenfamilie für violett-blaue bis grün-schwarze Nuancen leitet sich vom Benzanthron (230) ab, nämlich die *Violanthrone* (231) und die *Isoviolanthrone* (232).

Am bekanntesten ist das 1922 von der Scottish Dyes Ltd. synthetisierte *Caledon-Jadegrün* (231, X = OCH_3) das heute *Indanthrenbrillantgrün FFB* heißt und wohl noch immer das echteste Küpengrün für Baumwolle darstellt. Das *Indanthrenbrillantviolett 2R* (232) kommt als Pigmentfarbstoff in den Handel und diente uns eingangs zur Charakterisierung der Farbstoffklasse.

Die Entwicklung immer neuer Carbonylfarbstoffe mit großflächigem Kohlenstoffgerüst geht weiter, wobei die Optimierung der Synthesen und die Verein-

(230) (231) (232)

fachung der Färbeverfahren im Vordergrund stehen. Wir wollen uns mit unserer kleinen Auswahl begnügen und lediglich noch einen der seltenen natürlichen Farbstoffe dieser Klasse, das *Hypericin* (233) des Johanniskrautes erwähnen, das in kirschroten Nadeln kristallisiert, aus saurer Lösung Wolle rotviolett färbt und je nach Kation sehr unterschiedliche Beizenfärbungen ergibt. Wegen seiner fotosensibilisierenden Wirkung ruft es bei Tieren die »Lichtkrankheit« hervor, wirkt in kleinen Dosen aber auch belebend und die Zellatmung fördernd.

(233)

4.7.4 Andere Carbonylverbindungen

Es gibt nur wenige technisch wichtige Dicarbonylfarbstoffe, deren Chromophor weder indigoid, noch anthrachinoid, noch großflächig kondensiert genannt werden kann. In der Natur verbreitet sind einige Benzo- und Naphthochinone wie

(234) (235)

das schon erwähnte Fliegenpilzmuscarufin (132), ferner das *Juglon*, 8-Hydroxi-1.4-naphthochinon (234) aus grünen Walnußschalen, das mit Proteinen in unserer Haut braune Additionsverbindungen bildet, oder das tiefrote *Alkannin*, das 5.8-Dihydroxi-1.4-naphthochinon mit einer $CHOH-CH_2-CH=C(CH_3)_2$-Gruppe in Position 3 (234).

Synthetisiert wird noch das *Artisilblau GLF* (235), das mit $Cr^{3\oplus}$ eine säureechte schwarze Beizenfärbung ergibt und dessen wasserlösliches Sulfonat als *Alizarinschwarz S* in den Handel kommt.

Die Kondensation von Indigo mit Phenylessigester führt zum *Lackrot* (236), die mit Benzoylchlorid und Ullmann-Katalyse zum *Indigogelb 3G* (237).

(236)   (237)

In beiden Fällen signalisiert schon die Farbe, daß ein völlig neuer Chromophor entsteht.

Ausgehend von der 1-Chloranthrachinon-2-carbonsäure erhält man durch Kondensation mit Arylaminen die große Palette der Phthaloylacridone (238), kaltfärbende Baumwollküpenfarbstoffe von – protolysebedingt – mäßiger Soda-Kochechtheit.

(238)

Hierzu gehören das *Indanthrenrotviolett RRK* (238, X = Y = Cl) und das *Indanthrentürkisblau 3GK* (238, X = Cl, Y = NH$_2$).

Von größerer technischer Bedeutung sind die Anthrachinoncarbazole, deren Stickstoffatom im Heterofünfring seine Donatorfunktion behält. Das *Indanthrenrotbraun 5RF* (239, R = COC_6H_5) entsteht durch Kondensation von 1-Benzoylamino-4-chloranthrachinon mit 1-Amino-5-benzoylaminoanthrachinon zum 4.1'-Anthrimid und anschließendem oxidativen Ringschluß bei 2' – 3. Die ersten erfolgreichen Synthesen aus Anthrimiden gelangen 1908 in der Hoechster Gruppe um UHLENHUT noch durch Alkalischmelzen, bevor die größere Effekti-

(239)   (240)

vität des wasserfreien AlCl$_3$ erkannt war. Analog entsteht aus 1.4.5.8-Tetrachloranthrachinon mit vier Äquivalenten 1-Aminoanthrachinon ein Küpenfarbstoff für Uniformen, der seinen Verwendungszweck schon im Namen trägt: *Indanthrenkhaki GG* (240, A jeweils eine komplette Anthrachinongruppe).

Kondensiert man Naphthalintetracarbonsäureanhydrid (241) mit zwei Äquivalenten o-Phenylendiamin, so erhält man den sehr farbstarken und echten »Indanthrenscharlach GG«, ein Isomerengemisch aus *Indanthrenbordeaux RR* (242) und *Indanthrenbrillantorange GR* (243), das nicht nur zum Küpenfärben, sondern auch als Pigment zum Färben synthetischer Fasern »in Masse« verwendet wird.

(241)   (242)   (243)

Rote (244, R = p-CH$_3$OC$_6$H$_4$), rotbraune (244, R = CH$_3$) und bordeauxrote (244, R = H) Pigmente sind die *Perylen-3.4.9.10-tetracarbonsäure-diimide*, aus der Tetracarbonsäure und entsprechenden Aminen erhältlich. Die gute Fluoreszenz dieser Stoffe könnte einmal zur technischen Nutzung der Sonnenenergie beitragen (vgl. Kap. 6.4).

(244)   (245)

Ein violettrotes Pigment mit einem sehr interessanten Chromophor soll unsere Auswahl beschließen. Es ist das lineare *trans-Chinacridon* (245), das man aus 2.5-Dibromo-terephthalsäure und zwei Äquivalenten Anilin, wiederum mit AlCl$_3$, jedoch in Polyphosphorsäure, synthetisiert. Dieser moderne, dank intermolekularer H-Brücken praktisch unlösliche Farbstoff hat hervorragende

Echtheiten und ist seit Beginn seiner Produktion im Jahre 1957 ein großer geschäftlicher Erfolg.

4.8 Schwefelfarbstoffe (Sulfinfarben)

Schwefelfarbstoffe nennt man makromolekulare, unlösliche Verbindungen, die durch Natriumsulfid in eine wasserlösliche Form gebracht, appliziert und auf der Faser wieder reoxidiert werden. Sie sind zumeist gut wasch- und lichtecht, nur gegen Chlor und hohe Temperaturen empfindlich, sehr billig und daher von großer technischer Bedeutung. Das *Schwefelschwarz T* steht mit 10 Gewichtsprozent der Farbstoffproduktion mengenmäßig an der Spitze aller Farbstoffe.

Der Bau der komplizierten Moleküle ist unbekannt, da weder definierte Kristalle noch Lösungen herstellbar sind. Lediglich die Lichtabsorption läßt Rückschlüsse auf Chromophore zu, während die Synthesewege und Abbauprodukte gewisse Teilstrukturen vermuten lassen.

Man unterscheidet nach ihren Darstellungsverfahren die Backfarbstoffe, die durch Schmelzen aromatischer Amine oder/und Phenole mit Schwefel oder Natriumpolysulfid erhalten werden, von den Kochfarbstoffen, die man in einem Lösungsmittel am Rückfluß oder unter Druck bei ca. 150°C herstellt. Außer den Ausgangssubstanzen und Reagenzien bestimmen die Reaktionsbedingungen, die Dauer, sowie Zusätze von Salzen etc. sowohl das chemische Verhalten der Produkte als auch deren Farbe.

Nach empirischen Regeln wird der Farbstoff
- gelb, wenn man auf Toluoldiaminderivate zunächst bei ca. 200°C Schwefel, dann bei ca. 100°C Na_2S einwirken läßt,
- braun, wenn man von Dinitro-p'-hydroxi-diphenylaminen oder auch Dinitronaphthalinen ausgeht,
- blau, wenn man Indophenole, Carbazole oder geeignet substituierte Diphenylamine schwefelt,
- grün, wenn die Indophenole naphtholisch sind und
- schwarz, wenn man von p-Aminophenol und p-Phenylendiamin – s. *Vidalschwarz* (246) – ausgeht.

VIDAL fand sein Schwarz bereits 1893 mit Schwefel und NaOH bei ca. 200°C. Es könnte die Baueinheiten (246) besitzen:

(246)

Bald beschäftigten sich auch HAAS und HERZ planmäßig mit Syntheseverfahren, und die Firma CASSELLA baute vor dem ersten Weltkrieg die Produktion in großem Maßstab auf. Sie verfügt heute im *Immedialsortiment* über rund 100 verschiedene Typen.

Einige Zwischenstufen, die natürlich auch selbst als Ausgangssubstanzen dienen können, sind bekannt. Bei den Backfarbstoffen wären z. B. die *Herz-Verbindungen* (247 und 248) zu nennen oder die *Primulinbasen* (249) aus verknüpften Benzthiazolen, bei den Kochfarbstoffen die *Phenthiazone* (251), die aus Indophenolen (250) durch oxidative Cyclisierung entstehen und bei geeigneten Substituenten R zu Phenthiazonthianthrenderivaten (252) polymerisieren.

(247) (248) (249)

(250) (251) (252)

Den Thiazol- bzw. den Thianthrenringen, die auch in der Küpe erhalten bleiben, verdanken diese bandartig gebauten Makromoleküle ihre Substantivität für Cellulosefasern. Beim Verknüpfen werden nach $-\bar{S}-\bar{S}-+2\ominus \rightarrow -\bar{\underline{S}}|^{\ominus} \ {}^{\ominus}|\bar{\underline{S}}-$ gerade soviele S_x-Brücken zu Mercaptogruppen reduziert, daß Löslichkeit eintritt. Dazu reicht i. a. die reduzierende Wirkung einer alkalischen Sulfidlösung aus. Sind dagegen auch Chinonimingruppierungen zu reduzieren, so muß mit Dithionit oder Rongalit C verküpt werden: $-\bar{N}=Ar=\underline{O}| + 2\ominus + H^{\oplus} \rightarrow$ $-H\bar{N}-Ar-\underline{\bar{O}}|^{\ominus}$. Verhängen an der Luft, in manchen Fällen durch H_2O_2, Perborat oder Dichromat unterstützt, reoxidiert zum unlöslichen Farbstoff mit zumeist recht stumpfem Ton. Wie die Anthrasolfarbstoffe (Kap. 4.7.3) vermeiden einige neue, bereits in der Farbik reduzierte und stabilisierte Schwefelfarbstoffe die alkalische, faserschädigende Küpe und ziehen aus neutraler Lösung auf.

Das erwähnte *Schwefelschwarz T* oder *Immedialschwarz* wird aus Dinitrochlorbenzol mit NaOH und Na_2S_x bei 150°C unter Einblasen von Luft gewonnen. Es besitzt vermutlich Thianthren-Teilstrukturen (252) mit Aminodonatoren X, Y, Z in verschiedenen Positionen.

Hydronblau R (252, XY = Carbazol), dessen Zwischenstufe (166) bereits vorgestellt wurde, ist ein typischer. aus alkoholischer Lösung erzeugter Kochfarbstoff von hervorragender Echtheit. Es ist zur Färbung strapazierter Berufskleidung besser als Indigo geeignet und hat lediglich die Konkurrenz des Variaminblau aus dem Naphtol AS-Sortiment zu fürchten.

Immedialreinblau (252, Y = Z = H, X = $\bar{\text{N}}(CH_3)_2$) war 1900 der erste klare blaue Schwefelfarbstoff der CASSELLA. Er wurde aus p-Aminodimethylanilin und Phenol hergestellt und ist noch heute unter verschiedenen Bezeichnungen im Handel (vgl. (181)).

Ein gelber Backfarbstoff mit zwei Ausgangskomponenten, nämlich Benzidin und Dehydrothiotoluidin (253), ist das *Immedialgelb GG* (254).

(253)   (254)

In einer interessanten japanischen Neuentwicklung wird das Prinzip der Schwefelung auf Cyanurchloridgruppen (98 und 220) angewandt. Ein stabiles Farbstoffmolekül F, z. B. Kupferphthalocyanin (36), das durch aminogene Kondensation mit zwei bis vier Cyanurchloridgruppen versehen wurde, wird geschwefelt, dabei die noch freien Cl-Atome durch SH ersetzt und so eine wohldosierte Alkalilöslichkeit erzielt. Unter der Bezeichnung »*Hyaman Colors*« (255) drängen diese sehr echten, preiswerten Farbstoffe auf den Weltmarkt.

(255)

5. Das Färben

Unser Sinn für Farben nimmt bewußt oder unbewußt Einfluß auf die Gestaltung unserer Umwelt. Ob bei der Wahl eines Kleidungsstücks, beim Autokauf oder bei der Entscheidung für einen Anstrich oder einen Dekorationsstoff, immer achten wir auch auf die »passende« Farbe. In harmonisch gestalteten Räumen fühlen wir uns wohl, und unsere höchste Bewunderung gilt den Meisterwerken der Kunst, in denen die Farbe eine zentrale Rolle spielt. Färbetechniken, die sowohl Handwerker als auch Künstler und Wissenschaftler beschäftigen, gehören daher zu den besonderen Kulturleistungen jeder Epoche.

Es gibt prinzipiell drei Möglichkeiten, um einem Gegenstand Farbe zu geben:
- Seine Oberfläche kann mit einer Schicht bedeckt werden (Anstriche und Lackierungen; keramische Techniken; alle Druckverfahren),
- er kann »in Masse«, d.h. durch und durch eingefärbt werden (Gläser, Papier, Kunststoff, Gummi, Asphalt, Beton, Ziegel usw.),
- ein Farbstoff oder die Vorform eines Farbstoffs kann aus einer Lösung heraus auf den Gegenstand übertreten und auf seiner Oberfläche oder in seinem Innern festgehalten werden (Textilfärberei).

Die beiden erstgenannten Verfahren, speziell die dabei verwendeten *Pigmente*, behandeln wir in Kap. 5.1, die *Zeug-* oder auch *Tränkfärberei* in Kap. 5.2.

5.1 Pigmente als Farbmittel

Die Normvorschrift DIN 95944 definiert Pigmente als *unlösliche*, anorganische oder organische, bunte oder unbunte Farbmittel und unterteilt die anorganischen in natürliche und synthetische Pigmente. Die frühere Unterscheidung von Erd- und Mineralfarben wurde als zu unscharf fallengelassen. Neben den Weiß-, Schwarz- und Buntpigmenten führt die Industrienorm noch besondere *Glanzpigmente* mit Metall- oder Perlglanz auf, erfaßt die *Aufdampfschichten*, sowie die *Leuchtpigmente* für Bildschirme, Leuchtstofflampen usw. (Tab. 1).

Das sehr schnelle Wachstum der Pigmentindustrie, die zwischen 1960 und 1970 ihre Produktion verdoppeln konnte, flacht erst in den letzten Jahren etwas ab. 1976 betrug der Anteil der Bundesrepublik an der Weltproduktion etwa ein Sechstel, nämlich über 700000 t. In dieser Gesamtmenge stellen die *organischen* Pigmente, auf die wir noch genauer eingehen, weniger als 3% der Masse, aber 20% des Umsatzes dar. Weit an der Spitze steht das Weißpigment Titandioxid, das die Lithopone vom ersten Platz verdrängte und heute mit rund 2 Mio Jahrestonnen etwa die Hälfte der gesamten Pigmentproduktion ausmacht.

In den Hochkulturen der Alten Welt entwickelte sich früh eine »Pigmentchemie«, als man erkannte, daß durch Brennen unter reduzierenden oder oxi-

Tab. 1: Pigmente

Anorganische Farbpigmente

gelbe und braune Pigmente	rote Pigmente	blaue Pigmente	grüne Pigmente
Ocker = Ton + Fe(hydr)oxide = $Fe_2O_3 \cdot H_2O + Al_2O_3 \cdot 2SiO_2 \cdot 2H_2O$	Eisenerze, roter Bolus, Rötel, Rotstein, armenische Erde, roter Ocker gebrannt, Eisenoxidrot, Persischrot, Italienischrot, Pompejanischrot, Venetianischrot, Hämatit, Polierrot, Eisenrot, Eisenmennige, Bergzinnober, roter Ton, geröstet: Caput mortuum, sind überwiegend Fe_2O_3	Bergblau, Azurit = $2CuCO_3 \cdot Cu(OH)_2$	Veronesergrün, grüne Erde, Böhmische Erde, grüner Ton = Tone + Fe-Silikate + Mg-Silikate
Umbra = Ton + Fe, Mn(hydr)oxide = $Fe_2O_3 + MnO + Al_2O_3 \cdot 2SiO_2 \cdot 2H_2O$		Kalkblau, Kupferlasur, Bremerblau = $nCuCO_3 \cdot Cu(OH)_2$	Malachit, Grünerde (s. Azurit) = $CuCO_3 \cdot Cu(OH)_2$*
Terra di Siena = lasierter Ocker = Eisensilikate		Wäscheblau, Ultramarinblau aus Lapis lazuli = $Na_8Al_6Si_6O_{24}S_2$	Ultramarin (s. Ultramarinblau)*
Eisenoxidgelb = $Fe_2O_3 \cdot 3H_2O$		Berliner Blau, Pariser Blau, Eisenblau, Preußisch Blau, Stahlblau, Milori Blau = $Fe_4[Fe(CN)_6]_3$	Chromgrün = Zinnobergrün = Chromgelb + Berliner Blau
Marsgelb = Ferritgelb = $FeSO_4 + Na_2CO_3$ + Kalk	Englischrot = FeO	Cobaltblau, Thenards Blau = $CoO \cdot Al_2O_3$	Chromoxidgrün = $Cr_2O_3 \cdot n \, H_2O$
Eisengelb = FeO(OH)	Marsrot = $Fe_2O_3 + CaSO_4$, $BaSO_4$	Smalte = $CoO \cdot Al_2O_3$ + Kaliglas	Permanentgrün = $Cr_2O(OH)_4$
Chromgelb = $PbCrO_4 + PbSO_4$	Bleimennige = Pb_3O_4	Coelinblau = $CoO \cdot n \, SnO_2$	Viktoriagrün = $ZnCrO_4 + BaSO_4$
Zinkgelb = $ZnCrO_4 + ZnO + K_2Cr_2O_7$	Chromrot, Chromorange, Chinesischrot = $PbCrO_4 + Pb(OH)_2$	Aegyptisch Blau = $CaCuSi_4O_{10}$	Grünspan, Guignets Grün = basisches Kupferacetat $CuAc_2$
Barytgelb = $BaCrO_4$	Cadmiumrot = CdS + CdSe	Molybdänblau = $MoO_2 \cdot 3MoO_3$	Schweinfurter Grün = $CuAc_2 \cdot 3Cu(AsO_2)_2$
Ultramaringelb = $BaCrO_4 \cdot SrCrO_4$	Cadmopone = CdS + CdSe + $BaSO_4$	Manganblau = $4 \, Na_3MnO_4 \cdot 40 H_2O \cdot NaOH$	Scheeles Grün = $CuHAsO_3$
Cadmiumgelb, Cadmiumorange = CdS	Cadmiumzinnober = HgS + CdS		Rinmanns Grün, Kobaltgrün = $Co_2O_3 \cdot ZnO$
Neapelgelb = $Pb(SbO_3)_2$	Realgar = As_4S_4		Marsgrün = Marsgelb + Berliner Blau
Goldschwefel = Sb_2S_5	Zinnober = HgS krist.		Zinkgrün = $ZnCrO_4 + ZnO$ + Berliner Blau
Auripigment = As_2S_3	Molybdatrot = $PbMoO_4$ in $PbSO_4 + PbCrO_4$		
Musivgold = SnS_2	Antimonsulfide = SbS_n		
Bleizinngelb = Pb_2SnO_4	Bundesbahnrot = $Pb_3O_4 + BaSO_4 + Fe_2O_3$		
Kasselergelb, Turners Gelb = $6PbO \cdot PbCl_2$			
Bleiglätte = PbO			
Bleicyanamid = PbN_2C			
Aluminiummennige = $Al_2O_3 \cdot TiO_2 + Fe_2O_3 + SiO_2$			

Geringfügige Beimengungen ändern den Farbton gelegentlich, so daß
* blaue und grüne Erdfarben häufig als chemisch identisch anzusehen sind.

Tab. 1: (Fortsetzung)

Weißpigmente	Schwarzpigmente	Natürliche organische Pigmente	Metallpigmente
Kreide, Kalkspat = $CaCO_3$	Manganschwarz = MnO_2	Cassler Braun, Kölnischbraun, van Dyk-Braun = Braunkohle + Humussäure + Huminsäure	Bronzen = Metallpulver von Al, Zn, Cu u. a.
Kalk = $Ca(OH)_2$	Bleiglanz = PbS		Bronze = Cu + Sn
Gips, Leichtspat, Lenzin, Alabasterweiß, Federweiß = $CaSO_4 \cdot 2H_2O$	Mineralschwarz, Schieferschwarz = Schieferton + Kohlenstoff	Asphalt, Erdpech = S, O, N-haltiges Kohlenwasserstoffgemisch	Messing = Cu + Zn
Kaolin, weißer Ton, Bolusweiß, Chinaclay = $Al_2O_3 \cdot 2SiO_2 \cdot 2H_2O$	Ilmenitschwarz = $FeO \cdot TiO_2 \cdot SiO_2$	Bister = Holzteer	Legierungen von Al und Si
	Eisenschwarz, Eisenoxidschwarz, Eisenoxyduloxidschwarz, Hammerschlag = Fe_3O_4	Gummigutt = gelbes Pflanzenharz	Neusilber = Cu + Ni + Zn
Talk, Speckstein, Steatit = Magnesiumsilikat	Zinkgrau = ZnO + C	Indigo	Tombak = Cu + Zn
Kieselgur, Bergmehl = SiO_2	Kohlenstoffpigmente: = C Ruß, Graphit, Pflanzenruß, Beinruß, Rebruß, Gasruß, Kienruß, Lampenruß, Flammruß unterscheiden sich nur in der Gewinnungsart, z. B. aus Knochen, Erdgas, Holz, Öl, Petroleum.	Krapplack s. Text	Anlauffarben = erhitzte Bronzen
Schwerspat = $BaSO_4$		Farblacke	Patentbronzen = Bronzen mit Anilinfarben
Blanc fixe, Permanentweiß, Barytweiß = veredeltes $BaSO_4$		Sepia = Tintenfischsekret	Kupferbronzen ergeben gelblich-rötliche Nuancen
Lithopone = ZnS + $BaSO_4$		Indischgelb = Exkret von bengalischen Kühen, die Mangoblätter gefressen haben	Aluminiumbronzen färben silbern
Elkadur = ZnS + $BaSO_4$ + $BaCO_3$		oder anorganisch: $K_3[Co(NO_2)_6] \cdot 1\frac{1}{2}H_2O$	
Kronostitan = TiO_2 + ZnO + $BaSO_4$ + $CaCO_3$	Flammruß enthält Teer, Pech und Naphthaline, Beinruß enthält $Ca_3(PO_4)_2$:	oder = Azoflavin als Nitrierungsprodukt von Orange IV	
Titanweiß = TiO_2 + ($BaSO_4$, ZnO)			
Bleiweiß = $2PbCO_3 \cdot Pb(OH)_2$			
Sulfatbleiweiß = $2PbSO_4 \cdot PbO$			
Kremserweiß = Bleiweiß + Mohnöl			
Zinkweiß, Sachtolith = ZnO			
Zinnweiß = $Sn(OH)_4$ bzw. SnO_2			
Antimonweiß = Sb_2O_3			
Zirkonweiß = ZrO_2			

Leuchtfarben, Luminophore, Leuchtmassen
für Fernseh-, Röntgen-, Radarleuchtschirme, Leuchtstofflampen, Elektronenmikroskope, Kathodenstrahloszillographen, Szintillationszähler, Leuchtfarben, Schilder, Skalen, Markierungen, Zifferblätter, Kompaßnadeln, Lichtschalter usw.:
Lenard Phosphore enthalten CaS, ZnS, CdS, SrS, MgS in einem Schmelzmittel wie Borax, NaCl, Na_3PO_4, CaF_2 und Aktivatorspuren von Bi, Cu, Tl oder Ag.
Reinstoffphosphore sind Wolframate, Molybdate, Uranyle von Ca, Zn, Mg u. a. Selbstleuchtende *Autoluminophore* enthalten einen α-Strahler wie Radiumhalogenid oder Radiothorium.

dierenden Bedingungen die Farbe von Erdpigmenten verändert wurde. Die Rot-Schwarz-Technik der attischen Vasenmalerei ging auf Erfindungen aus minoischer Zeit zurück. Es wurden Tonerden mit verschiedenen Eisen- und Manganoxidbeimengungen, später auch Ruß verwendet. Als erste synthetische Pigmente sind das Ägyptisch Blau, das grüne Kupferhydroxichlorid und das Cobaltblau anzusehen (Tab. 1). Als Ägypten während des »Neuen Reiches« 1580–1085 v. Chr. Weltmacht war, wurde in vielen Werkstätten Cobaltblau hergestellt. Es ist sehr merkwürdig, daß diese Technik dann für fast 3000 Jahre in Vergessenheit geriet, bis im Jahre 1777 J. G. GAHN die Wiederentdeckung gelang.

Viele andere Buntpigmente wurden ebenfalls lange vor den ersten Farbstoffen synthetisiert, z. B. 1704 das Berliner Blau durch DIESBACH, 1778 Scheeles Grün und 1781 Turners Gelb. Im 19. Jahrhundert folgten u. a. das Ultramarin (GMELIN und GUIMET 1822–1824), die Lithopone (DOUHET 1853), sowie Eisen- und Cadmiumpigmente. Erst in unserem Jahrhundert gelang die Synthese von Manganblau, Molybdatrot und Titanweiß. Die natürlichen und synthetischen anorganischen Pigmente haben als Farbmittel antiker Malereien oft Jahrhunderte unverändert überdauert. Erst in neuester Zeit, seit Luft und Wasser infolge der Technisierung so aggressive Schadstoffe wie SO_2 oder NO_x enthalten, sind zur Erhaltung von Fresken, Ornamenten oder bemalten Statuen besondere Schutzmaßnahmen notwendig geworden.

Auf die Verwendung von Pigmenten für Anstrich-, Lack-, Druck- und Künstlerfarben wollen wir nur kurz eingehen. Zunächst kommt es darauf an, die Pigmente in einer Mischung aus *Bindemittel* und *Verdünner* gleichmäßig zu verteilen und die gebildete Suspension für längere Zeit zu erhalten. Bei Teilchendurchmessern zwischen 50 und 500 nm kann die zu benetzende Oberfläche eines Pigments bis 100 m^2/g betragen. Deshalb werden vielfach Dispergiermittel verwendet, die durch Umhüllung der schwebenden Teilchen, oft auch durch ihre gleichsinnige Aufladung verhindern, daß sie sich zu Agglomeraten zusammenballen und ausflocken.

Nach dem Auftrag verdunstet der Verdünner und das Bindemittel erhärtet. Diese Erhärtung sollte einen möglichst irreversiblen Prozeß darstellen. Bei *Kalk*- und *Wasserglas*farben bilden sich Carbonat- bzw. Silicatkristalle, bei *Leim*- und *Latex*farben vernetzen Hochpolymere, und bei *Ölfarben* werden CC-Doppelbindungen oxidativ abgesättigt. In vielen Fällen unterstützen katalytisch wirkende sogenannte Sikkative den Erhärtungsprozeß.

Mit Wasser angesetzte Künstlerfarben enthalten als Bindemittel kolloid lösliche, klebende Stoffe wie das Gummi arabicum, Gelatine, Dextrin oder synthetische Kleber. Ein Zusatz von Konservierungsmitteln wie Phenol oder Salicylsäure schützt vor Bakterienbefall. Die *Tempera* ist eine durch seifenartige Schutzkolloide stabilisierte Wasser-Öl-Emulsion, in welcher sich Pigmente suspendieren lassen. Ölfrei sind dagegen die *Tuschen*, deren Pigment in erster Linie Ruß ist, und die *Aquarellfarben*, deren Bindemittel heute häufig bereits synthetische Stoffe sind. Viele traditionsbewußte Künstler lassen sich aber nach wie vor ihre Wasserfarben nur mit einem klassischen Leim, beispielsweise dem Tragant, ansetzen.

Nicht alle Pigmente aus Tab. 1 sind beliebig verwendbar. Ultramarin beispielsweise ist säureempfindlich, dagegen Berliner Blau, Chromgelb, Zinkgelb und Bleiweiß für Kalkfarben ungeeignet. Alle Bleifarben sind in wäßriger Suspension H_2S-labil und dunkeln durch Sulfidbildung nach. Auch an die Fähigkeit, chemische Reaktionen im Bindemittel oder im Untergrund zu katalysieren, ist bei Cu-, Co-, Mn- oder Pb-Verbindungen zu denken. Die *giftigen*, für Malkästen und Innenanstriche verbotenen Pigmente bilden eine immer länger werdende Liste: Zinnober, Schweinfurter Grün, Bleiweiß, Mennige und Grünspan sind nur die bekanntesten. Wo allerdings die Bekämpfung von Mikroorganismen als Nebeneffekt erwünscht ist, zur Bemalung von Booten, Außenanlagen aus Holz und dergleichen, finden sie weiterhin Verwendung. Überhaupt ist die Schutzfunktion der wichtigste praktische Zweck aller Anstriche.

Diesen Zweck erfüllen in besonderem Maße die *Lacke*, indem sie glänzende, harte, meistens wasserabstoßende Oberflächen bilden. Außer von den eingelagerten Pigmenten werden ihre Eigenschaften durch die Zusammensetzung aus Lackstoffbasis, Ölanteil und Verdünnung bestimmt. Wir fassen Stoffe, die für die drei Komponenten in Frage kommen, tabellarisch zusammen:

Lackstoffbasis	Bindemittel Ölanteil	Verdünnung (Lösungsmittel)
Cellulosederivate	Leinöl	Terpentinöl
Kolophoniumester	Mohn-, Nußöl	Spiritus, Aceton
Chlorkautschuk	Öllack	Butyl-, Amylacetat
Asphalt	Standöl (keimfrei durch Erhitzen)	Ether, Benzin
Schellack, Naturharze		Propan, Butan (in Sprühdosen)
Kunststoffe (z. B. Epoxidharz)		

(256)   (257) α-   (258) β-

Die Kunst der Lackbereitung und -verarbeitung war während des Mittelalters in Ostasien zu hoher Blüte gelangt, wurde im 17. Jahrhundert in Europa bekannt und entwickelte sich hier selbständig weiter. Bestandteile eines klassischen

Lackes auf Kolophonium-Terpentinölbasis sind z. B. die *Abietinsäure* (256) und die *Pinene* (257 und 258). Diese aus Koniferenharzen gewinnbaren Naturstoffe zeigen eine bemerkenswerte Verwandtschaft mit den Carotinoiden; denn wie diese stützen sie die bereits vorgestellte *Isoprenhypothese*. Bis zum Ende des 19. Jahrhunderts kamen zur Lackherstellung nur reine Naturstoffe in Frage. Als es gelang, die Cellulose durch Nitrierung, Acetylierung oder Veretherung zu verflüssigen, standen auch halbsynthetische Produkte zur Verfügung. So ist der bekannte *Zaponlack* auf Nitrocellulosebasis seit 1892 in Gebrauch. In den letzten 50 Jahren erschloß die Entwicklung vollsynthetischer Kunstharze für Anstrichstoffe einen Markt, welcher der chemischen Industrie die beachtliche Menge von 40% der gesamten Kunststoffproduktion abnimmt. Spezielle Qualitäten dieser modernen Lacke ermöglichen manchmal ganz neue Verarbeitungsverfahren wie etwa das »Coil Coating«. So wird die Verformung von Blechen *nach* deren Beschriftung mit Drucklacken genannt. Die dazu erforderlichen Filme müssen so extrem dünn und elastisch sein, wie sie sich mit herkömmlichen Bindemitteln nicht erzielen lassen. Eine andere Neuentwicklung sind die »Pulverlacke« auf Epoxidharzbasis, die vor der Polyadduktbildung flüssig sind und deshalb ganz ohne Verdünner auskommen. Sicherlich wird die Kunststoffchemie auch in Zukunft zu weiteren interessanten Neuerungen in der Lacktechnik führen.

Glätte, Glanz, leuchtende Farbigkeit und Transparenz, früher kostbar und ein Luxus, werden heute von relativ preiswerten Produkten erreicht – wenn auch oft unter Verlust jeder persönlichen Note. So wundert es nicht, daß die Wertschätzung alter, handlackierter Möbel und Antiquitäten immer mehr steigt.

Organische Pigmente

Im Vergleich mit den anorganischen sind die organischen Pigmente zwar weniger widerstandsfähig gegen hohe Temperatur, starkes Licht oder Chemikalien, dafür aber ungleich farbstärker. Zu ihnen gehört der schon im Altertum zum Malen verwendete *Indigo*, sowie die sogenannten *Farblacke*. Letztere sind nach einer um 1900 von JULIUS gegebenen Definition »aus löslichen Farbstoffen durch Fällung erzeugte Pigmente«. Sie sind als *Lithol-* und *Fanalfarben* seit der Jahrhundertwende im Handel, eignen sich aufgrund ihrer begrenzten Echtheit jedoch nur für Farbendrucke. Deutlich widerstandsfähiger sind Neuentwicklungen aus jüngster Zeit, z. B. die *Chromophthalfarbstoffe* (Kap. 4.1) oder das *Chinacridon* (245), die zwischen 1950 und 1960 auf den Markt kamen.

Ein Problem, das bei der Herstellung zu lösen ist, ergibt sich aus der teilweisen Widersprüchlichkeit der beiden Forderungen, zugleich unlöslich und dennoch gut dispergierbar zu sein. Trotz hoher Gitterenergie sollen also möglichst kleine Kristalle gebildet werden. So ergibt Chinacridon mit einer Molekülgröße von ca. $1,4 \times 0,6 \times 0,3$ nm^3 Körner von $400 \times 400 \times 400$ nm^3, wenn sich im Mittel 250 Mio Moleküle zusammenfügen. Das muß durch geeignete Kristallisationsbedingungen bereits bei der Synthese erreicht werden; denn ein nachträgliches Zerkleinern größerer Kristalle ist nicht möglich. Auch die Farbnuance eines durch Fällung erhaltenen Pigments hängt von der genauen Einhaltung der Rezepturen ab.

Man unterscheidet

a) kationische, mit Phosphorwolframsäureanionen $P(W_3O_{10})_4^{3\ominus}$ oder anderen Heteropolysäuren, Tannin oder Mineralsäure gefällte Farbstoffe. Darunter sind einige Vertreter des Arylmethintyps.

b) anionische, als Ca-, Ba-, Mn- oder Pb-Salz gefällte, meist sulfonierte Farbstoffe des Azo- oder Arylmethintyps,

c) metallfreie, neutrale Verbindungen. Dazu gehören viele Indanthrene aus der Klasse der Carbonyl- oder Dioxazinfarbstoffe, zu 85% jedoch Polyazofarbstoffe der Naphtol AS/ Chromophthal-Entwicklungsreihe,

d) Metallkomplexe mit Chelat- oder Ringstruktur. Die besonders brillanten, licht- und lösungsmittelechten blauen und grünen Phthalocyanine gehören ebenso dazu wie die Farblacke, die sich aus o.o′-substituierten Azofarbstoffen oder chelatbildenden Anthrachinon- oder Arylmethinfarbstoffen mit verschiedenen Kationen herstellen lassen.

Die Weiterverarbeitung der »formierten«, d. h. als Pasten, Pulver, Plättchen oder Schuppen gehandelten Pigmente erfolgt mit Dispergier- und Bindemitteln prinzipiell in gleicher Weise wie bei den anorganischen Pigmenten.

In der Pigmentdruckerei werden Emulsionsdruckpasten vom Wasser-in-Öl- oder Öl-in-Wasser-Typ verwendet, in denen Pigment und Bindemittel sehr unterschiedlich im organischen bzw. wäßrigen Milieu verteilt sein können.

Zur Schönung von Druckfarben, für Kerzen, Kopierpapiere usw. dienen die sogenannten Farbbasen, die fettlöslich, in Wasser aber unlöslich sind. Es handelt sich meistens um kationische Farbstoffe wie Auramin O (151) oder Viktoriablau B (150, S. 112), die als Oleat, Resinat u. a. gefällt werden.

»Wasserlösliche« Pigmente sind z.B. die Pigmosolfarbstoffe, die als Pulver mit sehr hydrophilen Dispergierungsmitteln gehandelt werden und sich für alle Naßverfahren eignen.

Textilfasern sollten wegen der Teilchengröße und völligen Unlöslichkeit eigentlich nicht mit Pigmenten färbbar sein. Auch hier schuf die Makromolekularchemie neue Möglichkeiten. Synthetische Fasern, die im Schmelz- oder im Lösungsspinnverfahren hergestellt werden (Kap. 5.2), lassen sich »in Masse« färben, indem die Pigmente in der noch flüssigen Phase verteilt werden (»Düsenfärben«). Nach dem Aushärten bleiben sie dann fest im Polymergefüge eingelagert. Diese Technik liefert sehr gleichbleibende Farbtöne, eignet sich also gut für Uniform- und Dekorationsstoffe, Decken usw., wo es nicht darauf ankommt, schnell wechselnden Modetrends zu folgen.

Eine zweite Möglichkeit der Textilfärberei mit Pigmenten bieten hochpolymere, selbstvernetzende Bindemittel, die mit eingelagerten Pigmenten aufgedruckt werden. Das nach diesem Prinzip verlaufende Acramin-Verfahren (BAYER) und die Aridyes (Int. Chem. Corp.) liefern Färbungen von Indanthrenechtheit, benötigen keine seifende Nachbehandlung und beeinträchtigen dank der Elastizität des farbigen Films den weichen Griff des Gewebes nicht.

5.2 Färbeverfahren

Die Natur bietet uns keine bunten Fasern an, und auch die meisten Chemiefasern sind farblos. Aus der Erfahrung von Jahrhunderten und aus gezielten Experimenten entwickelten sich zahlreiche Verfahren, bei denen Farbstoffe in einem *Tränk-* oder *Durchdringungsprozeß* in Kontakt mit der Faser gebracht werden, um sich darauf oder darin zu verankern. In einer Färberei geschieht dieses Tränken in besonderen Apparaten, die für eine stetige Bewegung der Flotte oder des Färbegutes sorgen. Bei Garnen, beispielsweise auf Kreuzspulen oder in Strangform, strömt die Flotte unter mehrmaligem Richtungswechsel zwischen den Fäden hindurch. Stückware wird entweder in einer Haspelkufe oder in einem Jigger (Abb. 42) vorwärts und rückwärts durch die Flotte hindurchgezogen, oder es wird »geklotzt«. So nennt man das einmalige Tränken in der Flotte und Abquetschen überschüssiger Farbstofflösungen zwischen Walzen. Anschließend kann die imprägnierte Stoffbahn den verschiedensten Behandlungen unterworfen werden. Die Klotzmaschinen für den ersten Arbeitsgang in modernen Kontinueanlagen heißen Foulard.

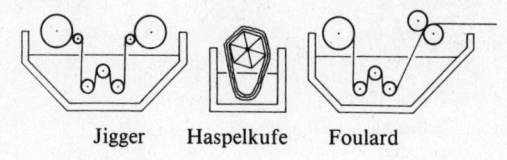

Jigger   Haspelkufe   Foulard

Abb. 42: Färbereimaschinen.

Ist die Fixierung auf der Faser abgeschlossen, wird das Färbegut gespült und gewaschen – oft mehrmals –, um nicht gebundene Farbstoffanteile, sowie gegebenenfalls Säure, Lauge, Hilfsmittel oder Salze zu entfernen. Abschließend wird getrocknet.

Da der Arbeitsaufwand bei diskontinuierlichen Verfahren, insbesondere beim Mehrbadfärben, recht hoch ist, gehen große Betriebe zunehmend auf kontinuierlich arbeitende Anlagen über. Der Energiebedarf hält sich im allgemeinen in Grenzen. Dagegen stellt die Verschärfung des Gewässerschutzes für die Färberei einen ernsten Kostenfaktor dar.

Bevor wir uns mit den chemischen Vorgängen beim Färben befassen, ordnen wir die wichtigsten Textilfasern nach ihren färberisch interessierenden Merkmalen. Dabei setzen wir Grundkenntnisse der Makromolekularchemie voraus. Wir unterscheiden vier Gruppen: die natürlichen Protein- und Cellulosefasern, die Kunstseiden und die rein synthetischen Fasern.

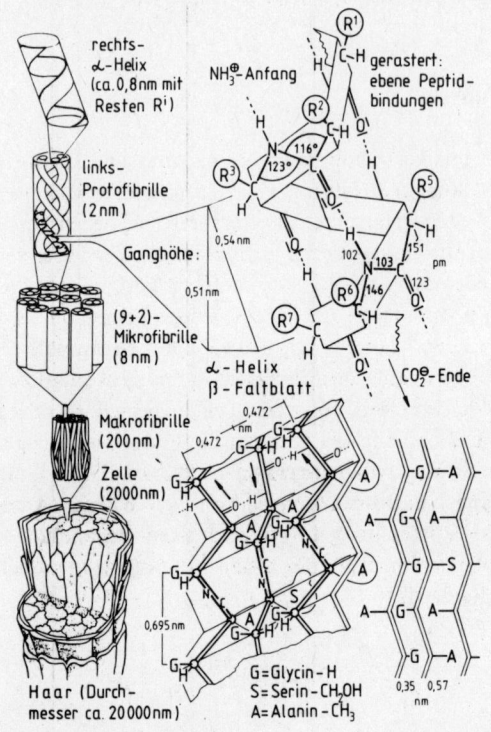

Abb. 43: Strukturen von Wolle und Seide.

Tierische Fasern

Wolle, Haare, Seide und das Leder bestehen im wesentlichen aus Polypeptiden. Die amphoter wirkenden, ebenen Peptidbindungen (in Abb. 43 gerastert), die Endgruppen $-COO^{\ominus}$ und $-NH_3^{\oplus}$, sowie die Reste R^i bestimmen das »mikrochemische« Verhalten, während die Sekundär-, Tertiär- und Quartärstrukturen das »makrochemische«, mechanisch oder optisch prüfbare Verhalten festlegen. Wolle verträgt keine Alkalien, weil eine Deprotonierung der Peptidgruppen Wasserstoffbrücken aufhebt und dadurch die Sekundärstruktur (α-Helix in Abb. 43) verändert. Auch konzentrierte Säuren schädigen, da protonierte Peptidbindungen instabil sind und leicht gemäß $O=C-\bar{N}-H + H^{\oplus} \rightarrow O=C^{\oplus}-NH_2 \xrightarrow{aq}$ $O=C-OH + NH_3^{\oplus}$ aufbrechen.

In 1 kg Wolle lassen sich ca. 850 mmol freie Amino- bzw. Carboxylgruppen nachweisen. Seide besitzt nur je 250 mmol/kg. Neben diesen Endgruppen stehen zur Farbstoffverankerung -OH, -SH und andere Funktionen der Reste R^i zur Verfügung.

Die einzelne Wollfaser besitzt im *isoionischen* Zustand bei pH 4,9, die Seidenfaser bei pH 5 die geringste Quellfähigkeit. Ein Auflösen von Wolle und Seide gelingt mit zehnprozentiger KOCl-Lösung, dem *Eau de Javelle*.

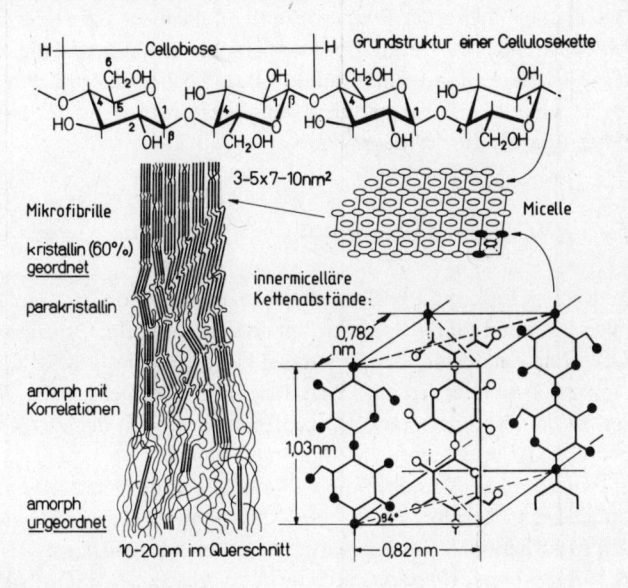

Abb. 44: Strukturen der Cellulose.

Pflanzliche Fasern

Mit Cellulose als wesentlichem Bauelement sind Pflanzenfasern chemisch recht einheitlich. Ketten aus 5000 bis 7000 Cellobioseeinheiten falten sich zu Mikrofibrillen von etwa 1000 nm Länge und 3 bis 20 nm Durchmesser (Abb. 44). Durch regelmäßige Verzahnung über Wasserstoffbrücken entstehen geordnete Abschnitte, Micellen genannt, die etwa 60% einer solchen Mikrofibrille ausmachen. Sie sind durchschnittlich 50 nm lang und werden von mehr oder weniger amorphen Abschnitten unterbrochen. Für das Färben sind die gelockerten Bereiche wichtig, weil Farbstoffmoleküle von 1 bis 2 nm Länge zwischen den Kettenmolekülen Platz finden und sich über Nebenvalenzen oder sogar kovalente Bindungen an der Cellulose verankern können.

Baumwollfasern von 12 bis 50 mm Länge lassen sich gut zu Fäden verspinnen, da sie flach, verdrillt und nur 10 bis 45 μm dick sind. Ihr Feinbau zeigt in Längsrichtung laufende Fibrillen von 0,2 bis 0,4 μm Durchmesser, die ihrerseits durch Aneinanderlagerung von mehreren hundert der beschriebenen Mikrofibrillen entstehen. Außer rund 90% Cellulose enthält ein Baumwollhaar ca. 8% gebundenes Wasser, 1% mineralische Bestandteile und etwa 1% Wachse und Proteine. Eine widerstandfähige Hüllschicht, die Kutikula, erschwert in besonderem Maße das Färben. Sie läßt sich durch Verstrecken in einem Alkalibad zerstören, ein Verfahren, das nach dem Engländer JOHN MERCER »Merzerisieren« heißt. Es erhöht sich dabei neben der Reißfestigkeit vor allem der Glanz der Baumwolle.

Chemisch ähnlich aufgebaut, doch von anderer Struktur sind die *Weichfasern* Flachs, Hanf, Jute, Ramie und Kapok, sowie die *Hartfasern* Kokos und Sisal. Da sie i. a. roh oder lediglich gebleicht verarbeitet werden, interessiert ihre Färbbarkeit weniger als die der Baumwolle.

Regenerierte Naturfasern (Kunstseiden)

Wegen der ungünstigen Färbeeigenschaften hat man schon früh versucht, Cellulose unter Erhaltung ihrer Spinnstoffqualität zu veredeln. Prinzipiell kann ein Auflösen ohne Zerstörung des Großmoleküls (M = 1 bis 2 Mio) nur gelingen, wenn an jedem Kettenglied eine Reaktion stattfindet, bei der die Wasserstoffbrücken zu den Nachbarmolekülen geöffnet werden. In der Zeit von 1885 bis 1913 wurden vier verschiedene Methoden entwickelt:

1. Die *Nitrierung* zu Nitrocellulose und anschließende Denitrierung. Die so gewonnene, einst berühmte Nitro- oder *Chardonnet-Seide* wird heute allerdings nicht mehr hergestellt, da sie nur geringe Qualität besitzt.
2. Die *Kupferkomplexbildung* mit Schweizers Reagenz ($CuSO_4$, $NaOH$, NH_3). Sie liefert eine alkalische Lösung, aus der mit heißem Wasser – daher die Bezeichnung »Naßspinnverfahren« – wieder das Polysaccharid ausfällt. Anschließend wird verstreckt und zum *Kupfer-Reyon* gehärtet.
3. Die *Xanthogenatbildung*, die in 15- bis 25-prozentiger Natronlauge mit je einem CS_2-Molekül pro Cellobioseeinheit erfolgt. Die gebildete Viskose wird ebenfalls im Naßspinnverfahren durch Düsen in ein Schwefelsäurebad gepreßt, wobei die Cellulose zum *Viskose-Reyon* regeneriert und der Schwefelkohlenstoff zurückgewonnen wird.
4. Die *Veresterung* mit Acetanhydrid und wenig H_2SO_4. Sie läßt sich so steuern, daß entweder alle oder nur durchschnittlich 2 oder $2\frac{1}{2}$ von den drei OH-Gruppen jeder Glucoseeinheit reagieren. Die gebildete Acetylcellulose ist in Aceton löslich und wird zu Lacken, Filmen, aber auch im Trockenspinnverfahren zum *Acetatreyon* verarbeitet (Tab. 2).

Während des Spinnvorgangs und beim nachfolgenden Recken der Faser richten sich die Makromoleküle weitgehend parallel aus und heften sich über H-Brücken und Van-der-Waals-Kräfte aneinander. Durch geeignete Wahl des Fällbades oder durch Nachbehandlungen lassen sich die chemischen und mechanischen Eigenschaften der Kunstseiden erheblich verändern.

Für die Färberei waren das $2\frac{1}{2}$- und das Triacetat anfangs Problemfasern, weil die Estergruppen $-OCOCH_3$ noch geringere Anknüpfungsmöglichkeiten bieten als die OH-Gruppen der Baumwolle. Es gelang aber bald, eigens für Celluloseacetat ein Verfahren mit ganz speziellen Farbstoffen zu entwickeln, das *Dispersionsfärben* (Kap. 5.2.2). Dieses Verfahren ließ sich später auf viele synthetische Fasern übertragen (Tab. 2).

Außer den Cellulosekunstseiden gibt es auch *Eiweißkunstseiden* auf Proteinbasis, deren praktische Bedeutung jedoch gering ist. Man verwendet zu ihrer Herstellung Polypeptide aus Erdnüssen, Mais, Soja u. a. oder aus Milch gewonnenes Casein. Auch Algenproteine können als Rohstoff dienen und liefern die Alginatkunstseide. Welche Färbeverfahren jeweils anwendbar sind, ist Tab. 2 zu entnehmen. Diese Tabelle gibt einen Überblick über das Anfärbe- und Lösungsverhalten der wichtigsten regenerierten und vollsynthetischen Kunstfasern.

(259) (260) (261)

(262) (263) (264) (265)

Chemiefasern (Synthetics)

Während das Ausgangsmaterial aller Kunstseiden Makromoleküle sind, die in der Natur fertig vorliegen, werden die Moleküle synthetischer Fasern aus kleinen Monomeren gebildet. Dabei entstehen Ketten mit 100 bis 200 Gliedern, in den meisten Fällen also ein *Thermoplast*. Folglich bietet sich zur Fasergewinnung in erster Linie das Schmelzspinnverfahren an. Wie bei den Kunstseiden wird durch anschließendes Verstrecken auf die drei- bis fünffache Länge eine weitgehende Parallelausrichtung der Moleküle erreicht, so daß sich zwischen den Ketten wirkende Nebenvalenzen ausbilden können, die durch Wärme oder durch Quellmittel nur bedingt wieder zu lösen sind. Das verleiht den Chemiefasern Reißfestigkeit, Elastizität und Formbeständigkeit. Aufgrund der überwiegend unpolaren Kovalenzen innerhalb der Ketten sind sie außerdem gegen die meisten Chemikalien, gegen Ungeziefer und Mikroorganismen unempfindlich. Ihre Temperaturbeständigkeit ist allerdings begrenzt, und wegen ihres hydrophoben Charakters können sie unangenehm auf der Haut wirken.

Tab. 2: Regenerierte Natur- und Chemiefasern

	Strukturtyp	Handelsnamen	Färbung mit Neocarmin MS, heiß	Faser bei 20°C löslich in	Färben möglich mit Farbstofftyp									
					Pigment	kation.	anionisch	substant.	Dispers.	Entwickl.	Phthalogen	Küpen	Beizen	Reaktiv
Proteinbasis	Polyamid (Abb. 43) (pflanzl. Grundstoffe)	Vicara, Zein, Soja, Ardil, Alginatseide, Latexfäden	blauviolett	Eau de Javelle	+	+	+	+	+	+	+	+	+	+
	(tier. Grundstoffe)	Fibrolane, Tiolan, Lanital (Casein)	purpur, braun schwarz	Eau de Javelle								+		
Cellulosebasis	Polysaccharid (Abb. 44) (regenerierte Cellulose)	Reyon, Zellwolle Sanflor	tiefblau violett	Kupferoxid-ammoniak			+	+	+	+	+	+	+	
		Cupro, Bemberg Viscose, Avisko				+								
	Cellulosederivate (259)	Acetat, $2\frac{1}{2}$, Triacetat Arnel, Tricel u. a.	rotorange gelb	Eisessig					+	+				
Polykondensate	Polyester (260)	Terylene, Dacron, Diolen, Trevira, Kodel, Copol, Tergal	blaß rosa	Seslovan NK kochend, Metakresol	+				+	+				
	Polyamid (261)	Nylon 6,6, Perlon, Rilsan 11, Helanca, Teslan	orange/ocker, gelborange	Ameisensäure (Ameisensäure, kochend)	+	+	+		+				+	+

Tab. 2: (Fortsetzung)

Strukturtyp		Handelsnamen	Färbung mit Neocarmin MS, heiß	Faser bei 20°C löslich in	Färben möglich mit Farbstofftyp									
					Pigment	kation.	anionisch	substant.	Dispers.	Entwickl.	Phthalogen	Küpen	Beizen	Reaktiv
Polymerisate	PVC-Basis (262, X = Cl) Polyvinylacetat (X = OCOCH$_3$) Polyvinylalkohol (X = OH)	PeCe, PeCeU, Rhovyl, Thermovyl, Movilith	blaurosa-rosa löst sich auf	CS$_2$/Aceton 1:1 Wasser, heiß	+		+		+					
	Polyacrylnitril (263)	Orlon, Redon, Dolan, PAN = Dralon, Acrylan, Crylor, Courtelle	gelbgrün-orange	Chlorzinklösg. 2:1, Wasser 40–50°C	+	+	+		+					
	Polyethylenbasis (264)	Polythene, Courlene, Polypropylen, Herculon, Polystyrole	schwach rosa	quillt in Benzol	+		+		+					
	Mischpolymerisate	Dynel, Vinyon, Saran, Vinylon, PeCe 120, Creslan u. a.	verschieden	verschieden					div.					
Polyadukte	Polyurethane (265)	Durethan, Perlon U, Lycra, Definal, Desmolin	rot	quillt in Chlorkohlenwasserst.			+		+				+	

Erläuterungen zu Tab. 2

Die färberischen Eigenschaften synthetischer Fasern hängen vom molekularen Bau der Ketten, von ihren Endgruppen und ihrer räumlichen Anordnung ab, sind also sehr unterschiedlich. Wir können nur wenige Aspekte aus dem vielschichtigen Gebiet herausgreifen. Die Färbetemperatur spielt eine große Rolle, weil die Molekularbewegung den Zusammenhalt der Fasermoleküle lockern und ein Eindringen von Farbstoffmolekülen erleichtern kann. Auch durch Hilfsstoffe läßt sich dieses Eindringen in manchen Fällen beeinflussen, beispielsweise durch sogenannte *Carrier*. Dazu gehören polare Aromaten wie p-Phenylphenol, Benzoesäure oder chlorierte Benzole, auf die wir später nochmals eingehen.

Polyester (260), *Polyolefine* (264, X = H) und *Polyfluorethylene* (264, einige X = F) besitzen bei hoher Packungsdichte kaum aktive Gruppen. Die Fasern sind mit klassischen Methoden überhaupt nicht färbbar, allerdings auch entsprechend unempfindlich gegen Flecken aller Art. In einigen Fällen führt das bereits erwähnte Dispersionsfärben zum Erfolg (Kap. 5.2.2), aber auch das Düsenfärben mit Pigmenten kommt in Frage (Kap. 5.1).

Mischpolymerisate entstehen, wenn beispielsweise dem Vinylchlorid $H_2C=CHCl$ ein gewisser Anteil Vinylalkohol $H_2C=CHOH$ oder Acrylnitril $H_2C=CHCN$ zugemischt wird. Das erklärt, weshalb Handelsmarken wie das Vinylon (262, einige X = OH) den färberischen Eigenschaften der Baumwolle nahekommen, andere wie Vinyon und Dynel (262, einige X = CN) eher der PAN-Faser ähneln. Beim Verweben mit Naturfasern ergeben sich Stoffe, die den Färber vor interessante Aufgaben stellen. Wenn z. B. aufeinanderfolgende Färbebäder jeweils eine Faserart aussparen – der Fachausdruck ist »reservieren« –, lassen sich überraschende Mischeffekte erzielen.

Feinste Garne für Strümpfe und Gardinen bestehen in erster Linie aus *Polyamidfasern* (261). Sie besitzen mit der Gruppierung – NHCO – zwar proteinähnliche Bauelemente (vgl. Abb. 43), doch sind an die Stelle der $C_\alpha HR^i$-Gruppen hier $(CH_2)_n$-Abschnitte mit n = 4, 5 oder 6 getreten. Daher ist die Faser insgesamt hydrophob und nicht leicht färbbar. Das Säurebindungsvermögen von Polyamidfasern beträgt nur 1/10 bis 1/20 von dem der Wolle. Auch die Endgruppen sind weniger zahlreich, nämlich 30 bis 50 mmol Amino- und 50 bis 70 mmol Carboxy-Enden pro kg (vgl. die Werte für Wolle und Seide).

Polyurethane (265) sind durch die Gruppierungen – NHCO – O – und endständige Isocyanatgruppen – N=C=O charakterisiert. Letztere lassen sich leicht durch Dämpfen zu Aminogruppen decarboxylieren und dadurch gute Anknüpfungsstellen für Farbstoffe erzeugen.

Polyacrylnitril-Fasern (263), die wegen ihrer Beständigkeit und guten Färbbarkeit schnell Verbreitung fanden, nehmen sogar klassische Farbstoffe wie das fast vergessene Malachitgrün an. Dafür sind in erster Linie die endständigen $-SO_4^\ominus$-Gruppen, die von den Persulfatstartern der Radikalkettenreaktion stammen, verantwortlich (vgl. kationische Farbstoffe).

Die Weiterentwicklung der Synthese- und Spinnverfahren, sowie die Verbesserung der Verarbeitungs- und Färbemethoden beeinflussen sich wechselseitig und bringen immer wieder neue Produkte auf den Markt. Mit den sogenannten *Leiterpolymeren* hat man bereits licht-absorbierende Makromoleküle synthetisiert, zu denen das schwarze, außergewöhnlich thermostabile PAN-Produkt (266) gehört.

(266)

Zur Identifizierung von Fasermaterial sind neben mikroskopischen Untersuchungen verschiedene Methoden üblich. Eine Brennprobe zeigt das Verhalten des Materials beim Nähern an die Flamme, seine Verbrennungsweise, den Geruch beim und die Rückstände nach dem Pyrolysieren. Weitere Aufschlüsse geben die trockene Destillation und Lösungsversuche (Tab. 2).

Mit *Neocarmin*, das es in verschiedenen Ausführungen gibt, ist eine verhältnismäßig sichere Auskunft über das geeignetste Färbeverfahren zu erhalten. Beimengungen wie Antistatika, Weichmacher, Haftvermittler oder Füllstoffe können allerdings das Bild verfälschen. Wir haben in Tab. 2 nur die Färbung mit dem besonders für Chemiefasern geeigneten Neocarmin MS aufgenommen. Genauere Angaben über Testfarbstoffe werden in den Publikationen der Herstellerfirmen (z. B. MERCK, Darmstadt; FESAGO, Sandhausen) gemacht.

Der Färbeprozeß

Eine Textilfaser stellt für die Farbstoffmoleküle eine Art Neuland dar, auf dem sie sich möglichst dauerhaft ansiedeln sollen. Manche Faserarten erleichtern, andere erschweren die Einwanderung, und jede bietet besondere Niederlassungsmöglichkeiten, wonach sich die Wahl des Farbstoffs zu richten hat. Der Färber schafft mit der Temperatur des Bades und seinem pH-Wert sozusagen die günstigsten Reisebedingungen, oder er stellt den Farbstoffteilchen mit speziellen Zusätzen Transportmittel zur Verfügung.

Es gibt sehr unterschiedliche Applikationsverfahren. So bewegen sich die Moleküle von Dispersionsfarbstoffen immer in großen »Reisegemeinschaften«, den Dispersteilchen, gehen dann aber einzeln wie über eine Gangway auf die Faser über. Andere, z. B. die Moleküle von Küpenfarbstoffen, sind normalerweise in großen, unlöslichen Gruppen beisammen, werden durch Reduktion in »Einzelreisende« verwandelt und vereinigen sich oxidativ erst am Zielort wieder zu seßhaften »Siedlungsgemeinschaften«. Aber lassen wir das anschauliche Bild und wenden uns zunächst den Färbereimaschinen zu (Abb. 42).

In der Maschine strömt die Färbeflotte an den Fasern vorbei. Zugleich führt die Wärmebewegung gelöster oder dispergierter Teilchen zu *Diffusionen* und ermöglicht an Phasengrenzen, speziell an der Oberfläche der Fasern, sogenannte *Sorptionen*. Das Wort bedeutet eigentlich »Aufschlürfen« (siehe Anhang) und bezieht sich auf die Tatsache, daß der Farbstoff aus der Lösung »auszieht«. Die aufnehmende Faser wirkt dabei als *Sorbens*, während der Farbstoff selbst das *Sorptiv* ist. Zusammen mit dem übernommenen Farbstoffanteil stellt die Faser ein *Sorbat* dar, d. h. eine *feste Lösung* mit der Konzentration $[F]_{Faser}$. Diese Konzentration läßt sich z. B. in g Farbstoff pro kg Sorbat angeben, wobei es gleichgültig ist, ob der Farbstoff nur an der Faseroberfläche *ad*sorbiert oder in ihrem Inneren *ab*sorbiert wird.

Nach einer gewissen Zeit — das kann Minuten, manchmal aber auch mehrere Stunden dauern —, stellt sich in der Färbemaschine ein Gleichgewicht ein. Es ist dadurch charakterisiert, daß gleich viele Moleküle die Faser wieder verlassen wie neue aus dem Färbebad in sie eintreten. Das Verhältnis der Konzentrationen $[F]_{Faser} : [F]_{Flotte}$ bleibt also konstant. Die **Färbestatik**, die sich mit der Lage dieses Gleichgewichtes befaßt, beschreibt mit *Verteilungsisothermen,* welches Verhältnis sich bei einer bestimmten Temperatur und verschiedenen Gesamtkonzentrationen einstellt (Abb. 45a). Falls beispielsweise eine Langmuirsche Isotherme gilt, ist es günstig, aus nur schwach konzentrierter Flotte zu färben, weil dann ein größerer *Anteil* des Farbstoffs aufzieht. Definitionsgemäß ist der Logarithmus des Wertes $[F]_{Faser} : [F]_{Flotte}$ (log tan φ in Abb. 45a) ein Maß für die *Affinität* zwischen Farbstoff und Faser. Die Affinität nimmt also im Falle der Langmuirschen Isothermen mit steigender Gesamtkonzentration ab, während sie bei einer Nernstschen Isotherme gleich bleibt.

Beim Waschen wird das Gleichgewicht von der anderen Seite her angesteuert, indem die Farbstoffkonzentration in der Waschlauge von 0 ab größer und in der Faser entsprechend kleiner wird. Geringe Affinität bedeutet, daß der Farbstoff nun »ausblutet«. Es ist das Ziel der Färbetechnik — wiederum bildlich gesprochen —, den Farbstoffmolekülen die Einreise zu erleichtern, sie bei ihrer Nie-

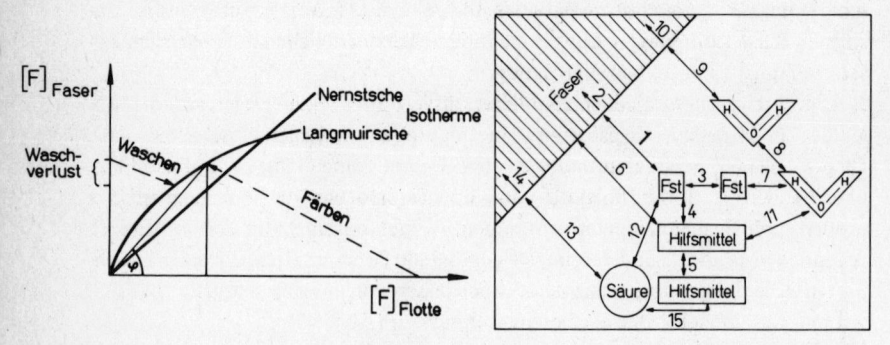

Abb. 45: a) Verteilungsisothermen, b) Wechselbeziehungen in einem Färbebad (nach LUCK).

derlassung zu unterstützen und einem Wiederauszug, also dem Ausbluten, alle erdenklichen Riegel vorzuschieben.

Die zahlreichen Möglichkeiten, den Färbeprozeß zu steuern, lassen sich anhand der Abb. 45b erörtern. Entscheidend ist natürlich die Beziehung Faser – Farbstoff (1), die von schwachen Fernwirkungskräften bis zum Knüpfen einer unlösbaren Elektronenpaarbindung reicht. Ob Hilfmittel (6), Wasser (9, 10) oder Protonen (13, 14) die Faser so beeinflussen, daß der Farbstoff auch in ihr Inneres dringt (2), ist ebenso zu beachten wie Wechselwirkungen dieser Teilchen untereinander (3, 4, 5, 7, 8, 11, 12, 15). Protolysen an Sorptiv- und Sorbensmolekülen richten sich nach dem *pH der Lösung* (12, 13). Dazu können durch Säure-, Salz- oder Hilfsmittelzusätze Puffersysteme mit einem gewünschten pH aufgebaut werden (15). Falls die Protolyse ionische Farbstoffteilchen erzeugt, resultiert eine Coulombsche Abstoßung, welche die Farbstoffassoziate (3) zerstören und dadurch das Diffusionsverhalten stark verändern kann. In vielen Fällen lassen sich Molekülaggregate durch solche gleichsinnige Aufladung wirksamer auseinanderreißen als durch Erhöhung der Temperatur.

Einige Hilfsmittel sind seifenähnlich, bestehen also aus langgestreckten, an einem Ende hydrophoben Molekülen. In deren Nähe erstarren mehrere hundert Wassermoleküle eisartig (11, 8), ordnen sich also regelmäßig an, weil der »Fettschwanz« des Fremdmoleküls keine H-Brücken- oder Dipolbeziehung mit ihnen aufnimmt. Diese sogenannte »*Eisbergstruktur*« entspricht einer Entropieabnahme; denn sie besitzt einen höheren Ordnungsgrad. Da die Entropie insgesamt nur zunehmen kann, wird die Natur gezwungen, der Eisbergtendenz auszuweichen. Das erfolgt entweder durch Zusammenlagerung vieler hydrophober Hilfsmittelmoleküle zu Micellen oder dadurch, daß sich einzelne Moleküle mit ihrem Fettschwanz zwischen hydrophobe Fasermoleküle schieben. Auf ähnlichen *hydrophoben Wechselwirkungen* beruht die Aufnahme mancher Dispersionsfarbstoffe durch synthetische Fasern (Kap. 5.2.2).

Allgemein gilt, daß der Zusatz von Kleinmolekülen wie Alkohol, Harnstoff oder Salzen jeder Assoziatbildung, also auch der Eisbergtendenz des Wassers, entgegenwirkt. Die meßbare Affinität eines Farbstoffs zur Faser (Abb. 45a) kann durch solche Zusätze erheblich verändert werden.

Hilfsstoffe mit Einfluß auf die Dauer des Aufziehens heißen *Retarder*, wenn sie die Färbegeschwindigkeit herabsetzen, und *Carrier*, wenn sie beschleunigen. Manche Carrier wirken, indem sie einen Teil der »vorderen« Adsorptionsstellen blockieren und so den Farbstoff zwingen, sich einen Platz tiefer im Inneren der Faser zu suchen. Besonders kompliziert können Mischfärbungen erfolgen, wenn der eine Farbstoff gegenüber dem zweiten die Rolle des Carriers oder Retarders spielt.

Die anziehenden und abstoßenden Kräfte

Kommt ein Teilchen auf 100 nm oder näher an eine Faseroberfläche heran, so gerät es unter den Einfluß von Kräften, die sehr unterschiedlich stark vom Abstand r abhängen. In einer ganz bestimmten Entfernung heben sie sich gerade gegenseitig auf.

1. *Coulombkräfte* gehen von Punktladungen der Faser aus und sind proportional zu r^{-2}. Sie können anziehend oder abstoßend wirken und setzen voraus, daß das Teilchen als Ganzes oder einzelne seiner funktionellen Gruppen geladen sind.
2. *Dipolanziehung* erfolgt, wenn das Teilchen selbst oder Abschnitte von ihm polar sind. Die Faser muß dazu entweder Punktladungen tragen oder ihrerseits polare Partien besitzen. Die Maßeinheit des Dipolmomentes $\mu = e \cdot l$ ist das Debye (D). Ein Dipol aus zwei Elementarladungen $+e$ und $-e$ im Abstand $l = 1$ nm hat das Moment $\mu = 48$ D $= 1{,}6 \cdot 10^{-28}$ Asm (vgl. Abb. 29).

    Vor der Anziehung tritt immer zuerst ein Richteffekt auf, da auf die beiden Enden des Dipols genau entgegengesetzte Kräfte wirken. Bei richtiger Orientierung wird schließlich der ungleiche (nähere) Pol stärker angezogen als der gleiche (fernere) Pol abgestoßen wird. Es resultiert also immer eine anziehende Kraft, welche proportional zu r^{-3} ist.

    Wird einer der Partner erst durch den anderen polarisiert, so bezeichnet man das nach DEBYE mit »*Induktionseffekt*«. Farbstoffteilchen mit »weichem«, deformierbaren Elektronensystem müssen sich einer Punktladung allerdings auf weniger als 0,5 nm nähern, um so polarisiert und angezogen zu werden. Besonders sind diejenigen Dipolanziehungen hervorzuheben, die in eine Wasserstoffbrückenbindung X – H ··· Y mit unveränderlichem Abstand X ··· Y = 0,25 bis 0,3 nm übergehen.
3. *London- oder Van-der-Waals-Kräfte* treten auf, wenn die Elektronensysteme von Farbstoff und Faser in »elektrokinetische Wechselwirkung« treten. Diese Wechselwirkung kann man sich anschaulich als Synchronisation der Elektronenbewegungen beider Systeme vorstellen, und zwar so, daß die fluktuierenden Ladungsverschiebungen genau gegenläufig sind. Die resultierende Kraft ist stets anziehend, im Unterschied zur Dipolanziehung jedoch proportional zu r^{-6}. Sie ist nahezu unabhängig von der Temperatur und erklärt vor allem die substantive Haftung von neutralen, unpolaren Farbstoffen mit ausgedehntem π-System auf Baumwolle, Polyester usw.

    Anmerkung: Der wechselseitige Einfluß der Elektronensysteme aufeinander wird nach LONDON auch »Dispersionseffekt« genannt. Dieser Begriff stammt aus der Wellenoptik, welche die Dispersion des Lichtes an Grenzflächen auf ähnliche Wechselwirkungen zurückführt. Auf keinen Fall darf die Dispersion eines Farbstoffs in einer Flotte (Kap. 5.2.2) damit in Verbindung gebracht werden!
4. *Abstoßungskräfte*, die näherungsweise proportional zu r^{-12} sind, kommen erst bei engster Berührung zum Tragen, wenn die Elektronensysteme von

Farbstoff und Faser sich zu durchdringen beginnen. Folgt das Farbstoffteilchen der resultierenden Kraft, so erreicht es schließlich die energieärmste Lage, in der es verharrt, wenn nicht neue Ereignisse eintreten. Ein solches Ereignis wäre beispielsweise die Abspaltung eines Protons, eines Liganden oder einer ganzen Abgangsgruppe, unter Umständen gefolgt von der Herstellung einer festen Kovalenz zwischen Faser und Farbstoff (Kap. 5.2.4). Alle erwähnten bindenden Kräfte fassen wir in einer Übersicht zusammen, in welcher auch Bindungslängen in nm und -energien in $kJ \cdot mol^{-1}$ (kursiv) angegeben sind (Abb. 46).

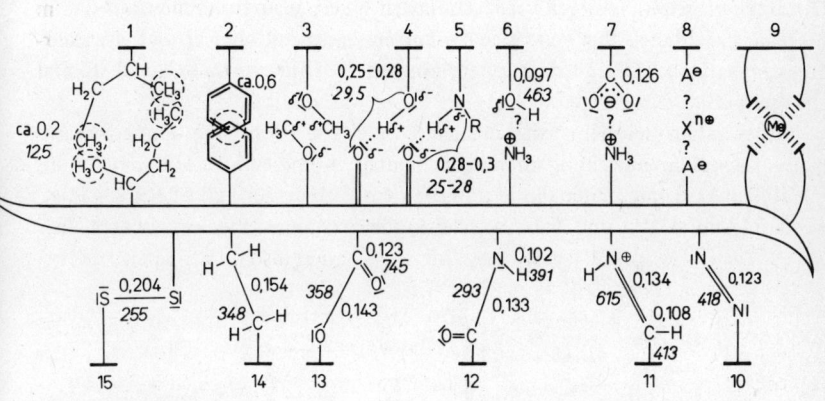

Abb. 46: Bindungsarten
Van-der-Waals-Kräfte
1 hydrophobe Alkylreste
2 hydrophobe Ringe
Coulombanziehung
3 Dipol-Dipol-Beziehung
4, 5 Wasserstoffbrücken
6 Ion-Dipol-Beziehung
7 ionische Bindung
8 Salzbrücke

Koordinative Bindung
9 Metallkomplex
Kovalente Bindungen
10 Azogruppe
11 Schiffsche Base mit $H^{\oplus}$
12 Peptidbindung
13 Estergruppe
14 CC-Einfachbindung
15 Disulfidbrücke

Da ein Farbstoffteilchen immer von mehreren Kräften zugleich gehalten wird, geben die einzelnen Energiebeiträge nur Hinweise auf die Festigkeit der Bindung bzw. auf die Echtheit einer Färbung.

Verankerungsreaktionen

Einer der einfachsten Vorgänge an der Faseroberfläche, der *Ionenaustausch* in schwach saurer Lösung, ist in Abb. 47 schematisch dargestellt.

Werden die Aminogruppen einer Faser durch die Protonen der Säure HA positiviert, die anionischen Farbstoffteilchen jedoch nicht, so findet an der Faseroberfläche ein Austausch der Säureanionen $A^{\ominus}$ gegen affinere Farbstoffionen

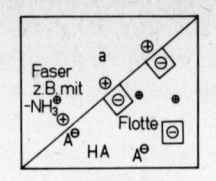

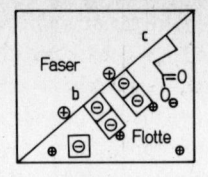

Abb. 47: Ionen an der Faseroberfläche.

statt (a). Neigt der Farbstoff zum Dimerisieren, so kann es zum »Overdyeing« (b) kommen. Dabei werden die Farbstoffanteile, die sozusagen »huckepack« auf den anderen sitzen, nur schwach gebunden, bluten also zusammen mit ihrem Gegenion leicht aus. Nur wenn eine Abschirmung der Kationen erfolgt, etwa auf Polyamid durch COOH-Endgruppen, können die Dimeren hinreichend stabilisiert sein (c).

Im gewählten Beispiel ist das Zusammenspiel von Protolysen, Dimerisierungen und Coulombanziehung noch überschaubar. Kommen aber Hilfsmittel hinzu, sollen Assoziate in der Flotte und die Feinstruktur der Faser berücksichtigt werden (Abb. 43, 44 und Tab. 2), so sind die Verhältnisse viel komplexer. Ein

Abb. 48: Färbeverfahren, schematisch.

weiterer Faktor ist die besondere Temperaturabhängigkeit aller Teilprozesse, beispielsweise des Eindringens kleiner Moleküle in das Innere bestimmter Chemiefasern hinein. Es wurde für dieses Absorbieren ein spezielles »Peristaltikmodell« entworfen, welches die Wärmebewegung der Fasermoleküle so beschreibt, daß die Farbstoffteilchen veranlaßt werden, immer weiter in jeweils freiwerdende Hohlräume vorzudringen.

Schließlich sind auch echte *Einschlußverbindungen* denkbar, wie sie von Stärke (+ Iod) oder Harnstoff (+ n-Alkane) bekannt sind. Da Wirtshohlraum und Gastmoleküle sterisch zueinander passen müssen, dürften derart maßgeschneiderte Unterkünfte für Farbstoffmoleküle jedoch Raritäten sein.

Die verschiedenen Arten der Verankerung erlauben eine Einteilung der Färbeverfahren. Abb. 48 faßt in schematischer Darstellung zusammen, was in den folgenden Teilkapiteln anhand von Beispielen näher erläutert wird.

Die direkten Verfahren (1.) und das Färben mit Dispersionsfarbstoffen (2.) lassen das fertig synthetisierte Farbstoffmolekül bzw. -ion unverändert. Beim Entwicklungsfärben (3.) bildet sich der unlösliche Farbstoff erst auf der Faser, ohne jedoch kovalent verankert zu werden. Das neueste Verfahren, das Reaktivfärben (4.), erfolgt mit Farbstoffen, die eine echte Elektronenpaarbindung zur Faser knüpfen. Sie besitzen dafür spezielle reaktive Zentren, die sich nicht mehr mit der alten Bezeichnung »*haptochrome Gruppe*« genau genug charakterisieren lassen. Dieser Begriff ist ebenso unscharf geworden und veraltet wie die frühere Unterscheidung zwischen *farbigem Stoff* und *Farbstoff*. Wollte man entscheiden, ob ein bestimmter farbiger Stoff als Textilfarbstoff geeignet ist, müßte man alle Färbemethoden an sämtlichen bekannten Faserarten ausprobieren. In vielen Fällen würden die Ergebnisse zu den widersprüchlichsten Aussagen führen (Tab. 2).

Nachdem auf die Vielfalt der Faserarten bereits hingewiesen wurde, werden nunmehr die wichtigsten Färbeverfahren vorgestellt. Dabei soll betont werden, daß einige dieser Verfahren *nicht nur nach einem* der in Abb. 48 genannten Prinzipien verlaufen, sondern Kombinationen oder Übergangsformen darstellen.

5.2.1 Direkte Färbeverfahren

Wasserlösliche Farbstoffe, deren kleinste Teilchen sich als fertige Moleküle oder Ionen ohne fremde Hilfe an der Faser fixieren, nennt man *Direktfarbstoffe*. So färben Tinten, Obstsäfte und Rotwein einen Teppich oder Kleidung direkt – wie echt, das beantworten die verschiedenen Fleckentfernungsmittel.

Wir unterteilen direkt färbende Farbstoffe in *kationische, anionische* und *substantive*. Letztere sind ungeladen und verdanken ihre Wasserlöslichkeit hydrophilen Gruppen, während ihre Affinität zur Faser auf Nebenvalenzen wie Dipol- und/oder Van-der-Waals-Kräften beruht.

Früher gebrauchte man »substantiv« oft gleichbedeutend mit »direkt«, d. h. unmittelbar färbend, um den Gegensatz zu »adjektiv« oder »indirekt« d. h. beispielsweise mit Hilfe einer Beize färbend, zu markieren. Die kationischen und anionischen Direktfarbstoffe hießen wegen des früher notwendigerweise hohen bzw. niedrigen pH ihrer Färbeflotte »basische« und »saure« Farbstoffe. Da heute viele ionische Farbstoffe auch aus neutralem Bad direkt aufziehen und da anionische Farbstoffe Protonen*akzeptoren*, also keinesfalls »Säuren« sind, sollte man die irreführenden Bezeichnungen aufgeben. Leider wurde in der Literatur zur Färberei recht willkürlich mit Begriffen umgegangen, und bis heute konnte die Terminologie nicht vereinheitlicht werden.

Die Wahl eines Direktfarbstoffs richtet sich nach der Natur der zu färbenden Faser und nach den Echtheitsanforderungen. Pflanzliche Fasern erlauben alkalische, tierische Fasern neutrale bis schwach saure Färbeflotten, während synthetische Fasern nur in Ausnahmefällen direkt färbbar sind. Eine Mindestanforderung ist die nach Alkali- und Säureechtheit im Bereich normaler pH-Schwankungen, also bei Gebrauchswäsche etwa zwischen saurem Schweiß und alkalischer Waschlauge. Farbrelevante Hydroxi- oder Aminogruppen sind daher stets durch H-Brücken oder Alkylierung bzw. Acylierung vor Protolysen geschützt (267, 268, 278 u. a.).

Kationische Farbstoffe

Kationische Farbstoffe sind lösliche organische Salze, deren Kation Licht absorbiert. Sie besitzen entweder einen Cyaninchromophor $R_2\ddot{N}-(CR)_z\stackrel{\oplus}{=}NR_2$ oder randständige, nicht farbrelevante Ammoniumgruppen $-(CH_2)_x-NR_3^\oplus$. Ganz selten sind Komplexe, in denen die Ladung des Zentralions die negativen Ligandenladungen übertrifft, z. B. $Me^{3\oplus}$ mit einem Aza[18]annulen$^{2\ominus}$-Ring. Zu den kationischen Farbstoffen gehören Cyanine (Kap. 4.3.1), zahlreiche Arylmethin-Farbstoffe (Kap. 4.4) und einige Azo- und Carbonylfarbstoffe mit spezieller positivierender Ammoniumfunktion. Sie kristallisieren meist gut mit den Anionen $Hal^\ominus$, $Ac^\ominus$, $(COO)_2^{2\ominus}$, $SO_4^{2\ominus}$ oder $[ZnCl_4(H_2O)_2]^{2\ominus}$ und färben aus neutraler bis alkalischer wäßriger Lösung Wolle, Seide, Papier, Leder, sowie anionisch modifizierte Polyester- und Polyacrylnitrilfasern direkt. Die während des Färbens von den Makromolekülen abgelösten Protonen (Abb. 48, 1a) verlassen zusammen mit den Farbstoffanionen beim Spülen das Färbegut. Trotz hoher Brillanz haben kationische Farbstoffe zum Wolle- und Seidefärben wegen ihrer geringen Lichtechtheit kaum noch Bedeutung, wohl aber als Papierfarbstoffe und Bestandteile von Tinten, Farbbändern, Stempelfarben usw.

Besonders wichtig sind kationische Farbstoffe für PAN-Fasern geworden, auf denen sie überraschend echte Färbungen geben. So hat Malachitgrün (305) in der Lichtechtheitsskala, die von 1 bis 8 reicht, auf tannierter Baumwolle nur Stufe 1. Auf Dralon erreicht es dagegen Stufe 4. Kationische Azo- oder Anthrachinonfarbstoffe, welche die positive Gruppe gewöhnlich am Ende einer längeren aliphatischen Kette tragen, werden auf PAN-Fasern nicht nur ionisch, sondern zusätzlich über Van-der-Waals-Kräfte fixiert. Verwischt hierbei die Abgrenzung gegenüber substantiven Farbstoffen (s. u.), so ergibt sich ein Übergang zu Pigmenten, wenn mit geeigneten Anionen gefällt wird (Kap. 5.1).

Anionische Farbstoffe (»Säurefarbstoffe«)

Ein anionischer Farbstoff ist ein organisches Salz, dessen Anion Licht absorbiert. Seine Ladung verdankt das Anion entweder einem Oxonolatchromophor $|\overset{..}{\underset{..}{O}}{}^{\ominus} - (CR)_z = O|$ oder Sulfonatgruppen $-SO_3^{\ominus}$. Carboxylat- und Phenolatfunktionen scheiden aus, da sie im Bereich normaler pH-Schankungen protolysieren. Ein Cyaninchromophor kommt nur dann in Frage, wenn seine positive Ladung durch zwei oder mehr Sulfonatgruppen überkompensiert wird. Das gleiche gilt für »in Substanz komplexierte« Farbstoffe, in denen die Ligandenladungen die das Zentralions übertreffen müssen.

Mit anionischen Farbstoffen lassen sich Wolle, Seide, Polyamide, basisch modifizierte Polyacrylnitrile, Papier und Leder aus wäßrigen Flotten von pH 2 bis 6 färben. Die Färbungen sind gegen Alkalien empfindlich, weil die positiven Funktionen der Substrate, vor allem $-NH_3^{\oplus}$-Gruppen, bei einer Deprotonierung ihre Fähigkeit verlieren, den anionischen Farbstoff festzuhalten. Der frühere Name »Säurefarbstoffe« bezieht sich auf die Tatsache, daß ein protonenreiches Medium den Färbeprozeß stark beschleunigt (Abb. 47 und Abb. 48, 1 b). Häufig erübrigt sich allerdings der Säurezusatz; denn je größer die Affinität zur Faser ist, desto höher kann der pH der Flotte gehalten werden. Konkurrieren Ionen mit einer und solche mit zwei Sulfonatgruppen um eine positive Fasergruppe, so erhalten normalerweise die einfach negativen den Vorzug. Das bietet die Möglichkeit, mit Zusätzen zur Färbeflotte gezielt zu *blockieren* oder im Bedarfsfall mit geeignet modifizierten Farbstoffen zu *egalisieren*.

Die wichtigsten anionischen Farbstoffe sind Azofarbstoffe, für grüne, blaue und violette Töne auch Anthrachinonsulfonate. Nitro- und Triphenylmethanfarbstoffe kommen nur noch gelegentlich in Frage, während anionische Komplexfarbstoffe an Bedeutung gewinnen. Für das Aufziehen wie für die endgültige Faserhaftung spielt neben den geladenen Funktionen natürlich die Gestalt und Polarität des Konjugationssystems der Moleküle eine große Rolle. Die Tendenz, Assoziate zu bilden (Abb. 47b und c) nimmt beispielsweise bei nachstehenden Azofarben schrittweise zu:

Anilin → 2-Naphthol-8-sulfonsäure <
1-Naphthylamin → 2-Naphthol-8-sulfonsäure <
Sulfanilsäure → 2-Naphthol <
1-Naphthylamin-4-sulfonsäure → 2-Naphthol.

Entsprechend steigt der Farbstoffanteil, der zusätzlich zu der anionisch gebundenen Menge adsorbiert wird. Auf Kunststoffasern mit längeren CH_2-Ketten bleibt dieser »Huckepackmechanismus«, wie zu erwarten, aus. Bei Rilsan allerdings, das $(CH_2)_{11}$-Ketten besitzt, steigt die Tendenz zum »Overdyeing« wieder an, was wohl auf den verbesserten Abschirmeffekt (Text zu Abb. 47c) zurückgeführt werden darf.

An zwei Beispielen, *Aminonaphtholrot G* (267) und *Carbolanviolett 2R* (268) zeigen wir nochmals, daß farbrelevante Donatorgruppen gegen unerwünschte Protolysen geschützt sein müssen. Farbstoffe mit nur einer Sulfonatgruppe und langem Arylrest (268) sind schlecht wasserlöslich, ergeben aber waschechte Färbungen. Diese Waschechtheit wird mit der Bezeichnung »*Walkfarbstoffe*« recht plastisch ausgedrückt.

(267)   (268)   (269)

Ebenfalls anionisch sind die »in Substanz metallisierten«, in der Fabrik erzeugten *1:1- und 1:2-Komplexe* vom o,o'-Dihydroxyazotyp. Die in Kap. 4.1 angeführten Beispiele seien durch den Wollfarbstoff (269) ergänzt, der seine grüne Farbe den beiden *verschiedenen* Liganden verdankt.

Anionische Farbstoffe werden nicht nur zum direkten Färben verwendet, sondern sie begegnen uns auch in anderem Zusammenhang: Die Fällung mit gewissen Kationen liefert Pigmente (Kap. 5.1), die Einführung längerer Kohlenwasserstoffketten kann bis zu Dispersionsfarbstoffen (Kap. 5.2.2) führen, die Leukoformen von Küpenfarbstoffen und die Chromierungsfarbstoffe (Kap. 5.2.3) sind immer anionisch, und schließlich tragen auch die meisten Reaktivfarbstoffe (Kap. 5.2.4) negative Ladung.

Substantive Farbstoffe

Farbstoffe, welche Cellulose und ihre Regenerationsformen direkt färben, heißen *substantive Farbstoffe*. Ihre Haftung beruht nahezu ausschließlich auf Van-der-Waals-Kräften. Bereits 1935 postulierte SCHIRM, daß die Farbstoffmoleküle drei Bedingungen erfüllen müssen: Ihr Konjugationssystem muß *wenigstens 8 Doppelbindungen in Kette* enthalten, sie müssen zweitens *einseitig hydrophob* und drittens *eben gebaut* sein. Er stützte diese Hypothese durch den Vergleich nahe verwandter Farbstoffe.

(270)   (271)

Von den scharlachroten Farbstoffen (270) sind diejenigen mit $-R = -CO-(CH=CH)_2-C_6H_5$ und mit $-R = -CO-CH=CH-C_6H_5$ gut substantiv. Der Farbstoff (270) mit $-R = -CO-C_6H_5$ ist dagegen nur wenig, der mit $-R = -CO-CH_2-CH_2-C_6H_5$ überhaupt nicht mehr substantiv, da die erste Forderung nicht erfüllt wird. Beim Abzählen ist zu berücksichtigen, daß durchlaufene Benzolringe als $1\frac{1}{2}$ Doppelbindungen und daß von der Kette abzweigende Doppelbindungen nur als halbe anzusehen sind. Die zweite Forderung wird vom *Naphtholschwarz B* (271, $R^1 = H$, $R^2 = SO_3^\ominus$) nicht erfüllt, also kann Baumwolle nicht damit gefärbt werden. Das *Diaminblau 6G* (271, $R^1 = OC_2H_5$, $R^2 = H$) ist dagegen substantiv. Es ist anzunehmen, daß sich substantive Farbstoffe kolloidal lösen, indem sich die Moleküle seifenartig zusammenballen. Die Kolloidteilchen werden zunächst lose adsorbiert, wobei die Einzelmoleküle unter den Einfluß des »Dispersionseffektes« der Fasermoleküle geraten. Dadurch nehmen sie eine neue Lage ein und werden schließlich von London-Kräften festgehalten (vgl. die Einleitung zu Kap. 5.2). Die dritte Forderung folgt unmittelbar aus sterischen Gründen (Abb. 44).

Der Konjugationsbegriff, der den Überlegungen von SCHIRM zugrunde lag, hat inzwischen manche Korrektur erfahren. Man kennt die Geometrie der Moleküle genauer und weiß, daß doppelt besetzte p-Orbitale von Heteroatomen N, S und O in Konjugationssysteme einbezogen sind und die δ^+/δ^--Verteilung der π-Ladung mitbestimmen. Das erklärt zwanglos die Substantivität von Benzoylaminoderivaten der J-Säure (272), der Naphtol AS-Komponente *ASG* (273), des *Primulin* (274) oder des *Benzolichtgelb 4GL* (275).

(272)

(273)

(274)

165

(275)

In Kap. 4.1 wurde dargestellt, wie *langgestreckte* Polyazofarbstoffe erhältlich sind, indem man Benzidin, Dianisidin oder J-Säure als Mittelstücke nimmt und weit ausladende Randgruppen wie Oxazol, Thiazol oder Imidazol anhängt. Die in Abb. 65 erkennbaren Stilben-Mittelstücke bedingen zusammen mit den Triazinylaminogruppen die Substantivität der wichtigsten Baumwoll-Weißtöner, die auch ein Bestandteil vieler moderner Waschmittel sind (Kap. 6.4).

Zur Messung der Substantivität ist von der auf Cellulose aufziehenden Menge des Stoffes diejenige abzuziehen, die durch Wasser wieder ablösbar ist. Meistens wird die Verteilungsisotherme (Abb. 45a), deren Verlauf sehr temperaturabhängig sein kann, lange vor der Erschöpfung des Färbebades erreicht. Die Naßechtheit substantiver Färbungen ist oft nur mäßig. Hier bietet sich an, Aminogruppen, wie am Beispiel des *Sambesischwarz V* (97) beschrieben, erneut zu diazotieren und zu kuppeln. Manchmal wird zur Echtheitsverbesserung mit Formalin oder Oxidationsmitteln nachbehandelt, wobei sich die Farbnuance erheblich ändern kann.

Eine Neuentwicklung sind $Cu^{2\oplus}$-haltige Polyazofarbstoffe mit zwischengeschalteten α-Naphtholstrukturen, die von der Konjugationskette von Position 2 nach 6, d. h. »amphi« durchlaufen werden. Der Beispielfarbstoff (276) mit der beachtlichen Lichtechtheit 7 besitzt zwei H_2O-Liganden, die durch OH-Gruppen der Cellulose ersetzt werden können. Anders als bei den Cr- und Co-Komplexen wird bei der zusätzlichen koordinativen Fixierung durch $Cu^{2\oplus}$ die ebene Gestalt des Moleküls nicht aufgehoben, so daß die Substantivität für Baumwolle erhalten bleibt.

(276)

5.2.2 Färben mit Dispersionsfarbstoffen

Das Dispersionsfärben verlangt Farbstoffe, die zwei Bedingungen erfüllen: Sie müssen in Wasser minimal löslich sein, und sie müssen sich monomolekular hinreichend gut auf hydrophoben Fasern fixieren lassen. Dispersionsfarbstoffe werden wie Pigmente mit Kristallitgrößen zwischen 0,1 und 1 µm hergestellt und lassen sich durch nichtionogene Dispergiermittel in Wasser lösen. Dispers verteilt diffundieren sie in die nichtkristallinen Faserbereiche ein, wobei sich ein doppeltes Gleichgewicht einstellt: einmal zwischen den Dispersteilchen und dem Wasser, zum anderen zwischen dem Wasser und der Faseroberfläche (Abb. 48, 2). Während der ganzen Färbedauer herrscht im Wasser eine sehr kleine, gleichbleibende *effektive Farbstoffkonzentration*. Die Farbstoffmoleküle treten einzeln aus den Dispersionstropfen aus und ebenso in den Molekülverband der Fasern ein, vergleichbar mit den Passagieren eines Ozeandampfers, die über die Gangway an Land gehen.

Nach diesem Prinzip sind alle unpolaren Fasern, Polyester, Polyamid, PAN, PVC und Celluloseacetate färbbar. Acetatseide war, wie erwähnt, die erste Problemfaser für die Färberei, an der alle seinerzeit üblichen Verfahren versagten. 1921 machten CLAVEL und DREYFUSS die entscheidenden Versuche mit Dispersionen. Inzwischen wurde eine Vielzahl von Hilfsmitteln eingeführt, die in das komplizierte Geschehen eingreifen: Als *Carrier* wirken Quellungsmittel für Fasern, die sozusagen einen Durchlaß für die Farbstoffmoleküle freimachen und gleichzeitig die Lösungsgeschwindigkeit in Wasser erhöhen. *Egalisierungsmittel* fördern das Durchfärben, und *Emulgatoren*, die vor allem nichtionogene Ethylenoxidkondensationsprodukte, Polyglycolether oder Fettalkohole enthalten, besorgen eine Hydrophobierung der Textilien. Ein gebrauchsfertiges Gemisch ist z. B. das *Dispersogen* (Hoechst), ein Dispergier-, Egalisier- und Durchfärbemittel speziell für Naphtol AS-Komponenten.

Die erzielten Färbungen sind in der Regel licht- und naßecht, jedoch nicht immer sublimierecht. Das läßt sich leicht prüfen, indem man ein gefärbtes Textilstück zusammen mit einem ungefärbten bügelt und die Abfärbung oder »Anschmutzung« feststellt. Manche Menschen sind gegen diese Färbungen empfindlich, da bereits Spuren des Farbstoffs, die aus der Kleidung verdampfen, Hautreizungen hervorrufen können. Da nichtwäßrige Lösungsmittel den Farbstoff herauslösen können, ist mit Fleckentfernern und bei der chemischen Reinigung Vorsicht geboten.

Speziell für Chemiefasern entwickelte die Firma DuPont 1950 den *Thermosolprozeß*, bei dem eine verdickte Farbstoffsuspension auf das Gewebe aufgetragen wird. Die imprägnierte Stoffbahn wird anschließend für 15 bis 60 Sekunden einer Temperatur von 180 bis 220°C ausgesetzt, der Farbstoff verdampft und sintert ohne Mantelbildung in das Innere der angeschmolzenen Fasern hinein. Die erzielten Färbungen sind sublimierecht, allerdings nicht nachnuancierbar.

Etwa 50% aller Dispersionsfarbstoffe, insbesondere gelbe, orange und rote Nuancen, sind Monoazobenzolderivate. Ein Beispiel ist der *Cellitonscharlach B* (277, R^1 = H, R^2 = CH_2-CH_2-OH, R^3 = C_2H_5), dessen Gruppe R^2 für die erwähnte, wohldosiert minimale Wasserlöslichkeit sorgt. Dieser Farbstoff war zunächst nur mäßig sublimierecht, ein Nachteil, der durch die Variation R^1 = Cl,

R^2 = CH_2-CH_2-CN und R^3 = $CH_2-CH_2-OCOCH_3$ behoben werden konnte. Bemerkenswert ist die gute Abgasechtheit dieser Farbstoffe (vgl. auch (86) und (87)).

(277)   (278)

Neuerdings werden zunehmend heterocyclische Komponenten verwendet, z. B. 2-Aminothiazole oder 5-Aminopyrazole als Diazokomponente und Indolenine, Pyrimidine und Chinoline als Kupplungskomponente. An zweiter Stelle unter den Dispersionsfarbstoffen stehen mit 25% die Anthrachinone, für die das *Cellitonechtblaugrün B* (278, R^1 = OH, R^2 = CH_2-CH_2-OH) ein Beispiel ist.

Parallel zur Entwicklung neuer synthetischer Fasern wird immer zugleich nach dafür geeigneten Farbstoffen gesucht. Versuche zum Dispersionsfärben aus *nichtwäßrigen*, über Destillation rückgewinnbaren Lösungsmitteln werden gemacht, um weiteren Verschärfungen der Abwasserbestimmungen genügen zu können.

Einige Handelsnamen, die eher auf den Fasertyp als auf die chemische Struktur der Farbstoffe hinweisen, seien genannt: Artisil (Sandoz), Celliton (BASF), Cibacet (CIBA), Duranol (ICI), Setacyl (Geigy) und Acetochinon (FMC). Nachbehandlungen, etwa durch Diazotierung und Kupplung oder durch Chromierung, stellen Kombinationen mit Entwicklungsfärbeverfahren dar (Kap. 5.2.3). Auch einige Reaktivfarbstoffe (Kap. 5.2.4) wie das *Procinylblau R* (278, R^1 = H, R^2 = $CH_2-CHOH-CH_2Cl$) werden zunächst als Dispersionsfarbstoff appliziert, bevor sie die feste Kovalenz mit der Faser knüpfen.

5.2.3 Entwicklungsfärben

Von großer praktischer Bedeutung sind Färbeverfahren, bei denen der Farbstoff in seiner endgültigen Form erst auf der Faser gebildet wird. Eine derartige *Entwicklung des Farbstoffs* erfolgt entweder dadurch, daß aus einer löslichen Vorform durch chemische Reaktionen ein unlöslicher Stoff wird (Küpenfärben u. a.) oder dadurch, daß kleine, nacheinander aufgebrachte Komponenten zu größeren Partikeln reagieren (Komponentenfärben, Beizenfärben u. a.).

Wir beziehen die Bezeichnung »Entwicklungsfärben« auf alle Verfahren, welche die Färbung entstehen lassen (tinctogene Verfahren). In der Literatur wird häufig nur ein bestimmtes Komponentenfärben, die Erkupplung von Azofarbstoffen auf der Faser, Entwicklungsfärben genannt.

Küpenfärben (oxidative Entwicklung)

Das Prinzip des Küpenfärbens, einem der ältesten Färbeverfahren überhaupt, wurde bereits in Kap. 4 dargestellt. Nach diesem Prinzip, bei dem sich der Farbstoff oxidativ aus der anionischen Leukoform bildet, werden noch immer 40% aller Gewebe gefärbt. Wolle und viele Kunstfasern kommen allerdings nicht in Frage, da sie die Alkalität der Küpe nicht vertragen.

Die *klassische Baumwollküpenfärberei* erfolgte in zwölf Arbeitsschritten:

Beuchen, Bleichen, Anteigen, Bereiten der Küpe,
Bereiten der Färbeflotte, Reduktion, Ausfärben, kalt Spülen,
Oxidation, Spülen, kochend Seifen, Spülen.

Während des etwa 45 Minuten dauernden Ausfärbens wurde mit Indanthrengelbpapier (227) wiederholt die Alkalität und das Reduktionspotential der Küpe kontrolliert. Das Papier mußte kornblumenblau werden. Dieses aufwendige Verfahren konnte inzwischen weitgehend automatisiert werden.

In einer modernen, *kontinuierlich arbeitenden Anlage* wird die Stoffbahn in einer Foulardmaschine (Abb. 42) über Rollen durch die Küpe gezogen, dabei imprägniert (»geklotzt«) und die überschüssige Lösung zwischen Walzen abgequetscht. Die Leukoverbindung wird durch Dämpfen fixiert und in einem anschließenden Oxidationsbad mit Dichromat oder H_2O_2 entwickelt. Seifen- und Spülbäder, sowie die Trocknung beenden den Prozeß, bei dem immerhin Laufgeschwindigkeiten bis zu 3 m/s erreicht werden.

Je nach Färbetemperatur unterscheidet man zwischen *Heiß-* (50–60°C), *Warm-* (40–50°C) und *Kaltfärben* (25–30°C). Die erforderliche Temperatur richtet sich im wesentlichen nach der Teilchengröße und der damit zusammenhängenden Standardaffinität zu Cellulosefasern. Große Leukoanionen verlangen eine höhere Temperatur, die zusammen mit starker Alkalität (5 g NaOH/l) der Farbstoff-Farbstoff-Assoziatbildung entgegenwirkt und die Diffusionsgeschwindigkeit erhöht. Es bedarf auch keiner Salzzugabe. Dagegen werden Kaltfärber mit kleinen Leukoanionen aus Flotten mit nur 2 g NaOH/l, aber unter Zusatz von bis zu 25 g NaCl/l appliziert.

Als Reduktionsmittel dient allgemein *Natriumdithionit* $Na_2S_2O_4 \cdot 2H_2O$, in der Praxis noch immer »Hydrosulfit« genannt. Beim Verküpen wird es vom Farbstoff zum Sulfit oxidiert. Dazu genügt es, daß sich nur eins von 10^9 Anionen $S_2O_4^{2\ominus}$ in Radikalionen $SO_2\cdot^{\ominus}$ spaltet; denn diese sind mit einem Potential von $-1{,}12$ V in Gegenwart von $HO^{\ominus}$-Ionen äußerst reaktive Elektronendonatoren:

$$2\,SO_2\cdot^{\ominus} + 2\,HO^{\ominus} + |\underline{O}{=}R{=}\underline{O}| \xrightarrow[-2H_2O]{+2HO^{\ominus}} 2\,SO_3^{2\ominus} + {}^{\ominus}|\underline{\underline{O}}-R-\underline{\underline{O}}|^{\ominus}$$

(vgl. Kap. 6.1.2).

Das Verküpen wird oft mit Dispergiermitteln wie *Solegal A* unterstützt, da es manchmal ein Problem ist, kristalline Farbstoffe hinreichend schnell und ohne Nebenreaktionen zu reduzieren. Fertige Mischungen von Farbstoff, Dithionit und wenig Alkali liegen in Form des *Helindon*-Sortiments für Wolle vor. Ein anderes Reduktionsmittel, der *Rongalit C* $Na^{\oplus \ominus}O_2S-CH_2OH$, ist aus Dithionit und Formaldehyd erhältlich und wird vor allem in Druckverfahren eingesetzt. Er entwickelt seine Reduktionsfähigkeit erst bei höheren Temperaturen.

Ein Nachteil der Küpenfärbungen ist ihre oft unegale Farbtiefe. Diesen Nachteil haben die *Indigosole* und die *Anthrasole* nicht. In Kap. 4.7.3 wird das *Anthrasolblau IBC* (226) vorgestellt und das Prinzip der Verseifung und oxidativen Entwicklung erläutert. Die Sortimente unter den Handelsnamen Cibatin, Sandozol, Tinosol, Soledaon u. a. ermöglichen helle, gleichmäßige Färbungen, sind zwar relativ teuer, erlauben aber so schonende Bäder, daß auch Wolle gefärbt werden kann.

Das gilt nicht für die *Schwefelfarbstoffe* (Kap. 4.8), deren reduktive Auflösung mit Sulfid i. a. in alkalischer Lösung erfolgt. Diese billigen Massenfarbstoffe sind in erster Linie Heißfärber für Baumwolle, die ihre Affinität zu Cellulose neben dem hohen Molekulargewicht auch den Thiazol- bzw. Thianthrenringen (vgl. S. 138) verdanken. Die Allgemeinechtheiten sind gut, solange nicht durch Überoxidation anionische, die Naßechtheit herabsetzende Randgruppen gebildet werden.

Nichtoxidative Entwicklung

Mit den Schwefelfarbstoffen sind die *Hydrosolechtfarbstoffe* verwandt. Es handelt sich um sogenannte Bunte-Salze, die durch wenigstens zwei Thiosulfonatgruppen wasserlöslich sind und im Gegensatz zu Küpen- und Schwefelfarbstoffen nicht oxidativ, sondern *reduktiv* entwickelt werden. Dabei entsteht mit Na_2S etwa nach

$$n \, ^{\ominus}O_3SS - Ⓕ - SSO_3^{\ominus} + n S^{2\ominus} \rightarrow \cdots - S - Ⓕ - S -_n \cdots + n S_2O_3^{2\ominus} + n SO_3^{2\ominus}$$

auf der Faser ein polymerer, unlöslicher Farbstoff. Für – Ⓕ – kommen insbesondere die baumwollsubstantiven, durch Kupplung auf Benzidinderivate (93) erzeugten Disazofarbstoffe in Frage.

Ein weiteres Prinzip der Aggregatbildung liegt den *Alcian-Farbstoffen* zugrunde, die als Kationen aufziehen. Diese Farbstoffe sind durch Isothiuroniumgruppen $-CH_2 \overset{\oplus}{-} S = C(N(CH_3)_2)_2$ charakterisiert, welche sich in beliebige stabile Grundstrukturen wie Phthalocyanine (36) u. a. einführen lassen. Nach dem Aufziehen gehen die Farbstoffe in eine unlösliche Form über, indem die Thioharnstoffreste durch einfaches Erwärmen mit verdünntem Alkali abgesprengt werden.

Komponentenfärben

Auf der Faser lassen sich größere Farbstoffteilchen aus kleinen Komponenten entweder als Moleküle oder als Komplexe mit zentralem Metallion erzeugen. Als drittes Prinzip, das heute allerdings keine praktische Bedeutung mehr hat, darf die lose Kopplung an Tannin angesehen werden.

a) Molekülbildung

Typische Zweikomponentenfarbstoffe sind Azofarbstoffe, die in Kap. 4.1 als *Eis-* und *Naphtol AS-Farben* bzw. *Diazotierungsfarbstoffe* beschrieben werden. Die jeweils erste Komponente zieht gewöhnlich nach einem der bereits besprochenen Färbeprinzipien, z. B. als substantive Kupplungskomponente (273), auf. Erst in einem weiteren Bad erfolgt die Reaktion mit der zweiten Komponente (A + B → F in Abb. 48, 3a).

Auch die Phthalogenfarbstoffe (Kap. 4.6.2), die sich speziell für den Baumwolltextildruck eignen, bilden sich in der Wärme aus Komponenten. In den verwendeten Druckpasten dienen Glykole, Dimethylformamid oder Triethanolamin als Lösungsmittel für das jeweilige 3-Imino-isoindolenin (195) und das Metallsalz.

Eine dritte Möglichkeit der Verknüpfung kleiner Komponenten zu größeren Molekülen bieten die Oxidationsfarbstoffe, für die in der Azinreihe das Beispiel *Anilinschwarz* (171) vorgestellt wird. Kupfer- und Vanadinsalze katalysieren die Farbstoffbildung, die man z. B. gern zum Färben von Pelzen einsetzt.

b) Komplexbildung

Seit Jahrhunderten ist die *Türkischrotfärberei* mit Alizarin bekannt. Sie erfolgt nach dem Prinzip der *Beizenfärberei*. Die erste Komponente des Farbstoffs ist dabei ein Metallkation ($Al^{3\oplus}$, $Ca^{2\oplus}$ u. a.), welches sich mit einer Seite an die Faser heftet, aber die Fähigkeit behält, an der anderen Seite Farbstoffanionen als Komplexliganden zu binden (Kap. 4.1 und 4.7). Das komplizierte Verfahren wird heute kaum noch durchgeführt; denn es liefert Färbungen von oft nur mäßiger Qualität. Es sind wenigstens zwei Bäder nötig. Die Beize, also die Fixierung der Metallionen, setzt an der Faser Gruppen mit nichtbindenden Elektronenpaaren voraus, z. B. $-\underline{N}H-$, $-\underline{N}H_2$, $-\underline{O}H$ oder $-\underline{\overline{O}}|^{\ominus}$. Kleine Liganden wie H_2O oder $HO^{\ominus}$, die zunächst die übrigen Koordinationsplätze einnehmen, werden im zweiten eigentlichen Färbebad gegen *mehrzähnige* Farbstoffliganden ausgetauscht, wobei sich deren Lichtabsorption im allgemeinen verändert.

Die Bildung von Farbstoffkomplexen hat auch heute noch praktische Bedeutung bei der Herstellung der *in Substanz metallisierten* Farbstoffe (Kap. 5.2.1), bei der Fällung einiger unlöslicher Farblacke (Kap. 5.1), sowie in der Analytik (Kap. 6.1.3).

Farbänderungen auf der Faser begleiten auch das Nachchromieren. Bei diesem Verfahren ist der Ligand die erste Komponente des Farbstoffkomplexes, das Zentralion die zweite. Sowohl die Vergrößerung der Teilchen als auch ihre Massenzunahme tragen zur Verbesserung der Echtheit bei. Da Chrom als Cr(VI) Oxidationsmittel und als Cr(III) Komplexbildner ist, bietet es die Möglichkeit, zwei Entwicklungsprinzipien zu koppeln. Im Fall des *Diamantschwarz PV* (102) laufen folgende Reaktionen ab: Eine Vorform des Farbstoffs erhält durch *Oxidation* mit Dichromat einen Rohchromophor, der bei der *Komplexbildung* mit $Cr^{3\oplus}$ seine endgültige Gestalt und charakteristische Farbe annimmt. Ebenso wird der leuchtende Wollfarbstoff *Beizenviolett*, der als farblose Leukoform (279) anionisch aufzieht, durch Nachchromieren auf der Faser in zweifacher Hinsicht entwickelt.

Schließlich sei noch erwähnt, daß es unter Bildung von Metallkomplexen gelingt, sogar die heikle Faser Polypropylen zu färben. Dazu läßt man entweder Farbstoffe des Typs (280) aufziehen und komplexiert anschließend mit $Ni^{2\oplus}$, $Co^{3\oplus}$, $Cr^{3\oplus}$ oder $Al^{3\oplus}$, oder man baut bereits bei der Synthese ein Kation (bevorzugt $Ni^{2\oplus}$) in das Polymergefüge ein und läßt einen geeigneten Farbstoff aufziehen. Der Ligand (281) beispielsweise, der sich im Dispersionsverfahren applizieren läßt, ändert dabei durch Deprotonierung und Bindung an das Nickelion seine rote Farbe nach blau.

(279)   (280)   (281)

c) Zwischenschaltung eines Brückenmoleküls

Das alte Verfahren, Baumwolle alkalisch mit *Tannin* (298) zu beizen und dann mit kationischen Farbstoffen zu färben, ist nur noch von historischem Interesse. Inzwischen wurden weitaus echtere, einfacher zu handhabende Farbstoffe entwickelt, wie vor allem die nächste Gruppe zeigt.

5.2.4 Reaktivfärben

In der Geschichte der Naturwissenschaften kommt es oft vor, daß wichtige Beobachtungen nicht sogleich in ihrer Bedeutung erkannt werden. Ein typisches Beispiel liefert das Reaktivfärben. Schon sehr früh wurde die Idee geäußert, Farbstoffmoleküle kovalent mit der Faser zu verbinden. 1895 schlugen CROSS und BEVAN vor, ein p-Aminobenzoylderivat der Cellulose Cell-OCO – Ar – NH_2 herzustellen, um auf der Faser einen Azofarbstoff Cell-OCO – Ar – N=N – Ar zu entwickeln. Aber alle Versuche in der Richtung schlugen fehl. Auch die Anknüpfung von Azofarbstoffen über Esterbrücken, die 1924 in der BASF gelang, brachte keinen Erfolg, da Esterbrücken Cell-OCO – F zu leicht aufbrechen. Das waren Vorläufer.

In den dreißiger Jahren lagen die ersten Stoffe vor, die an einem Aminostickstoffatom eine reaktive Dichlortriazinylgruppe (283, R = Cl) trugen. MATTER beobachtete, daß Farbstoffe dieser Art »bemerkenswert substantive Eigenschaften besitzen«, obwohl sie den SCHIRMschen Forderungen gar nicht genügen (Kap. 5.2.1). Seine Veröffentlichung 1936 in einer Dissertation an der ETH Zürich blieb jedoch in der Fachwelt unbeachtet. Auch MATTER selbst erkannte wohl noch nicht die Tragweite seiner Entdeckung.

Erst 1954 untersuchte der Engländer W. E. STEPHEN gemeinsam mit I. D. RATTEE gezielt die Cyanurchlorid-Farbstoffe. Er erhielt außergewöhnlich waschechte Baumwollfärbungen, ließ sich das Verfahren patentieren und sah seine Erfindung bereits 1956 als *Procion*-Sortiment der ICI auf dem Markt. Es folgte die CIBA 1957 mit den *Cibacron*-, Hoechst 1958 mit den *Remazol*-, Geigy 1960 mit den *Reacton*-, Bayer 1961 mit den *LevafixE*-, Sandoz mit den *Drimaren*- und die BASF 1964 mit den *PrimazinP*-Farbstoffen. Alle namhaften Hersteller erkannten die Möglichkeiten der Reaktivfarbstoffe, denen inzwischen die Eroberung eines 40%-Anteils am Baumwollfarbstoffmarkt gelang.

Als reagierende Faserfunktion kommen Hydroxi-, Amino-, Carboxi- und Thiolgruppen in Frage, alles *deprotonierbare Nucleophile*. An den Farbstoffmolekülen L_n – Ⓕ – B – (RA) – X sind vier Funktionen zu erkennen: der *chromogene Körper* – Ⓕ –, daran *löslichmachende Gruppen* – L, ein *Brückenglied* – B –, sowie schließlich der *reaktive Anker* – (RA) – X. Der Grundkörper – Ⓕ – kann prinzipiell jeder Farbstoffklasse entstammen, doch wählt man möglichst stabile, d. h. lichtechte und dennoch preiswerte aus, die zur Faser gerade die richtige Affinität haben. Das sind einfache Azofarbstoffe für gelbe, orange und rote, Azo-Metallkomplexe für violette, rubinrote und marine, Anthrachinone für violette und blaue, sowie Phthalocyanine für blaue oder dunkelgrüne Nuancen. Die meisten Färbungen sind wegen der monomolekularen Verteilung von hoher Brillanz.

Aus zwei Gründen müssen Reaktivfarbstoffe löslich sein: erstens sollen sie gut verteilt aufziehen und zweitens sollen sich alle Moleküle, die nicht kovalent verankert werden, wieder herausspülen lassen.

Das Brückenglied – B – gibt dem reaktiven Anker eine gewisse Beweglichkeit, damit er auch dann, wenn der Grundkörper – Ⓕ – durch Nebenvalenzen festgehalten wird, die günstigste Position zur nächsten nucleophilen Fasergruppe einnehmen kann. Einige typische Brückenglieder sind – NH –, – NHCO –, – SO_2NH – und – NHCO$(CH_2)_2$ –. Selbstverständlich beeinflußt das Brückenglied auch die Substantivität mit. Die Zahl geeigneter reaktiver Anker wird auf 300 geschätzt. Wir wollen nur zwei Typen von Reaktionen an Cellulose genauer betrachten, die *Substitution* des OH-Protons durch den Farbstoff und die *Addition* über eine aktive Vinylgruppe.

1. Substitution

$$\text{Cell-}\bar{\text{O}}-\text{H} + \text{X}-(\text{RA})-\text{B}-\text{\textcircled{F}}-\text{L}_n \xrightarrow{-\text{H}^{\oplus},\ -\text{X}^{\ominus}} \text{Cell-}\bar{\text{O}}-(\text{RA})-\text{B}-\text{\textcircled{F}}-\text{L}_n.$$

Der wohl wichtigste reaktive Anker X–(RA)– leitet sich vom *Cyanurchlorid* (98) ab. Diese Schlüsselsubstanz, das pulverförmige 2.4.6-Trichlor-1.3.5-triazin, wird heute als recht billiges Produkt nach einem kontinuierlichen Verfahren der Degussa gewonnen: Getrocknetes Chlorcyan aus Cl_2 und HCN wird bei 380 bis 500°C an einem Aktivkohlekontakt trimerisiert. Seine Vielseitigkeit beruht vor allem darauf, daß die drei Cl-Atome je nach Wahl der Bedingungen durch *verschiedene* Nucleophile *nacheinander* substituierbar sind. So reagiert in wäßrigem Medium das erste bei 0 bis 5°C, das zweite bei 20 bis 30°C, während das dritte 80 bis 100°C erfordert. Beliebige Moleküle mit nucleophilen Gruppen lassen sich also bequem verknüpfen, wie an dem grünen Farbstoff (99) leicht nachvollziehbar ist. Da Reaktivfarbstoffe am Triazinring noch *zwei* (283, R = Cl) oder *ein* Cl-Atom (283, R = $-NH_2$, $-OCH_3$, $-C_6H_4SO_3^{\ominus}$ o.a.) besitzen, sind sie entsprechend Kalt- oder Warmfärber. Zu letzteren gehört das *Cibacronbrillantrot 3B* (282).

(282)

(283)   (284)   (285)

(286)   (287)   (288)   X=Hal(Cl,F)

Andere reaktive Anker sind 2.3-Dichlorchinoxalinderivate (286) im *Levafix E*-Sortiment, 4.5-Dichlorpyridazone (287 mit –B– = $-NHCO-CH_2-CH_2-$)

in *Primazin P*-Farbstoffen und 2.4.5-Trihalogenpyrimidine (288) im *Verofix*- und *Drimaren*-Sortiment.

Die reaktive Fixierung verläuft i. a. in alkalischer Lösung in zwei Schritten: einer Addition (283) → (284), der eine Elimination (284) → (285) folgt. Beide können geschwindigkeitsbestimmend sein und durch Reaktionen des Ankers mit H_2O oder $HO^\ominus$ gestört werden.

Anmerkung: Die Tatsache, daß der Anker die reaktionsträge Cellulose-OH-Gruppe den kleinen beweglichen Teilchen vorzieht, hat wahrscheinlich sterische Gründe. Für diese Annahme spricht auch die Beobachtung, daß 70% aller Verknüpfungen zu primären OH-Gruppen hergestellt werden, obwohl diese nur halb so häufig sind wie die sekundären (Abb. 44).

Jedes Reaktivfärben ist mit einem erheblichen Farbstoffverlust von wenigstens 15% des Einsatzes verbunden, da sowohl die mit H_2O bzw. $HO^\ominus$ reagierenden, als auch die ausgewaschenen Anteile nicht mehr reaktionsfähig sind. Es muß nicht betont werden, daß dieser Nachteil des Verfahrens auch ein ernstes Abwasserproblem darstellt. Bei hoch reaktiven Ankern sind die Verluste besonders groß und die Färbungen obendrein hydrolyseempfindlich. Nach

$$\text{Ⓕ} - B - (RA) - \bar{Q}\text{-Cell} + HO^\ominus \rightleftharpoons \text{Ⓕ} - B - (RA) - \bar{Q}|^\ominus + H - \bar{Q}\text{-Cell}$$

kann eine Abspaltung in alkalischer Lösung erfolgen. Daher sind neuere Reaktivfarbstoffe weniger reaktionsfreudig, und man unterstützt ihren Fixierungsprozeß durch Hilfsmittel. Ein Beispiel ist das katalytisch wirkende *Dimethylhydrazin* (291), welches einen trägen Farbstoff (289) in einen reaktiveren (290) verwandelt, nach dessen Fixierung (292) aber als (293) wieder frei wird.

Ähnlich wie (291) wirkt das *1.4-Diazabicyclo[2.2.2]-octan* $\bar{N}(CH_2-CH_2)_3\bar{N}$, das sogenannte »*DABCO*«.

2. Addition

$$\text{Cell-}\bar{Q} - H + H_2C = CH - B - \text{Ⓕ} - L_n \rightarrow \text{Cell-}\bar{Q} - CH_2 - CH_2 - B - \text{Ⓕ} - L_n.$$

Die aktive Vinylgruppe der Reaktivfarbstoffe dieses zweitwichtigsten Typs wird in einer vorhergehenden Eliminierungsreaktion erst erzeugt:

$$X - CH_2 - CH_2 - B - \underset{+H^\oplus}{\overset{-H^\oplus}{\rightleftharpoons}} H_2C = CH - B - + X^\ominus.$$

Nach diesem Schema reagieren z.B. Farbstoffe mit den Handelsnamen *Remazol* ($HO_3SO-CH_2-CH_2-SO_2-$) der Farbwerke Hoechst, *Primazin* ($HO_3SO-CH_2-CH_2-CONH-$) der BASF und *Permafix* ($HO_3SO-CH_2-CH_2-NH-SO_2-$) von Bayer. Ein Beispiel ist das *Remazolgoldgelb G* (294).

(294)

Die Abgangsgruppe ist jeweils $X^{\ominus} = HSO_4^{\ominus}$. Für die gleichzeitige Protolyse ist es wichtig, im richtigen Augenblick eine optimale pH-Einstellung vorzunehmen. Beispielsweise erfolgt beim kontinuierlichen Zweibadklotzverfahren die Alkalizugabe erst in einem zweiten, große Mengen Na_2SO_4 enthaltenden Fixierbad. Das erlaubt einerseits, vorher aus neutraler und damit beständiger Klotzflotte zu imprägnieren, andererseits begegnet die hohe Sulfatkonzentration der Gefahr, daß bereits adsorbierter Farbstoff wieder in das alkalische Fixierbad abwandert. Dessen hohe Temperatur nahe dem Siedepunkt führt in weniger als fünf Minuten zur Reaktion mit der Faser und gestattet einen schnellen Durchlauf des Färbegutes.

Andere reaktive Anker wie (295 a, b, c) kommen im *Procinyl*-, (296 a, b, c, d) im *Lanasol*- und (297) im *Calcobound*sortiment vor. Sie reagieren mit anderen Abgangsgruppen, in Mehrstufenprozessen oder unter sauren Bedingungen, haben aber in der Praxis nur geringe Bedeutung.

(295 a)   (295 b)   (295 c)

(296 a)   (296 b)   (296 c)   (296 d)   (297)

Zur Bestätigung der kovalenten Anbindung wurde ein interessantes Experiment mit Wolle gemacht. Man färbte die Wolle mit einem Remazolfarbstoff, hydrolysierte das Protein (Abb. 43) total und stellte ein Chromatogramm her. Es zeigte die Fraktionen

Ⓕ $-SO_2-CH_2-CH_2O-CH_2CHCOO^{\ominus}NH_3^{\oplus}$,
$\qquad$ Ⓕ $-SO_2-CH_2-CH_2-O-C_6H_4-CH_2-CHCOO^{\ominus}NH_3^{\oplus}$,
Ⓕ $-SO_2-CH_2-CH_2-O-CHCH_3-CHCOO^{\ominus}NH_3^{\oplus}$ und
$\qquad$ Ⓕ $-SO_2-CH_2-CH_2-NH-(CH_2)_4-CHCOO^{\ominus}NH_3^{\oplus}$.

Also mußte der Farbstoff mit Serin-, Tyrosin-, Threonin- und Lysinrandgruppen reagiert haben. Damit war bewiesen, daß die Verankerungen der Farbstoffmoleküle fester sind als die Peptidbindungen innerhalb der α-Helices.

Kombinationen

Selbstverständlich bieten Reaktivfärbungen die Möglichkeit, einen Entwicklungsprozeß (Kap. 5.2.3) nachzuschalten. So fixierte man Naphtol AS-Kupplungskomponenten mit reaktivem Anker und kuppelte anschließend mit beliebig wählbarer Diazokomponente (Abb. 48 unten). Die Hoffnungen, die sich mit diesen »Eisfarben neuer Art« verbanden, gingen jedoch nicht in Erfüllung, weil sie mit den viel bequemeren fertigen Reaktivfarbstoffen zu konkurrieren hatten.

Eine andere nostalgische Erinnerung weckt das *Basazol*sortiment, bei dem sich zwischen Farbstoff und Faser eine Kupplung schaltet, die zwei oder mehr reaktive Anker besitzt. Cyclische Arylsäureamide (299) können beispielsweise auf einer Seite mit H−Ō−Cell reagieren, auf der anderen dann mit einer Farbstofffunktion, etwa einer Sulfonamidgruppe. Auch wenn diese Farbstoffe sich aus anwendungstechnischen Gründen nur in speziellen Baumwolldruckverfahren behaupten konnten, ist doch interessant, wie die alte Idee der Tanninbeize hier wieder aufgegriffen wird. Aber während das Tannin (298) zwischen kationischem Farbstoff und Baumwollfaser, häufig unterstützt durch Brechweinstein, nur einen losen Zusammenhalt vermittelt, sind Basazolfarbstoffe echt kovalent verankert.

(298) (299)

6. Spezielle Verwendung farbiger Stoffe

Für die folgenden Teilkapitel wurden Anwendungsgebiete ausgewählt, die zwei Bedingungen erfüllen: Sie sind von allgemein-chemischem Interesse und zugleich im Schulunterricht experimentell gut zugänglich. Dieses doppelte Kriterium schloß so wichtige Spezialtechniken wie die Farbstofflaser oder die verschiedenen Farbendruckverfahren aus.

6.1 Indikatoren

Indikatoren zeigen durch einen Wechsel ihrer Farbe an, daß sich charakteristische Bedingungen ihrer Umgebung verändern, z. B. der *pH-Wert,* das *Redoxpotential* oder die *Konzentration bestimmter Metallionen* in einer Lösung. Die Indikatorreaktion, im ersten Fall eine Protolyse, im zweiten eine Übertragung von Elektronen, im dritten die Komplexierung von Metallionen, muß schnell erfolgen, und sie muß in den Molekülen eine strukturelle Veränderung bewirken, die sich in auffällig veränderter Lichtabsorption bemerkbar macht.

Während Indikatoren gewöhnlich entsprechend ihrer Einsatzgebiete geordnet werden, nehmen wir eine Klassifizierung nach einem analogen Farbverhalten vor. So lassen sich Zusammenhänge zwischen Konstitution und Farbe beim Aufbau, Umbau oder Zusammenbruch der Absorptionssysteme studieren, gleichzeitig Querverbindungen zur Säure-Base-Theorie, zu den Redoxsystemen bzw. zur Komplexchemie herstellen und bei Analogien gemeinsame, übergeordnete Prinzipien herausarbeiten. Vorausgesetzt werden außer den einfachsten, in Kapitel 3 entwickelten Grundbegriffen lediglich Kenntnisse der Brönstedtheorie, der Nernstschen Gleichung und der Koordinationslehre; denn wir beschränken uns auf die drei wichtigsten Indikatortypen. Hinsichtlich anderer Prinzipien, bei denen z. B. die Veränderung der Fluoreszenz, der Adsorption an Niederschläge oder Chemolumineszenz eine Rolle spielen, verweisen wir auf Spezialliteratur.

6.1.1 Säure-Base-Indikatoren

Bestimmte Pflanzenextrakte hat wohl als erster − um 1660 − ROBERT BOYLE zu Untersuchungszwecken eingesetzt. W. OSTWALD führte den Farbumschlag der Säure-Base-Indikatoren auf eine Protolyse

$$HInd\,(\text{Farbe A}) \;\rightleftharpoons\; H^{\oplus} + Ind^{\ominus}\;(\text{Farbe B})$$

zurück und begründete damit die moderne Indikatortheorie.

Theoretische Grundlagen

Die beiden unterschiedlich farbigen Formen eines Indikators $HInd$ und $Ind^{\ominus}$ gehorchen als korrespondierendes Brönsted-Säure-Base-Paar der Gleichung

$$pH = pK_S + \lg \frac{[Ind^\ominus]}{[HInd]}.$$ [6.1]

Der pK_S eines Indikators stimmt mit dem pH der Lösung genau dann überein, wenn die beiden Konzentrationen $[Ind^\ominus]$ und $[HInd]$ gleich sind, der Logarithmus also den Wert 0 hat.

Bromkresolgrün (»Bk«) z.B. mit dem pK_S 4,9 geht durch Protolyse von der *gelben* Sultonstruktur $HBk^\ominus$ in die *blaue* Indikatorbase $Bk^{2\ominus}$ über, und es gilt

$$pH = 4,9 + \lg \frac{[Bk^{2\ominus}]}{[HBk^\ominus]}.$$

Bei pH 4,9 ist die Lösung grün, weil gleich viele Teilchen $HBk^\ominus$ (gelb) wie $Bk^{2\ominus}$ (blau) vorliegen (Abb. 49). Wird der pH auf 5,6 erhöht, geben soviele $HBk^\ominus$-Ionen ein Proton ab, bis das Konzentrationenverhältnis $[Bk^{2\ominus}]:[HBk^\ominus]$ = 5:1, also 5,6 = 4,9 + lg 5 ist. Die Lösung erscheint nun blau, da die Zahl der $Bk^{2\ominus}$-Ionen überwiegt. Umgekehrt nehmen beim Absenken des pH auf 3,6 soviele $Bk^{2\ominus}$-Ionen Protonen auf (z.B. von zugegebenen $H_3O^\oplus$-Ionen), bis $[Bk^{2\ominus}]:[HBk^\ominus]$ = 1:20, d.h. 3,6 = 4,9 + lg $\frac{1}{20}$ ist, und die Lösung erscheint gelb.

In charakteristischer Weise spiegeln die Absorptionsspektren der Abb. 49 diesen Prozeß wider.

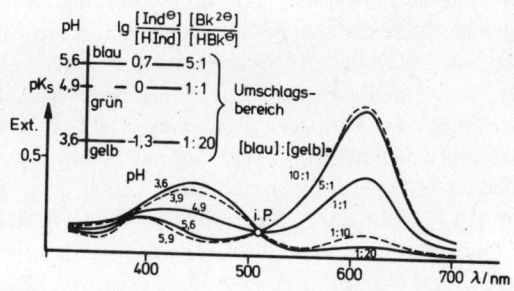

Abb. 49: Absorptionsspektren einer $2 \cdot 10^{-5}$ M Bromkresolgrünlösung bei fünf verschiedenen pH-Werten.

Auffällig ist der allen Extinktionskurven gemeinsame Punkt (hier bei 510 nm). Er heißt *isosbestischer Punkt* i.P., weil bei dieser Wellenlänge beide Indikatorformen gleich stark absorbieren, eine Veränderung des Konzentrationenverhältnisses $[Bk^{2\ominus}]:[HBk^\ominus]$ sich also nicht auswirkt, solange die Gesamtkonzentration konstant bleibt. Das Auftreten isosbestischer Punkte belegt, daß wirklich nur zwei verschiedenfarbige Molekülstrukturen vorliegen, die miteinander konkurrieren. Bei welchem Verhältnis wir eine Bromkresolgrünlösung eindeutig blau bzw. gelb sehen, richtet sich nach den unterschiedlichen Extinktionskoeffizienten der beiden Indikatorformen, aber auch nach unserer individuellen Fähigkeit, Farben zu unterscheiden. Es zeigt sich, daß wir bereits bei pH 5,6 die Lösung blau, daß wir aber erst unterhalb pH 3,6 eindeutig gelb, nicht mehr grün sehen, wenn die schwächer absorbierende gelbe Form die blaue um den Faktor 20 übertrifft. Eine grobe, allgemeine Regel sagt, daß der Umschlagsbereich eines Indikators 2 pH-Einheiten umfaßt, und daß der pK_S-Wert des Indikators ungefähr in der Mitte dieses Bereichs liegt.

pH-Indikatoren, die zur Endpunktbestimmung von Titrationen dienen, müssen möglichst verdünnt sein, damit ihre eigene Protolyse neben derjenigen der Titration nicht als »Indikatorfehler« ins Gewicht fällt. Beim Endpunkt muß sich der pH schnell ändern und den Umschlagsbereich des gewählten Indikators ganz überstreichen. Titriert man z. B. verdünnte Phosphorsäure mit 1 M NaOH (Abb. 50), so gibt die schnelle pH-Änderung zwischen pH 3,3 und 5,8 das Ende der ersten Protolysestufe an, der Sprung von pH 8,5 nach pH 11 das Ende der zweiten. Zur Anzeige des ersten Äquivalenzpunktes ist ein Indikator mit einem Umschlagsbereich 3,6 bis 5,4 geeignet, z. B. Bromkresolgrün (302k), der zweite Indikator sollte zwischen pH 9,3 und 10,5 umschlagen, z. B. Thymolphthalein (304d). Indikatoren, deren Umschlagsbereiche mit den Pufferbereichen überlappen, sind zur Endpunktbestimmung unbrauchbar.

Nach oben und unten begrenzen die Puffer $HO^\ominus/H_2O$ mit dem $pK_S = 15{,}74$ und $H_2O/H_3O^\oplus$ mit dem $pK_S = -1{,}74$ das Arbeiten in wäßriger Lösung. So macht sich die dritte Protolysestufe der Phosphorsäure $PO_4^{3\ominus}/HPO_4^{2\ominus}$ ($pK_S = 12{,}32$) wegen der Nähe des oberen Grenzpuffers nicht mehr durch einen für einen Indikator ausreichenden pH-Sprung bemerkbar. Aus Abb. 50 mit den Puffern einiger Säure-Base-Paare kann man ablesen, welcher Indikator bei einer beabsichtigten Titration in wäßriger Lösung geeignet ist.

Alle sehr starken Säuren ($pK_S < -2$) reagieren vollständig mit H_2O, so daß in diesen Fällen die $H_3O^\oplus$-Ionen der eigentliche Titrand bzw. Titrator sind. Entsprechendes gilt für sehr starke Basen ($pK_S > 16$), z. B. Alkoholat-, Hydrid- oder Oxid-Ionen wasserlöslicher Stoffe, welche Wassermoleküle zu $HO^\ominus$-Ionen deprotonieren.

Klassifizierung der pH-Indikatoren

Nahezu alle pH-Indikatoren lassen sich einer der folgenden Ḋ-Polymethin=A-Farbstoffklassen zuordnen:

– Arylmethinfarbstoffe Ḋ-Ar – CR = Ar = A,
– Arylazafarbstoffe Ḋ-Ar – N̄ = Ar = A,
– D-Aryl-Farbstoffe mit einfachem oder komplexem Acceptor Ḋ-Ar = A
  bzw. Ḋ-(Ar = A)
– Azofarbstoffe Ḋ-Ar – N̄ = N̄ – R.

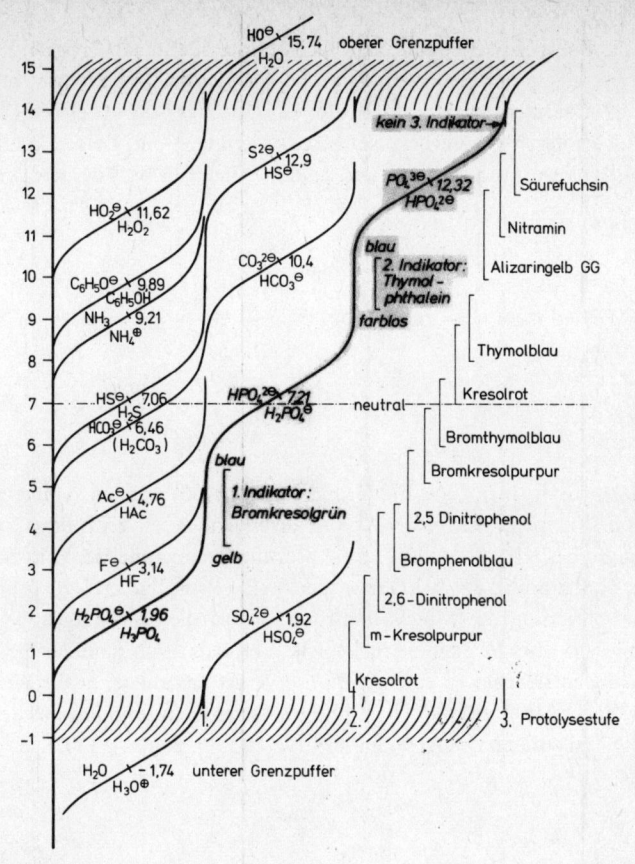

Abb. 50: Pufferungskurven einiger Säure-Base-Paare und Indikatorumschlagsbereiche in wäßriger Lösung.

Bieten sich einem Proton an verschiedenen Stellen eines größeren Moleküls oder Ions nichtbindende Elektronenpaare an, so wird es sich von demjenigen binden lassen, bei dem der neue Zustand am energieärmsten ist. Bei einer D-Gruppe bedeutet dies deren Schwächung oder Blockade, bei einer A-Gruppe deren Verstärkung.

	D		A	
stark	→ schwach		schwach	→ stark
$^{\ominus}\underline{\ddot{O}}\vert$	→	$-\ddot{O}-H$	$=\bar{O}\vert$	→ $\overset{\oplus}{=}\bar{O}-H$
$-\ddot{N}R^1R^2$	→	$\overset{\oplus}{-}NHR^1R^2$	$=\bar{N}R$	→ $\overset{\oplus}{=}NHR$

Da die Folge entweder eine Verschlechterung oder eine Verbesserung des Valenzausgleichs in der Kette sein kann, beobachtet man eine hypso- bzw. bathochrome Farbänderung. Hat die Protolyse allerdings — wie bei den Phthaleinen — auch in der Methinbrücke Umstrukturierungen zur Folge, kann dies den Bruch des Absorptionssystems und damit völlige Entfärbung bewirken.

(300)

Sulfonphthaleine mit der Grundstruktur (300) können symmetrische Absorptionssysteme $\ddot{D}\text{-Ar}-\text{CR}=\text{Ar}=\text{A}$ ausbilden, deren zentrales C-Atom sp²-Geometrie besitzt (301 u. 303). Eine Störung der Symmetrie, zum Beispiel dadurch, daß einseitig nur bei D bzw. bei A eine Protolyse erfolgt, führt zu einer Umstrukturierung des Molekülzentrums, wobei die Sulfonatgruppe in ortho-Stellung eine entscheidende Rolle spielt. Verbindet sich nämlich diese Gruppe mit dem Zentralatom zu einem γ-*Sulton,* so ist das ebene, große Absorptionssystem in der Mitte unterbrochen, und ein hohes Gelb resultiert aus der Absorption der Teilsysteme $\overset{\ominus}{\text{Ö}}$-Ar-$\gamma$-Sulton bzw. HÖ-Ar-$\gamma$-Sulton (302).

(301) (302) (303)

stark sauer   schwach sauer bis neutral   alkalisch
rot bis violett   gelb   purpur bis blau
λ_{max} ca. 480–580 nm   <440 nm   520–620 nm

Knapp unterhalb pK_{S3} findet eine zweite Phenolprotolyse am Sulton statt, die jedoch dessen gelbe Farbe nicht verändert. Erst die Protonierung der $-SO_3^{\ominus}$-Gruppe im Sauren (pK_S der Benzolsulfonsäure: 0,7) gibt das zentrale C-Atom für eine sp³-sp²-Umwandlung frei und läßt eine andere tiefe Farbe, meist Rot, erscheinen (301). Durch Variation der Substituenten bei 2, 3 und 5 werden sowohl die Farben als auch die pK_S-Werte verschoben.

	2,2'	3,3'	5,5'		(301)	pK$_{S1}$	(302)	pK$_{S3}$	(303)
a)	−CH$_3$	−H	−CH(CH$_3$)$_2$	Thymolblau	rot	1,2−2,8	gelb	8,0−9,6	blau
b)	−CH$_3$	−H	−CH$_3$	p-Xylenolblau	rot	1,2−2,8	gelb	8,0−9,6	blau
c)	−CH$_3$	−H	−H	m-Kresolpurpur	rot	1,2−2,8	gelb	7,4−9,0	purpur
d)	−H	−CH$_3$	−H	Kresolrot	rot	0,2−1,8	gelb	7,0−8,8	purpur
e)	−H	−H	−H	Phenolrot (Abb. 51a)	*		gelb	6,4−8,2	rot
f)	−CH$_3$	−Br	−CH$_3$	Bromxylenolblau	*		gelb	6,0−7,6	blau
g)	−CH$_3$	−Br	−CH(CH$_3$)$_2$	Bromthymolblau	*		gelb	6,0−7,6	blau
h)	−H	−Br	−H	Bromphenolrot	*		gelb	5,2−6,8	purpur
i)	−H	−Br	−CH$_3$	Bromkresolpurpur	*		gelb	5,2−6,8	purpur
j)	−H	−Cl	−H	Chlorphenolrot	*		gelb	4,8−6,4	violett
k)	−CH$_3$	−Br	−Br	Bromkresolgrün	*		gelb	3,6−5,4	blau
l)	−H	−Br	−Br	Tetrabromphenolblau	* ⊙		gelb	3,0−5,0	blau
m)	−H	−Br	−Cl	Bromchlorphenolblau	*		gelb	3,0−4,6	violett
n)	−H	−Br	−Br	Bromphenolblau	*		gelb	3,0−4,6	violett

* Der Umschlag von gelb nach rot erfolgt erst in sehr stark saurer Lösung, wo kein Einsatz als Titrationsindikator sinnvoll ist.
⊙ Trägt am dritten Phenylring weitere vier Substituenten Br.

Anilinsulfonphthalein (Abb. 51b) hat in wäßriger Lösung ebenfalls drei Formen, gelb 1,3−1,9 violett 11,7−12,5 gelb, doch gerade entgegengesetztes Farbverhalten, weil nur im mittleren pH-Bereich das Absorptionssystem symmetrisch ist. Protonierung oder Deprotonierung macht es schief und veranlaßt die Bildung einer gelben Sultonstruktur.

Die Rolle der Sulfonatgruppe übernimmt in den **Phthaleinen** eine o-Carboxylatgruppe, deren Neigung zur γ-Lactonbildung so stark ist, daß erst oberhalb pH 8 die Chance zu Ausbildung eines symmetrischen Absorptionssystems besteht. Das Lacton öffnet sich im Sauren erst im negativen pH-Bereich: In 100 ml

(304)

Kation:		Dianion:	Carbinolbase:
gelbrot		purpurrot	farblos
pH < −1	−1 < pH < 8	10 < pH < 13	pH > 13

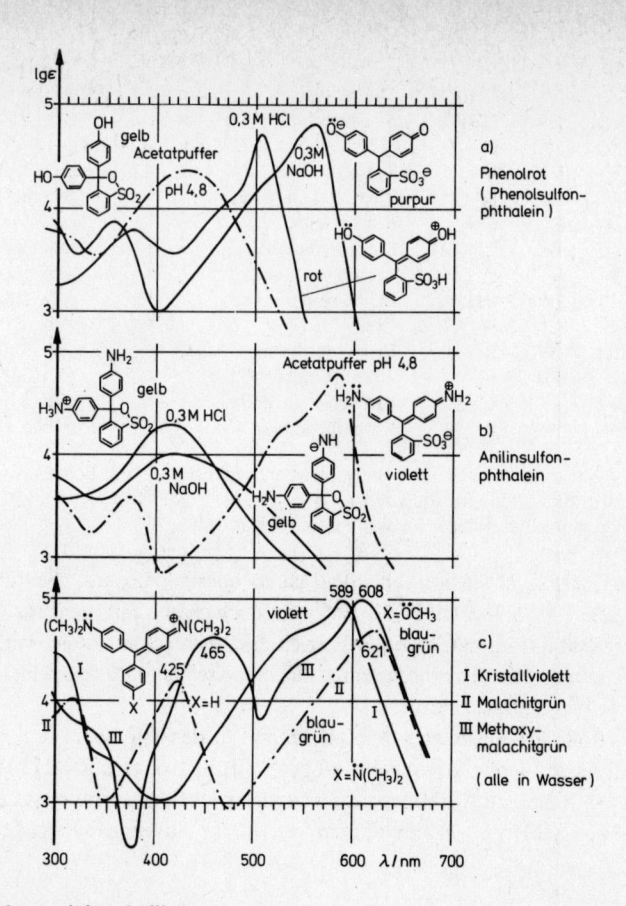

Abb. 51: Spektren einiger Indikatoren.

65%iger Perchlorsäure hat sich aus rund 3,5 mol H_2O und 1 mol $HClO_4$ bei Annahme vollständiger Protolyse 1 mol $H_3O^\oplus$ neben 2,5 mol H_2O gebildet. Die Gleichung [6.1] liefert pH = 1,74 + lg 25/10 = −1,34, was erklärt, daß z. B. Phenolphthalein in dieser Säure gelbrot wird. Überschreitet der pH 13, etwa durch Lösen festen Natriumhydroxids, so werden Phthaleine unter Bildung von Carbinolbasen entfärbt.

Gebräuchliche Phthaleine (304) sind

a) 1-Naphtholphthalein   blaßgelb   7,8 – 9,0 blau
b) o-Kresolphthalein   farblos   8,2 – 9,8 rotviolett
c) Phenolphthalein   farblos   8,2 – 10,0 purpur (550 – 555 nm)
d) Thymolphthalein   farblos   9,3 – 10,5 blau

Die Moleküle gleichen denen der entsprechenden Sulfonphthaleine.

Ohne o-Carboxylat- oder o-Sulfonatgruppe ist ein farbzerstörender Ringschluß nicht möglich. Aber auch in *reinen Arylmethinfarbstoffen* kommt es auf die Symmetrie des Absorptionssystems an.

Das *Malachitgrün-Kation* (305) mit typischem T-Chromophor besitzt zwei Absorptionsmaxima, ein langwelliges bei 621 nm, ein zweites bei 425 nm (Abb. 51c). Ersteres ist auf ein D/A-Nonamethinsystem, modifiziert durch die Phenylgruppe am zentralen C-Atom, zurückzuführen, während das zweite auf dem Zusammenspiel dieser Phenylgruppe mit den beiden Dimethylaminogruppen beruht.

(305)

Ein Proton kann in ein derart symmetrisches, obendrein insgesamt positives System nur bei massivem Angriff eindringen: aus $\bar{N}(CH_3)_2$ wird unterhalb pH 2 $NH(CH_3)_2^\oplus$, und da diese Donatorenblockade die langwellige Absorption löscht, ändert Malachitgrün seine Farbe nach gelb. Analog verhält sich *Brillantgrün* (305 mit zwei Diethylaminogruppen), sowie das *Benzaurin* (10) u. (12).

Die Farbe von *Kristallviolett* (306) wurde bereits in Kap. 4.4.1 auf seinen Y-Chromophor zurückgeführt. Es absorbiert in polaren Lösungsmitteln in einer Bande bei 589 nm mit einer schwachen, kürzerwelligen Schulter (Abb. 51c).

Im *Methylviolett* (306 mit nur fünf statt sechs Methylgruppen) bewirkt die Gruppe $\bar{N}HCH_3$ fast das gleiche wie $\bar{N}(CH_3)_2$.

Blockiert nun ein erstes Proton diese D-Gruppe, so besitzt Kristallviolett die gleichen Absorptionseigenschaften wie Malachitgrün und kann wie dieses durch ein weiteres Proton nach gelb umschlagen.

Ähnlich verhalten sich *Fuchsin* und *Parafuchsin* (143 a/b) mit drei Aminogruppen.

violett	blau	grünblau	grün	gelb
pH 3,8	pH 2,6	pH 1,5	pH 0,8	pH 0,1

(306)

Das Kristallviolett-Kation ist wegen der sich behindernden Phenylringe nicht vollkommen planar, sondern propellerartig gebaut (307a). Seine empfindliche, für die Farbigkeit aber entscheidende Stelle ist das Zentrum, dessen p_z-Orbital im Grundzustand mit nur ca. 0,9 π-Ladungseinheiten besetzt ist und das daher partiell positiv ist.

(307a)   (307b)

Eine hier angreifende Base, z. B. HO$^\ominus$, bietet ihr eigenes Elektronenpaar an, um sich mit dem zentralen C-Atom zu verbinden. Indem dieses ihm unter sp^2-sp^3-Umwandlung entgegenkommt und dabei eine Ladungseinheit zur Peripherie des Moleküls abschiebt, entsteht eine farblose *Carbinolbase,* über deren Zentrum hinweg sich kein großes Absorptionssystem mehr ausbilden kann (307b). Diese etwas übertrieben anschaulich dargestellte Entfärbung ist eigentlich keine Indikatorreaktion, da sie zu langsam verläuft. Andererseits ist sie aber gerade deshalb interessant. Bei einer HO$^\ominus$-Konzentration, die sehr viel größer ist als die des Kristallvioletts, gehorcht die Entfärbung einem Zeitgesetz 1. Ordnung mit

Halbwertszeiten bis zu 25 s, die sich durch Extinktionsmessungen bequem ermitteln lassen.

Schneller verläuft die Carbinolbildung beim dreifach sulfonierten *Säurefuchsin* (141), welches im pH-Bereich 12 bis 14 seine magentarote Farbe verliert.

Die meisten Indikatoren vom Diarylaza-Typ D-Ar−N̄=Ar=A sind Oxazine oder Azine (139). Die auftretenden Farben hängen einerseits von der Brücke Z, andererseits von der Symmetrie des Absorptionssystems ab.

Roter *Lackmus* enthält in einem Molekül (M ca. 3000) fünf bis sieben *Orcein*-Bausteine (308), die über Kupplungen R = (309) miteinander verknüpft sind.

(308)   (309)   (310)

Wird der pH-Bereich von 5 bis 8 durchlaufen, so verlassen die Protonen die D-Gruppen, und das symmetrische System O$^\ominus$ Ar − N = Ar = O bedingt die Farbe Blau im Alkalischen (vgl. (24) u. Abb. 17).

Unsicherer und daher hypothetischer wird die Deutung der Farbumschläge von Azin-Indikatoren, bei denen sich mehrere Stickstoffelektronenpaare konkurrierend um Protonen bewerben. Zugleich sind sie Redoxindikatoren.

Safranin T (310) müßte mit seinem völlig symmetrischen Absorptionssystem und einem Aza-Zentrum eigentlich blau/grün sein, mit der Donatorbrücke Z = N̄Ph jedoch erscheint es oberhalb pH 1 rot (vgl. Abb. 14 und die Vorbemerkung zu Kap. 4.4.3). Unterhalb pH 0,3 blockiert ein Proton die Donatorfunktion der Brücke, und mit Z = N$^\oplus$HPh ist der Stoff blau.

(311a)   (311b)

Die Farbe von *Neutralrot* (311a) mit dem schwächeren »Kurzschlußdonator« N̄H und leichter Unsymmetrie tendiert unterhalb pH 6,8 nach blaurot. Oberhalb pH 8 entsteht durch Deprotonierung aus der Brücke ein Antiauxochrom, das mehrere denkbare, sehr viel kürzer verbundene D/A-Paare zum Zuge kommen läßt: der Indikator wird bernsteingelb (311b).

Zur Gruppe der D-Aryl-Farbstoffe mit einfachem oder komplexem Acceptor gehören die *Nitrophenole* und die *Hydroxyanthrachinone,* bei denen sich die Deprotonierung der D-Gruppe bathochrom, sowie die *Arylamine,* bei denen sich deren Protonierung hypsochrom auswirkt.

Nitrophenole (312) sind in verdünnter Lösung farblos, deprotoniert gelb. Die Protolyse macht aus dem schwachen Donator $H-\underline{\ddot{O}}-$ einen starken, $|\underline{\ddot{O}}^{\ominus}$, wobei die Nitrogruppen je nach ihrer Anzahl und Stellung den pK_S 9,9 des Phenols herabsetzen:

		pK_S
a) 3-Nitrophenol	6,6 – 8,6	8,35
b) 4-Nitrophenol	5,4 – 7,5	7,15
c) 2-Nitrophenol (313)	5,0 – 7,0	7,2
d) 2.5-Dinitrophenol	4,0 – 5,8	
e) 2.4-Dinitrophenol	2,0 – 4,7	4,0
f) 2.6-Dinitrophenol	1,7 – 4,4	
g) 2.4.6-Trinitrophenol	0,0 – 1,3	0,8

(312)

Die Lage der pK_S-Werte im oberen Teil des Umschlagsbereichs – beim o-Nitrophenol (313) sogar außerhalb – rührt daher, daß bereits kleine Phenolatanteile genügen, um die gelbe Farbe erscheinen zu lassen. Die Kristalle der Nitrophenole mit einer orthoständigen Nitrogruppe sind nicht farblos, sondern gelblich, was man sich durch eine intramolekulare H-Brücke erklären kann, die den Valenzausgleich durch Unterstützung sowohl der D-Funktion als auch der A-Funktion verstärkt (313).

(313)   (314)   (315)

Im *Alizarin* (314) und seinen Derivaten steht den D-Gruppen ein komplexer Acceptor gegenüber. Auch hier wird die Absorption längerwellig, wenn die OH-Gruppen nacheinander ihr Proton abgeben: gelb 5,8 – 7,2 rot 11,0 – 13,0 blauviolett (31). Alizarin ist nur bedingt als Indikator verwendbar, da die neutrale, gelbe Form in Wasser schwer löslich ist und da die Anionen sich unter Farbänderung mit komplexbildenden Metallkationen verbinden können.

Mit den Nitrophenolen ist das *Nitramin* (315, = »*Tetryl*«) verwandt. Es verliert seine braunrote Farbe vollständig, wenn unterhalb pH 10,8 ein Proton sein D-Elektronenpaar blockiert. Tetryl ist – wie die Pikrinsäure (312g) – trocken explosiv, sowie ein Hautgift, und wird daher nur in Spezialfällen als Indikator eingesetzt.

Viele pH-Indikatoren sind **Azofarbstoffe**, deren farbrelevante Veränderungen nicht immer leicht zu verstehen sind. Drei Gruppen lassen sich unterscheiden:

a) (316)

b) (317)

c) (318)

Die »*Rand-Mitte-Systeme*« (316) und (318) absorbieren bei gleichem Donator D kürzerwellig als die »*Quer-rüber-Systeme*« (317). Im Prinzip können zwei Protolysen bathochrom wirken: die Aufnahme eines Protons bei ⟨A⟩ oder die Deprotonierung von D.

Grundformel (316):

Der Eintritt eines Protons bei ⟨A⟩ setzt voraus, daß das nichtbindende Elektronenpaar in der Azobrücke die Stelle größter Basizität ist.

(319a)

(319b)

Methylorange (319a, Spektren Abb. 20), der wohl bekannteste Azoindikator, ist oberhalb pH 4,4 gelborange, unterhalb pH 3,1 rot (319b). Das Proton in der Azobrücke unterstützt die Akzeptorfunktion, so daß sich die rote Form mit kleineren Quanten (2,43 eV statt 2,7 eV) anregen läßt. Der Valenzausgleich, speziell die Erhöhung des π-Bindungsanteils zwischen dem linken Arylring und der Azobrücke, ist deutlich verbessert. Die Mesomerielehre benutzte als Argument die Ladungstrennung, die angeblich bei der oberen rechten Grenzstruktur erfolgt, während in der roten Form »nur die positive Ladung zu verschieben ist«. Eine Begründung für die unterschiedliche Absorption wird damit allerdings nicht gegeben.

Die wenig farbrelevante Sulfonatgruppe sorgt für Wasserlöslichkeit.

Nach Umschlags-pH geordnete Beispiele

Grundformel (316), *Protonierung der Azobrücke im Sauren:*

a) Parametylrot				
4-$(CH_3)_2\bar{N}-$,	4'-NaOOC–	rot	1,0 – 3,0	gelb
b) Metanilgelb				
4-$(C_6H_5)_2\bar{N}-$,	3'-NaO_3S-	violettrot	1,2 – 2,3	gelb
c) Tropäolin OO				
4-$C_6H_5H\bar{N}-$,	4'-NaO_3S-	violettrot	1,2 – 3,2	gelborange
d) Benzylorange				
4-$C_6H_5CH_2H\bar{N}-$,	4'-KO_3S-	rot	1,9 – 3,3	gelb
e) Dimethylgelb				
4-$(CH_3)_2\bar{N}-$,	–	rot	2,9 – 4,0	gelb
f) Methylorange				
4-$(CH_3)_2\bar{N}-$,	4'-NaO_3S-	rot	3,1 – 4,4	orange
g) Methylrot				
4-$(CH_3)_2\bar{N}-$,	2'-HOOC–	rot	4,2 – 6,3	gelb
h) α-Naphthylrot				
H_2N-Naphthyl,	–	purpur	3,7 – 5,0	gelborange

Grundformel (316), *Deprotonierung der D-Gruppe im Alkalischen:*

i) Tropäolin OOO 1				
4-HO-Naphthyl,	4'-NaO_3S-	gelb	7,6 – 8,9	purpur
j) Tropäolin OOO 2				
(= Orange II)				
2-HO-Naphthyl,	4'-NaO_3S-	orange	10,2 – 11,8	rot
k) Tropäolin O				
(= Resorcingelb)				
2,4-Dihydroxi-,	4'-NaO_3S-,	gelb	11,1 – 12,7	braunrot
l) Orange G				
(1-Phenylazo-2-naphthol-				
disulfonsäure-(3,8)				
Dinatriumsalz)		gelb	11,8 – 14,0	rosa

Grundformel (317):

Der unerwarteten Farbvertiefung im Alkalischen verdanken die Azofarbstoffe der Formel (320) ihren Namen »Alizarin«, obwohl sie strukturell nichts damit zu tun haben.

(320)

Einer para-OH-Gruppe steht eine antiauxochrome Nitrogruppe gegenüber, und wenn das phenolische Proton des Salicylsäureanteils das Molekül etwa bei pH 11 verläßt, vertieft sich mit dem stärkeren Donator $O^{\ominus}$ die Farbe, z. B. im *Alizaringelb GG* (320, 3'-NO_2, hellgelb 10,0–12,0 orange) und im *Alizaringelb R* (320, 4'-NO_2, hellgelb 10,0–12,0 rot). Auch *Epsilonblau* (321, orange 11,6–13,0 violettblau) und *Nitrazingelb* (322, gelb 6,0–7,0 blau) verhalten sich ähnlich, wobei der niedrige Umschlags-pH des letzteren erstaunt. Vermutlich wird das Proton bereits von der ortho-Nitrogruppe vorgelockert.

(321)   (322)

Grundformel (318):

Bei den spiegelbildlich gebauten Indikatoren wirkt sich das Mittelglied –X– unter bestimmten Bedingungen farbvertiefend aus. *Benzopurpurin 4B* (323) ist im Sauren blauviolett und wird im pH-Bereich von 2,3 bis 4,4 rot. *Kongorot* (95) ist im Sauren blau und schlägt zwischen 3,0 und 5,2 nach rot um.

(323)

(324)

Brillantgelb BL (324) dagegen ist gelb und wird durch Deprotonierung seiner Donatoren zwischen pH 7,4 und 8,6 braunrot. Starke Säuren wiederum protonieren die Azobrücken und liefern einen violetten Niederschlag.

Es ist selbstverständlich nicht möglich, mit einer vereinfachten Systematik sämtliche gebräuchlichen pH-Indikatoren − ein gutes Sortiment enthält etwa 70 verschiedene − zu erfassen. Abschließend seien noch zwei interessante Polymethine erwähnt:

Chinaldinrot (325), ein unsymmetrisches Hemicyanin, verliert seine rosa Farbe, wenn ihm unterhalb des pH-Bereichs 3,2 bis 1,4 das D-Elektronenpaar blockiert wird (vgl. 117).

(325)   (326)

Curcumin (326) mit zwei identischen Oxonol-Systemen ist unterhalb pH 6 gelb. Es wird oberhalb pH 8 braun, was nicht allein durch die Deprotonierung der phenolischen OH-Gruppen, sondern vermutlich durch die »Eröffnung« ganz neuer Absorptionssysteme über die deprotonierte sp^2-Mitte hinweg erklärt werden kann. Ganz gewiß sind solche Systeme für die Schwärzung von Curcumapapier durch Borsäure verantwortlich.

Die in der Laborpraxis häufig verwendeten Mischindikatoren lassen sich zwei Typen zuordnen: die einen haben einen besonders scharfen Umschlag, die anderen durchlaufen in einem größeren pH-Bereich mehrere Farben. Abb. 52 verdeutlicht, daß es auf die gegenseitige Lage der Umschlagsgebiete und auf die Mischfarben dabei ankommt.

Mischung 3 mit dem pH-invarianten Methylenblau nutzt die Besonderheit aus, daß die meisten Menschen Farbänderungen zwischen violett und grün eindeutiger erkennen als zwischen rot und gelb.

Für Indikatorpapiere wurden in den letzten Jahren Reaktivfarbstoffe entwickelt, die vor der Papierfabrikation kovalent mit den Linters verbunden wer-

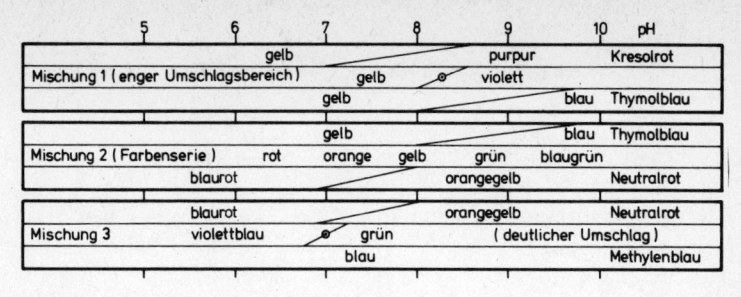

pH	5	6	7	8	9	10	
			gelb		purpur		Kresolrot
Mischung 1 (enger Umschlagsbereich)			gelb	violett			
			gelb			blau	Thymolblau
			gelb			blau	Thymolblau
Mischung 2 (Farbenserie)		rot	orange gelb	grün	blaugrün		
		blaurot			orangegelb		Neutralrot
		blaurot			orangegelb		Neutralrot
Mischung 3		violettblau	grün		(deutlicher Umschlag)		
				blau			Methylenblau

Abb. 52: Mischindikatoren.

den, also später *nicht ausbluten*. Der zu den »Querrüber-Azofarbstoffen« zu zählende Indikator (327) schlägt bei Deprotonierung seiner D-Gruppe im Bereich 5,5 – 8,0 analog zum Nitrazingelb (322) von gelb nach violett um.

(327)

6.1.2 Redoxindikatoren

Redoxreaktionen, bei denen sich keiner der Partner – wie in der Manganometrie – sichtbar verändert, können potentiometrisch oder mit Hilfe fremder Indikatoren verfolgt werden. Die theoretischen Grundlagen dafür ähneln denen der Acidimetrie, nur daß sich nicht der pH, sondern das Redoxpotential der Lösung verändert. Die auffallende Analogie zwischen Elektronen- und Protonenübertragung soll im Rahmen dieses Buches nicht vertieft werden; auch gehen wir weder auf den rH-Wert noch auf Störfaktoren wie Reaktionshemmung, eingeschränkte Reversibilität, Komplex- und Niederschlagsbildung näher ein. Uns interessieren in erster Linie die Farbumschläge.

Theoretische Grundlagen

Eine Tabelle von Redoxindikatoren enthält neben den Umschlagspotentialen auch eine pH-Angabe, weil gleichzeitig mit Elektronen oft auch Protonen übertragen werden. Beispielsweise geht ein Diarylazafarbstoff durch Aufnahme von n = 2 Elektronen und m = 1, 2 oder 3 Protonen in eine *farblose* Form über:

$$\ddot{D}-Ar-\bar{N}=Ar=A \quad \xrightarrow{+2\ominus} \quad \text{und} \quad \begin{matrix} \overset{+H^\oplus}{\nearrow} \\ \xrightarrow{+2H^\oplus} \\ \overset{+3H^\oplus}{\searrow} \end{matrix} \quad \begin{matrix} \bar{D}-Ar-\bar{N}H-Ar-\bar{A}^\ominus \\ \bar{D}-Ar-\bar{N}H-Ar-AH \\ H\overset{\oplus}{D}-Ar-\bar{N}H-Ar-AH \end{matrix}$$

Ind$_{ox}$ (farbig)   Ind$_{red}$ (farblos)

Für die Gleichgewichtsreaktion Ind$_{red}$ $\underset{+n\ominus}{\overset{-n\ominus}{\rightleftharpoons}}$ Ind$_{ox}$ + $mH^\oplus$ gilt die Nernstsche Gleichung

$$E_{Ind} = E^0 + \frac{R \cdot T}{n \cdot F} \ln \frac{[Ind_{ox}] \cdot [H^\oplus]^m}{[Ind_{red}]},$$

welche die Beziehung zwischen dem *Umschlagspotential* E_{Ind} und dem pH deutlich macht: Der Indikator ist gerade zur Hälfte umgewandelt, wenn [Ind$_{ox}$] = [Ind$_{red}$], also

$$E_{Ind} = E^0 - \frac{m}{n} \cdot \frac{R \cdot T \cdot \ln 10}{F} \cdot pH \quad \text{ist.}$$

Mit T = 293 K ist $\frac{R \cdot T \cdot \ln 10}{F}$ = 0,0581 V (rund 0,06 V), und die Erniedrigung ΔE des Umschlagspotentials mit steigendem pH richtet sich nur noch nach dem Verhältnis m:n. Im pH-Bereich 0 bis 4 ist z. B. beim *Thionin* m:n = 3:2 ($\Delta E \approx 0,09$ V), oberhalb pH 6 nur noch 1:2 ($\Delta E \approx 0,03$ V), wie man der Abb. 53 entnehmen kann.

Lauths Violett verändert seine Farbe außerhalb des gezeichneten Bereichs nach purpurrot (einseitige Deprotonierung im Alkalischen) bzw. grünblau (Protonierung am zentralen Stickstoff im Sauren). Andere Redoxindikatoren sind zugleich pH-Indikatoren, was die Verhältnisse weiter kompliziert. Ferner ist häufig der Farbumschlag deutlich erst ober- oder unterhalb des theoretischen E_{Ind}-Wertes zu sehen, so daß man in der Praxis auf Vorschriften und Erfahrungen angewiesen ist.

Bei einer Redoxtitration erfolgt am Äquivalenzpunkt ein Potentialsprung, in dessen Mitte der Farbumschlag erfolgen sollte.

Abb. 54 zeigt den Potentialverlauf bei einer cerimetrischen $Fe^{2\oplus}$-Bestimmung. Der Titrator $Ce^{4\oplus}$ oxidiert zunächst den Titranden $Fe^{2\oplus}$; dann erst läßt er den Indikator, dessen Potential zwischen E_1^0 und E_2^0 liegt, umschlagen.

$$\underset{Ox\,(E_1^0\,=\,0{,}77\,V)}{\underbrace{Fe^{2\oplus} + Ce^{4\oplus} \longrightarrow \overbrace{Fe^{3\oplus} + Ce^{3\oplus}}^{Red\,(E_2^0\,=\,1{,}44\,V)}}}$$

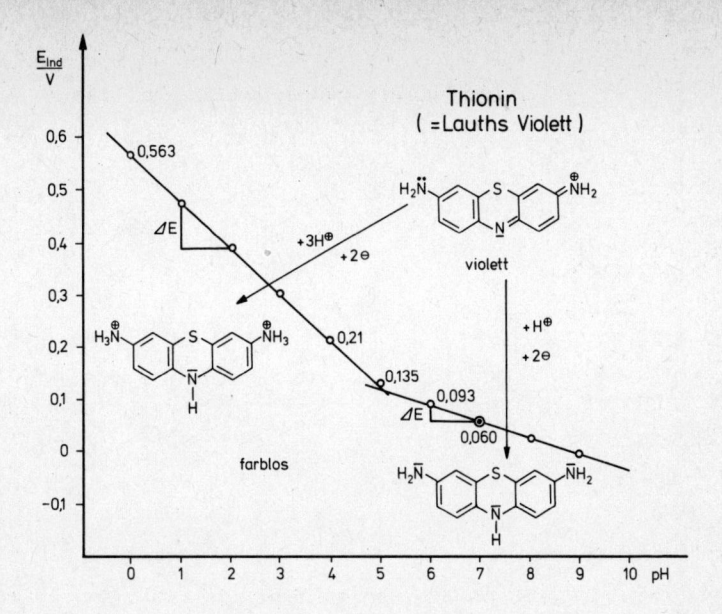

Abb. 53: Abhängigkeit des Thionin-Umschlagpotentials vom pH.

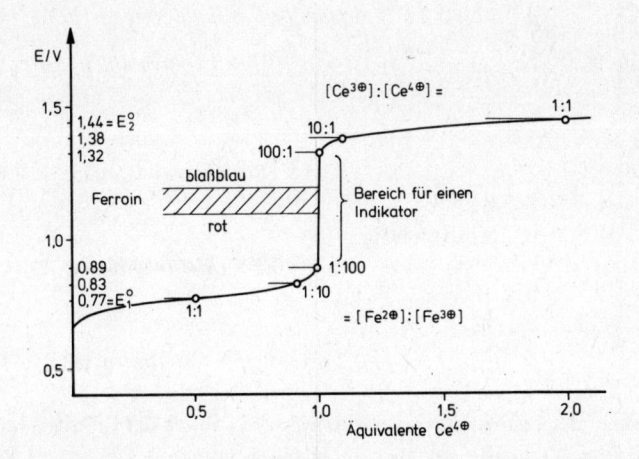

Abb. 54: Ferroin als Indikator bei der cerimetrischen Fe^{2+}-Bestimmung.

Beispiele

Die E^0 (20 °C, pH 7)-Werte der Indikatoren des Diarylazatyps lassen sich abschätzen:

(328)

(329)

(330)

(331)

(332)

(333)

Indoaniline RÖ–Ar–N=Ar=NH$_2$ ca. + 0,3 V (*Variaminblau* (328): +0,3 V)

Indophenole HÖ–Ar–N=Ar=O
    +0,2 bis 0,3 V (*2,6-Dichlorphenolindophenol* (329): +0,217 V)

Indamine H$_2$N̈–Ar–N=Ar=NH$_2$ ca. +0,1 V (*Toluylenblau* (330): +0,11 V)

Oxazine H$_2$N̈–Ar$\overset{O}{-}$N=Ar=NH$_2$
    ca. +0,05 V (*Brillantkresylblau* (331): +0,047 V)

Thiazine H$_2$N̈–Ar$\overset{S}{-}$N=Ar=NH$_2$
    0 bis +0,1 V (*Methylenblau* (332): +0,01 V)

Azine H$_2$N̈–Ar$\overset{NR}{-}$N=Ar=NH$_2$
    –0,2 bis –0,35 V (*Neutralrot* (333): –0,325 V)

Innerhalb der Liste nimmt die Reduzierbarkeit ab, da der Eintritt zweier Elektronen in das Molekül – genauer: in dessen π-System – schwieriger wird. Das Einknicken in der Mitte durch einen sp^2 → sp^3-Übergang und damit der Bruch des Absorptionssystems erklärt in jedem Fall die Entfärbung, ob mit oder ohne gleichzeitiger Protolyse.

Die wasserlöslichen *Indigosulfonate,* die sich von der Grundformel (18) ableiten, verlieren beim Absinken des Potentials unter E^0_{Ind} ihre tiefe Farbe, wenn zwei zusätzliche Elektronen in dem »H-Chromophor« (34) die Akzeptoren außer Funktion setzen:

$$\langle D \rangle \, H \cdots O \, \langle A \rangle \quad \underset{-2\ominus}{\overset{+2\ominus}{\rightleftarrows}} \quad \langle A' \rangle \, O \cdots H \, \langle D' \rangle$$

blau   (334)   gelblich

Die gelbliche Farbe der Leukoform entspricht zwei einfach σ-verknüpften Indoxylat-Gruppierungen. Hier wird mit zunehmender Sulfonierung das Molekülzentrum positiviert und der Eintritt der Elektronen dort hinein erleichtert:

(334) a) Indigotetrasulfonat $-0{,}03$ V ⎫
      b) Indigotrisulfonat $-0{,}07$ V ⎬ E^0 (20 °C, pH 7)
      c) Indigodisulfonat $-0{,}11$ V ⎭

Diphenylbenzidinsulfonate (335) sind unterhalb E^0_{Ind} farblos, oberhalb violett. Nach *Entzug zweier Elektronen* durch starke Oxidationsmittel bildet sich über 10 Kernen ein lineares 10-π-System aus.

Bei *N,N,N',N'-Tetramethylbenzidin* beträgt E^0_{Ind} +0,86 V. Es können auch Diphenylamine, da sie in einem ersten irreversiblen Oxidationsschritt Benzidine bilden, selbst als Indikatoren eingesetzt werden. Die *Diphenylaminsulfonsäure* hat in 1 M H_2SO_4 ein Potential von +0,84 V.

               (+0,76 V)
farblos   (335)   violett

               (−0,446 V)
farblos   (336)   violett

Umgekehrt ist es bei Dipyridiniumderivaten, beispielsweise *Methylviologen* (336): als Dikation farblos, werden sie durch *Aufnahme zweier Elektronen* mit einem linearen 10-π-System über nur 8 Kernen ebenfalls violett. Das Umschlagpotential von $-0,446$ V ist pH-unabhängig, da kein Proton gleichzeitig beteiligt ist. Auf der Fähigkeit der Dialkyldipyridine, die beiden Elektronen von angeregtem Chlorophyll zu übernehmen und auf diese Weise die Photosynthese zu stoppen, beruht ihre *herbizide Wirkung*.

Daß bei allen bisher aufgeführten Indikatoren jeweils ein Elektronen*paar* den Farbumschlag bewirkte, ist kein Zufall. Die intermediär entstehenden *Radikale* lassen sich nur selten nachweisen; sie haben ein einfach besetztes Orbital, eigene Farbe und sind normalerweise sehr reaktionsfreudig. Von wenigen Ausnahmen wie den Wursterschen Kationen (Kap. 3.5) abgesehen, gilt das Prinzip der Paarigkeit der π-Elektronen also sowohl für die Absorptionssysteme als auch für die farblosen Formen der Indikatoren.

In gewissen Metallkomplexen der 1.10-Phenanthroline verursacht ein komplizierter Elektronenhaushalt eine markante Farbe, die umschlägt, wenn nur das Zentralatom seine Oxidationsstufe ändert. Am bekanntesten dürfte das rote *Ferroin* sein, welches nach Abgabe eines Elektrons oberhalb 1,06 V als Ferriin nur noch blaßblau ist (Abb. 54 u. 55).

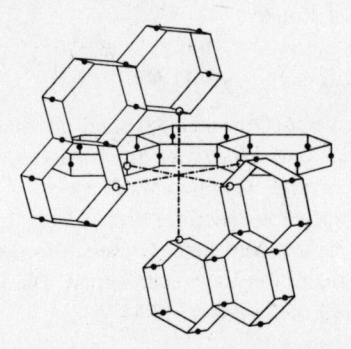

Abb. 55: Oktaedrischer 1.10-Phenanthrolin-Komplex $[Z(Phen)_3]^{n\oplus}$. Je ein Molekül $C_{12}H_8N_2$ besetzt mit den N-Elektronenpaaren zwei Koordinationsstellen des Zentralatoms. Getönt: ausgeprägter Doppelbindungscharakter.

Dieses Farbverhalten dürfte eher durch die d^6- bzw. d^5-Besetzung des Zentralatoms beschreibbar sein als durch die π-Systeme der Liganden. Das $Fe^{2\oplus}$-Ion bietet bei low-spin-Besetzung im oktaedrischen Ligandenfeld zur Anregung der sechs t_{2g}-Elektronen ein ganz leeres e_g-Niveau an, während ein high-spin-$Fe^{3\oplus}$-Ion bei zwar kleinerer d-Aufspaltung nur »verbotene« $t_{2g} \rightarrow e_g$-Übergänge zuläßt.

(337)   (338)

Solche Betrachtungen gehören in das Gebiet der Komplexchemie und leiten über zum nächsten Kapitel.

6.1.3 Metallindikatoren

Grundlagen und Querverbindungen

Die Indikatoren der *Chelatometrie* bilden in wäßriger Lösung mit Metallionen Komplexe, die eine andere Farbe haben als der metallfreie Indikator. Titriert wird mit einem vielzähnigen Chelatbildner, dessen farbloser Metallkomplex noch stabiler ist als der des Indikators. Dabei werden zunächst die hydratisierten Metallionen komplexiert und erst ganz zum Schluß – am Äquivalenzpunkt – die an den Indikator gebundenen. In diesem Moment erscheint dessen freie Farbe. Da sowohl bei der Bildung des Indikatorkomplexes als auch bei der des Chelatkomplexes Protonen freigesetzt werden können, ist immer auf die Einstellung des »richtigen« pH zu achten.

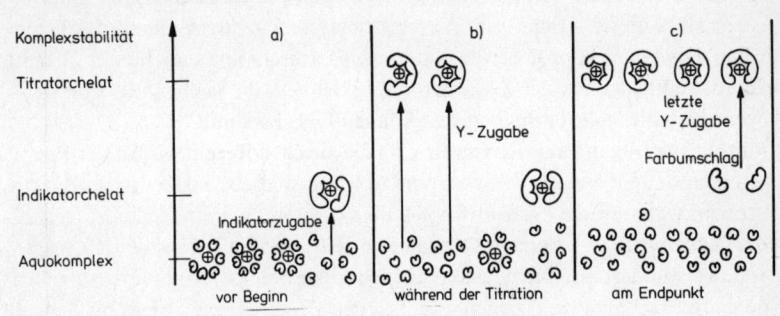

Abb. 56: Komplexometrische Titration mit Farbstoffindikator.

Die in Abb. 56 symbolisch dargestellten Reaktionen sind im Falle der $Co^{2\oplus}$-Bestimmung mit EDTA (340) und *Murexid* (339) als Indikator:

a) $\quad [Co(H_2O)_6]^{2\oplus} + 2\,H\,Ind \rightleftharpoons [Co(Ind)_2] + 2\,H^\oplus + 6\,H_2O$
$\qquad\qquad\qquad\qquad\quad\;$ rot $\qquad\quad\;\;$ gelb

Anmerkung: Bei pH 6 ist die Lösung orangegelb; erst Ammoniakzugabe verschiebt noch weiter nach rechts und läßt die rein gelbe Komplexfarbe erscheinen. Enthielte die alkalische Lösung kein $Co^{2\oplus}$, so würde sofort die violette Farbe des Murexid-Anions auftreten.

b) $\quad [Co(H_2O)_6]^{2\oplus} + H_2Y^{2\ominus} \rightleftharpoons [CoY]^{2\ominus} + 2\,H^\oplus + 6\,H_2O$

Anmerkung: Bei ungenügender Pufferung kann die Lösung durch die freigesetzten Protonen gemäß a) wieder orange werden, wogegen NH_3-Zugabe hilft. H_4Y steht für Ethylendiamintetraessigsäure EDTA.

c) $[Co(Ind)_2] + H_2Y^{2\ominus} \rightleftharpoons [CoY]^{2\ominus} + 2 H^\oplus + 2 Ind^\ominus$

gelb violett

(339) (340)

Andere Namen für das EDTA-Dinatriumsalz Na_2H_2Y (340) sind: Chelaplex III, Idranal III, Komplexon III, Titriplex III, Trilon B.

Von den Indikatoren verlangt man natürlich Haltbarkeit und Löslichkeit. Um mit der Stabilität ihres eigenen Komplexes *über* dem des Aquo- und *unter* dem des Y-Komplexes zu liegen, nutzen die Indikatorfarbstoffe den *Chelateffekt* aus, wozu sie zwei oder drei günstig auf ein Zentrum orientierbare Koordinationsstellen an O-, N- oder S-Atomen brauchen. Bei zweifarbigen Indikatoren muß wenigstens eines dieser Atome zum Absorptionssystem gehören, damit das Knüpfen und Lösen der koordinativen Bindungen Farbrelevanz hat. Immer aber ist auch an die Elektronen der Zentralatome zu denken, die ja ebenfalls eine Ursache von verschiedener Farbigkeit sein können (vgl. Ferroin).

Für Farbstoffliganden gelten im Prinzip die gleichen Regeln wie bei der Protolyse; denn Metallionen mit *unbesetzten* Orbitalen sind ebenso *Lewis-Säuren* wie Protonen, während die Farbstoffmoleküle mit ihren nichtbindenden, mit je *einem Elektronenpaar besetzten* Orbitalen in jedem Fall als *Lewis-Basen* reagieren. Es verwundert also nicht, daß manche Indikatoren bei Komplexierung ähnliche Farbverschiebungen zeigen wie bei der Protonierung. Meistens jedoch führt die Bindung über mehrere Elektronenpaare an *ein* Zentralatom zu einer Deformation des ganzen Absorptionssystems und damit zu einer neuen, schwer vorhersehbaren Farbe.

Neben dieser Querverbindung zur Säure-Base-Theorie begründet die analoge Rolle der Metallionen eine solche zu den komplexbildenden Azofarbstoffen (Kap. 4.1 und Kap. 5) und zu gewissen Farbstoffen in der Natur, z. B. dem Kornblumenblau (395).

Eine schwer zu erfüllende Forderung an Metallindikatoren ist die nach Spezifität, da sich Metallionen gleicher Koordinationszahl und Ladung nur in ihrer Größe unterscheiden. Dieser Größenunterschied wird von zweizähnigen Farbstoffliganden gar nicht, von drei- und vierzähnigen nur selten durch Farbunterschiede signalisiert. Die Spezifität kleiner, also selber farbloser oder schwach gelbfarbiger Liganden wie Sulfonsalicylsäure beruht sicherlich auf der Beteiligung von d-Elektronen des Zentralatoms, gehört also strenggenommen nicht zur Chemie organischer Farbstoffe.

Indikatoren für Alkali- und Erdalkalikationen liegen neuerdings in Form der *Kronenetherfarbstoffe* vor. Sie bieten einem Kation einen Kronenetherkäfig bestimmter Größe an, in den es — farbrelevant — hineinschlüpfen kann oder auch nicht. Abb. 57 zeigt an zwei Beispielen den Unterschied zwischen $Na^{\oplus}$ und $K^{\oplus}$: Die Krone von A ist für $Na^{\oplus}$ zu groß, die von B für $K^{\oplus}$ zu klein. Die höher geladenen Ionen $Ba^{2\oplus}$ (r = 135 pm) und $Ca^{2\oplus}$ (r = 99 pm) bewirken in beiden Fällen eine stark hypsochrome Farbverschiebung um ca. 100 nm durch Schwächung der D-Funktion.

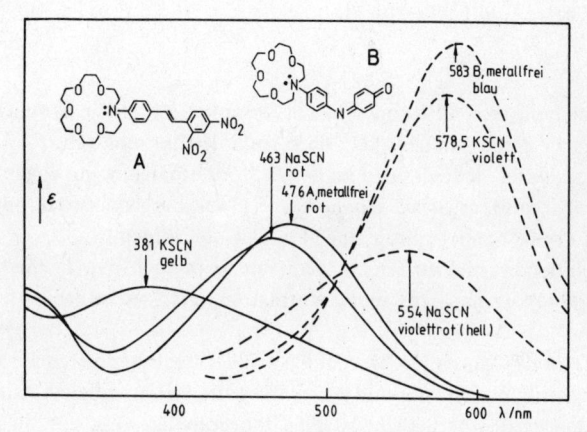

Abb. 57: Änderung der Absorption von Kronenetherfarbstoffen durch Einschluß von $K^{\oplus}$ (r = 133 pm) oder $Na^{\oplus}$ (r = 95 pm) in die Krone: A roter Stilbenfarbstoff mit [18]Krone-6, B (gestrichelt) blauer Chinoniminfarbstoff mit [15]Krone-5.

Beispiele

Von den über 200 verschiedenen, in der Fachliteratur besprochenen Metallindikatoren können hier nur wenige typische Vertreter vorgestellt werden. Alle Interpretationen des Farbverhaltens sind lediglich als Versuch einer Deutung anzusehen; denn die Komplexität der beteiligten Partikel gestattet noch keine verbindlicheren Aussagen.

Brenzcatechinviolett (341) betätigt sich als zweizähniger Ligand, wobei ein Zentralkation $Z^{n\oplus}$ mit der Koordinationszahl 6 bis zu drei Farbstoffmoleküle binden kann. Die mit $Bi^{3\oplus}$ in salpetersaurer Lösung blaue Farbe deutet darauf hin, daß das D-Ar – CR = Ar = A-Absorptionssystem symmetrisch ist, und zwar herab bis zum pH-Bereich 3 bis 2.

Die Komplexierung verhindert also zunächst den für Sulfonphthaleine typischen Einknickmechanismus mit Farbumschlag nach gelb (Kap. 6.1.1), der erst eintritt, wenn die Schwermetallionen als Y-Komplex fester gebunden werden und die Farbstoffmoleküle »allein lassen«. Kurz vor diesem Äquivalenzpunkt

(341)

Z = Bi, Cd, Co, Cu, Fe, Ga, In, Mg, Mn, Ni, Pb, Th, Zn

(342)

Z = Al, Ca, Cu, Fe, Mg, Ni, selt. Erdmet., Th, V

drängen sich die ersten Protonen in den Komplex, stören die Symmetrie und lassen die Farbe einen Moment lang nach rotviolett umschlagen.

Ein verwandter, jedoch nicht zu den Sulfonphthaleinen im engeren Sinne gehörender Farbstoff ist das *Chromazurol S* (342), bei dem sich mit dem Zentralion nicht Fünf-, sondern Sechsringe (= Chelate) bilden.

Nichtbindende Stickstoffelektronenpaare befähigen den Formazanfarbstoff *Dithizon* (343), je nach pH und Zentralatom verschiedenfarbige Komplexe zu bilden.

Ersatz von $Z^{n\oplus}$ durch $H^{\oplus}$ erzeugt das vollkommen symmetrische Molekül mit zwei Absorptionen (600 nm und 445 nm in Ethanol), welche bei Aufsicht Grün, bei Durchsicht Rot verursachen (vgl. Chlorophylle, Abb. 22). In diesem Fall wirkt sich ein Proton als intramolekulare H-Brücke ganz anders auf die Geometrie und die Ladungsverteilung im Farbstoffmolekül aus als ein Metallkation. Wie wichtig die Stabilisierung der U-förmigen Gestalt ist, zeigt der Farbum-

(343)

(344)

(345)

schlag nach Orangegelb in alkalischer Lösung, begründet durch das Erlöschen der langwelligen Absorption.

Alle *o,o'-Dihydroxiazo-Indikatorfarbstoffe* sind zu den dreizähnigen Liganden zu zählen. Hierzu gehören die calciumspezifische *Calconcarbonsäure* (344) und – als wichtigster Bestandteil der Indikatorpuffertabletten – das *Eriochromschwarz T* (345). Die Veränderung der geometrischen Gestalt und der Ladungsverteilungen in solchen Komplexen ist sehr kompliziert, so daß für das Farbverhalten, in alkalischer Lösung blau, komplexiert meist ein stumpfes rot, keine einfache Erklärung gegeben werden kann.

6.2 Fotografie

Schon im frühen 18. Jahrhundert war bekannt, daß Silberverbindungen im Licht dunkeln, und noch heute ist die Reduktion

$$Ag^{\oplus} \xrightarrow[+\ominus]{h \cdot \nu} Ag$$

die wichtigste Fotoreaktion zur Erzeugung fotografischer Aufnahmen. Farbstoffe erfüllen innerhalb des komplizierten Geschehens zwei grundverschiedene Zwecke: In Farbfotos müssen diejenigen, aus welchen das fertige Bild besteht, an die richtigen Stellen gelangen und dort dauerhaft bleiben, während sich mit anderen Farbstoffen, den sogenannten Sensibilisatoren, die spektrale Empfindlichkeit der Silbersalze in gewünschter Weise verändern läßt.

6.2.1 Sensibilisatoren

Würde man eine AgBr-Emulsion ohne Zusätze auf einen Film oder auf Papier auftragen, so erhielte man eine lichtempfindliche Schicht, die nur auf energiereiche Photonen bis 495 nm reagierte. Vor dem Guß zugemischte Farbstoffe können auch kleinere Quanten nutzbar machen und *orthochromatische* Emulsionen mit Empfindlichkeiten bis 545 nm liefern. Diese Filme kann man bei Rotlicht in einer Dunkelkammer entwickeln und fixieren. Durch geeignete Sensibilisatorkombinationen erreicht man in *panchromatischen* Emulsionen eine Empfindlichkeit bis 675 nm, und in IR-Filmen gelangt man sogar über 680 nm hinaus.

Zu der Forderung, spezifisch zu absorbieren, tritt bei Sensibilisatoren die Bedingung, daß sie auf den AgBr-Körnern haften, daß sie weder reduzierend auf $Ag^{\oplus}$-Ionen noch oxidierend auf Ag-Keime wirken, daß sie die Entwickler nicht hemmen und schließlich, daß sie im fertigen Foto nicht stören. Nitro- oder Azogruppen verbieten sich, weil sie als Elektronenfänger die Bildung von Silberatomen verhindern, also sogar desensibilisierend wirken.

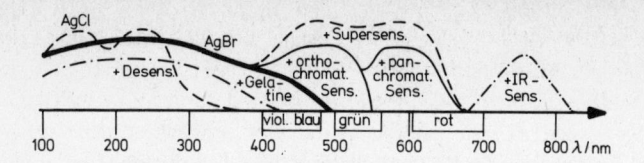

Abb. 58: Veränderung der Empfindlichkeit einer AgBr-Gelatineemulsion durch Sensibilisatoren oder Desensibilisatoren.

Während sich H. VOGEL 1873 bei der Erforschung der spektralen Sensibilisierung durch Farbstoffe noch auf einen roten und einen grünen beschränkte, steht heute in Form vielfältiger Polymethinfarbstoffe eine große Palette zur Wahl. Der Bereich, in welchem ein solcher auf AgBr adsorbierter Farbstoff sensibilisiert, liegt ca. 10 bis 40 nm *über* der Wellenlänge seines Absorptionsmaximums in Lösung (vgl. Abb. 14).

Allen diesen Molekülen sieht man an, daß sie eben gebaut sind und langgestreckt, so daß sie sich gut in monomolekularer Schicht aneinanderlagern können. Besonders günstig dürfte sich die in Kapitel 3.4 begründete Ladungsalternanz δ^+/δ^- in Polymethinen auswirken (Abb. 16), so daß Aggregate aus mehreren tausend Molekülen denkbar sind.

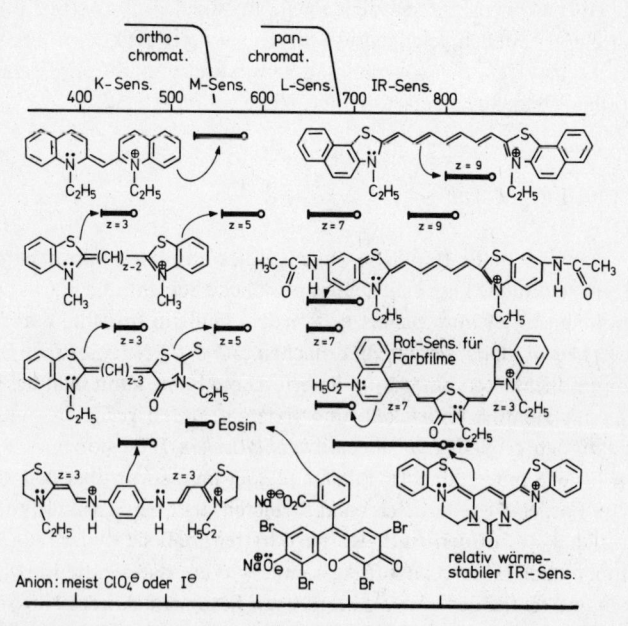

Abb. 59: Wirkungsbereiche einiger Sensibilisatoren; rechtes Bereichsende (= Kreis): Sensibilisierungsmaximum, linkes Bereichsende: λ_{max} in Lösung (vgl. auch Kap. 4.3).

Eine der Hypothesen, welche das Zusammenwirken von AgBr-Korn, Gelatine und Sensibilisator erklären sollen, geht davon aus, daß sich zunächst $S^{2\ominus}$-Ionen aus der Gelatine an die Stelle einiger $Br^{\ominus}$-Ionen in das Gitter hineindrängen und jeweils mehrere $Ag^{\oplus}$-Ionen um sich versammeln (Abb. 60a). Eine solche *Störstelle* lockt bewegliche Elektronen an, die allerdings nur über ein energetisch hoch gelegenes *Leitungsband* dorthin gelangen können.

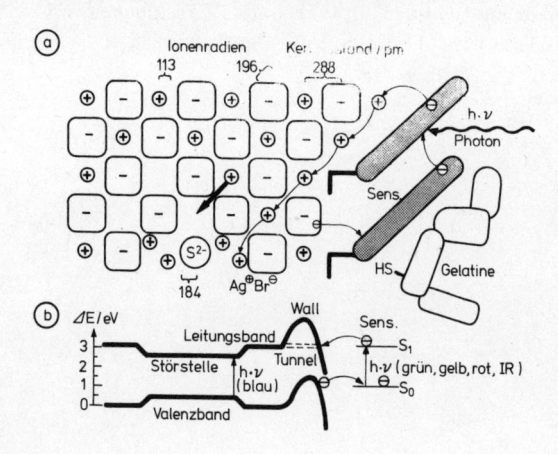

Abb. 60:
a) Oberfläche eines AgBr-Korns mit zwei Sensibilisatormolekülen und einer $S^{2\ominus}$-Störstelle. Das schnelle Nachdiffundieren von $Ag^{\oplus}$ (kräftiger Pfeil) ist für die Keimbildung notwendig.
b) Energiediagramm. Potentialwälle an der Oberfläche. Die Potentialmulde im Leitungsband wirkt an der Störstelle als Elektronenfalle.

Da das besetzte *Valenzband* des AgBr ca. 3 eV tiefer liegt, dürften Lichtqanten mit $\lambda > 420$ nm nach der Gleichung [2.1] kaum eine Chance haben, ein Elektron so hoch zu heben. Nur an der Oberfläche und in Störstellen eines Kristalls ist das Valenzniveau deutlich erhöht, womit Violett- und Blauquanten bereits Anhebungen bewirken. Allerdings ist die Erfolgsrate an der Kristalloberfläche gering, weil dort auch das Leitungsband durch eine Art Potentialwall gegen den Eintritt von Elektronen geschützt ist (Abb. 50b). Diesen Wall helfen Farbstoffmoleküle überwinden, indem sie aus ihrem Anregungsniveau S_1 ein Elektron wie durch einen Tunnel in das Leitungsband einschleusen. Dafür übernehmen sie, bei günstiger Lage an der Kristalloberfläche direkt, sonst durch Vermittlung ihrer Nachbarn, aus dem Valenzband ein anderes Elektron in ihr Grundniveau S_0 und sind damit erneut funktionsbereit. So kann man den Sensibilisator als einen »photonengetriebenen Elektronenlift« ansehen, der bei einer einzigen Belichtung hundert und mehr Male in Aktion treten kann. Dennoch führt nur etwa jedes vierte absorbierte Photon zu einem Ag-Atom; die anderen können in der näheren Umgebung Unheil anrichten, indem sie z. B. als längerwellige Fluoreszenz einen falschfarbigen Lichthof erzeugen. Um diese Photonen zu schlucken, fügt man Farbfilmen *Schirmfarbstoffe* zu, die selbst nicht sensibilisieren, gut wasserlöslich sind und durch H-Brücken geschützte Absorptionssysteme besitzen. Genau diese Bedingungen erfüllen einige synthetische Lebensmittelfarbstoffe (Kap. 6.4), z. B. das Tartrazin (366), das gegen K-Photonen des 400 – 500-nm-Bereichs abschirmt. Die Farbstoffe (370), (371) und (372) schlucken verirrte M-Photonen, und den Farbstoff (346) setzt man für den L-Bereich 600 – 700 nm ein.

Während elektronenfangende *Desensibilisatoren* die Wirkung von Sensibilisatoren hemmen, können *Supersensibilisatoren* (347), (348) sie erheblich vergrößern. Es ist zu vermuten, daß diese Moleküle mit ihrem relativ schmalen Dimethylaminoende in Lücken der Sensibilisatoraggregate passen und die Energieübertragungskette schließen, was als erhöhte Tunneldurchlässigkeit meßbar ist (Abb. 60).

Durch ausgeklügelte Farbstoffkombinationen und besondere Verfahren bei der Herstellung und Verarbeitung erreicht man heute ganz nach Wunsch selektive Empfindlichkeitsprofile von Schwarzweiß- oder Farbfilmschichten.

Gelangt ein Elektron auf seinem Weg durch das Leitungsband an eine Störstelle, so findet es dort $Ag^{\oplus}$-Ionen vor, die wie in einer Energiemulde liegen und bereit sind, sich in ein Atom verwandeln zu lassen. Da die Mulde nur etwa 0,5 eV tief ist, besteht die Gefahr, daß schon durch Wärmequanten (IR-Photonen) das Elektron wieder in das Leitungsband zurückgehoben wird und woanders reduziert. Allein das sehr schnelle Nachdiffundieren von $Ag^{\oplus}$-Ionen in die Störstelle hinein garantiert, daß das Silberatom stabil bleibt und daß gleich darauf ein zweites an derselben Stelle entstehen kann usf., bis man – ab vier Atomen etwa – von einem *Entwicklungskeim* sprechen darf. Alle bei einer Aufnahme entstandenen Keime bilden ein *latentes Bild,* welches erst durch *Entwicklung* sichtbar wird.

Dazu werden viele Ag$^{\oplus}$-Ionen in der Nachbarschaft katalytisch wirkender Keime in Atome verwandelt, bis sie schließlich als schwarzes Korn sichtbar werden. Keimlose AgBr-Körner dagegen bleiben zunächst vom zugesetzten Reduktionsmittel verschont. Stoppt man im richtigen Augenblick die Entwicklung und löst mit Thiosulfat o.a. das unbelichtete AgBr heraus, so ist das Bild fixiert.

Als *Entwickler* werden organische Substanzen der Struktur $\ddot{X}$ – Ar – $\ddot{Y}$ verwendet, die bei ihrer Oxidation außer zwei Elektronen meistens auch Protonen abgeben, so daß Alkali die Entwicklung fördert, Säurezugabe sie hingegen bremst.

$$H-\underline{\ddot{O}}-\bigcirc-\underline{\ddot{O}}-H + 2Ag^{\oplus} \xrightarrow{-2H^{\oplus}} \underline{|O}=\bigcirc=\overline{O|} + 2Ag$$
Hydrochinon · Chinon

$$\begin{matrix}H\\H\end{matrix}\ddot{N}-\bigcirc-\ddot{N}\begin{matrix}R^1\\R^2\end{matrix} + 2Ag^{\oplus} \xrightarrow{-H^{\oplus}} H-\underline{N}=\bigcirc=\overset{\oplus}{N}\begin{matrix}R^1\\R^2\end{matrix} + 2Ag$$
p- Phenylendiamin · Chinondiimin-Kation

Während Hydrochinon Schwarzweißbilder entwickelt, lassen sich Chinondiimin-Kationen mit Kupplern zu Farbstoffen verknüpfen, was zur Erzeugung farbiger Bilder (s.u.) ausgenutzt wird.

6.2.2 Farbfotografie

Ein Farbfoto soll in jedem Bildpunkt genau den Farb- und Helligkeitswert haben, der in der Kamera abgebildet wird. Unter den zahlreichen bisher mit Erfolg beschrittenen Wegen wählen wir die bekanntesten aus, um an ihnen die farbchemischen Vorgänge zu zeigen. Über speziellere Verfahren wie das Silberfarbbleich-, das Technicolor- oder die silberfreien Verfahren gibt die Fachliteratur Auskunft.

Der Dreischichtenfilm

Auf eine Trägerfolie werden drei spezifisch empfindlich gemachte Emulsionen in ca. 5 µm dicken Schichten übereinander aufgetragen: die unterste ist bis zum langwelligen Rot (L) empfindlich, die zweite für Grün (M), die dritte nur für kurzwelliges Licht (K). Da die oberste Schicht nicht alles eingestrahlte Violett und Blau absorbiert, ist zwischen sie und die unteren ein Filter aus kolloidalem Silber geschaltet, der diese Reste verschluckt. Die Abbildung 61A zeigt, wie verschiedene Lichtmischungen absorbiert werden und in welchen Schichten sich dadurch Entwicklungskeime bilden. Verwendet man als Reduktionsmittel die erwähnten p-Phenylendiamine, so erzeugt man daraus beim Entwickeln Chinondiimin-Kationen, die mit spezifischen Kupplern jede gewünschte Farbe liefern.

Der erste Gedanke wäre, dort, wo Blau absorbiert wurde, auch Blau entstehen zu lassen, in der mittleren Schicht Grün, in der untersten Rot. Anschließend müßten dann sowohl das gebildete Silber als auch das unverbrauchte Silberhalogenid in einem Bleich- und einem anschließenden Fixierbad herausgelöst werden. Das Ergebnis wäre allerdings zutiefst enttäuschend; denn trotz richtiger Farben wären die Helligkeiten gerade verkehrt. So hätte am hellichten Tag das Blau des Himmels in der obersten Schicht zu sehr viel, also stark absorbierendem, blauem Farbstoff geführt, der entsprechend nächtlich dunkel erschiene. Das Abbild eines weißen Objektes hätte in jeder Schicht Farbstoff entstehen lassen und ein schwarzes Bild geliefert; dunkelrote Lippen neben hellem Teint erschienen rosa auf kaffeebrauner Haut, und alle Augen bekämen weiße Pupillen! Doch dieser Mißerfolg läßt sich auf verschiedene Weisen vermeiden.

Das Negativkopierverfahren

Im *Agfacolor*-Negativfilm befinden sich in jeder Schicht Kupplermoleküle, die dank langer Kohlenwasserstoffketten fest in der erstarrten Gelatine verankert sind und die einen Farbstoff liefern, der genau so absorbiert wie »seine« Schicht: in der blauempfindlichen entsteht ein gelber, in der grünempfindlichen ein purpurroter und in der rotempfindlichen ein blaugrüner Farbstoff. Wieder sind die Helligkeitswerte umgekehrt wie die des fotografierten Objektes, außerdem aber auch die Farben jeweils komplementär.

Zum *Bleichen,* also zum Beseitigen des schwarzen Silbers, verwendet man Oxidationsmittel wie Kaliumhexacyanoferrat(III)-Lösung mit KBr-Zusatz:

$$Ag + \begin{bmatrix} 3K^{\oplus} \\ [Fe(CN)_6]^{3\ominus} \end{bmatrix} + \begin{bmatrix} K^{\oplus} \\ Br^{\ominus} \end{bmatrix} \longrightarrow Ag^{\oplus}Br^{\ominus} + \begin{bmatrix} 4K^{\oplus} \\ [Fe(CN)_6]^{4\ominus} \end{bmatrix}$$

gelöst · gelöst · gefällt · gelöst

Das zurückgebildete Silberbromid wird beim Fixieren (s.o.) mitentfernt. Da im Bleichbad auch das kolloidale Silber der Gelbfilterschicht erfaßt wird, bleiben am Schluß nur die erzeugten Farbstoffe als Lichtabsorber übrig (N in Abb. 61A).

Macht man von einem solchen *Negativ* mit weißem Licht eine Kopie auf Fotopapier mit gleicher Schichtung, z. B. Agfa MCN 111, so wird dieses Bild, das auch eine Vergrößerung sein darf, ein in den Farb- *und* den Helligkeitswerten richtiges *Positiv* (P in Abb. 61A). Quantitativ kann man sich die Rolle des zwischengeschalteten Negativs auch so klarmachen: Die Intensität I_O(K, M oder L) einer Farbart, die vom fotografierten Objekt kommt, und die dadurch erzeugte Durchlässigkeit D_N(K, M oder L) des Negativs für genau diese Farbart ergänzen sich zu einem festen Wert c, also

$$I_O(K) + D_N(K) = c_K, \quad I_O(M) + D_N(M) = c_M \quad \text{und} \quad I_O(L) + D_N(L) = c_L.$$

Abb. 61: Das Agfacolor-Verfahren.

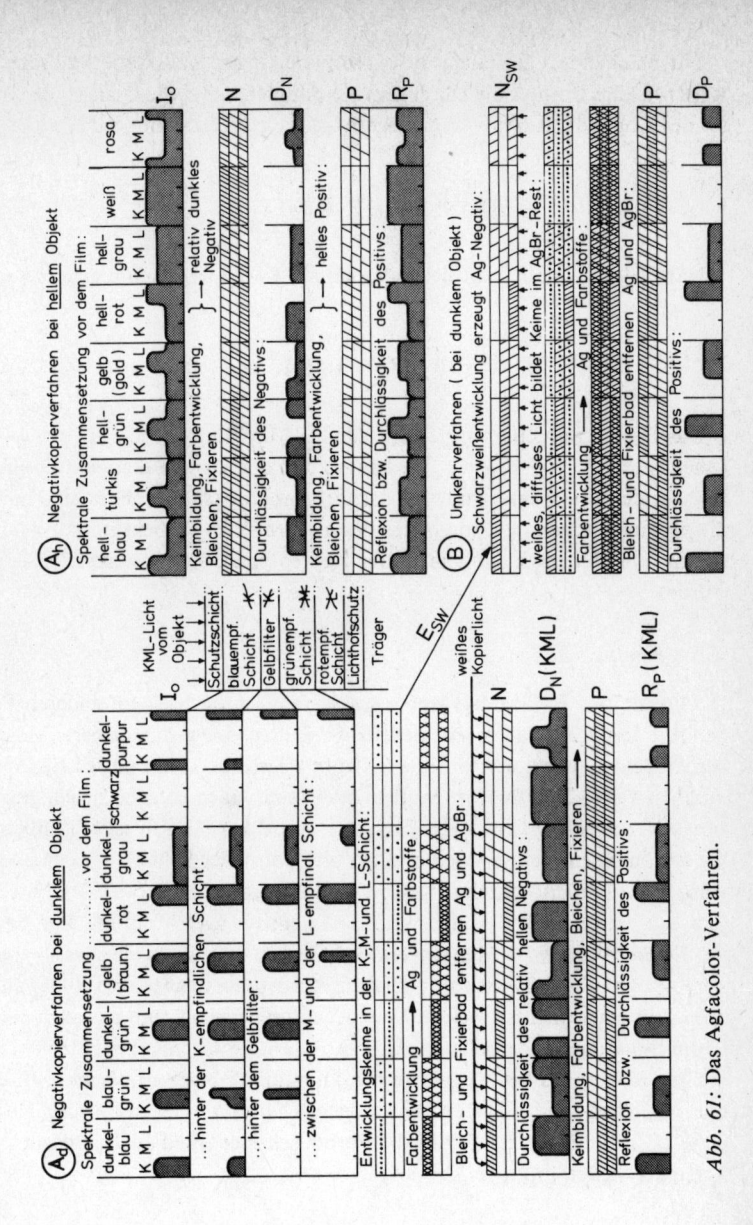

Entsprechendes gilt auch beim Kopieren, nur daß dabei die Reflexion $R_P(KML)$ des Positivs die Durchlässigkeit des Negativs, die ja gleich der Intensität des Kopierlichts hinter dem Negativ ist, zu c ergänzt. Für jede Farbart K, M oder L gilt

$$D_N(KML) + R_P(KML) = c_{KML}.$$

Nach Gleichsetzung hebt sich jedesmal $D_N(KML)$ weg, und man erhält wie gewünscht

$$R_P(K) = I_O(K), \quad R_P(M) = I_O(M) \quad \text{und} \quad R_P(L) = I_O(L).$$

Das Positiv reflektiert an jeder Stelle die Mischung der K-, M- und L-Werte genau so, wie sie vom Objekt her kam und in der Kamera den Negativfilm traf. Entscheidende Voraussetzung für das farbfotografische Abbilden sind natürlich die physiologischen Besonderheiten des menschlichen Farbensinnes, insbesondere das Zusammenwirken seiner drei Zapfentypen, das in Kapitel 2 erläutert wurde.

Das Umkehrverfahren

Die konstanten Ergänzungswerte c_{KML} lassen sich nach einem anderen Prinzip dadurch festlegen, daß in jede der drei Schichten eine genau dosierte Menge Silberhalogenid eingebracht wird. Wir symbolisieren in Abbildung 61 diese Menge durch jeweils 12 AgBr-Körner. Behandelt man einen solchen belichteten Film zunächst mit einem Entwickler E_{SW}, dessen oxidierte Form *nicht* kupplungsfähig ist, zu einem Schwarzweißbild, so bleibt in jeder Schicht *ein gewisser Rest AgBr unverbraucht,* nämlich viel, wenn die betreffende Farbart im Objektlicht schwach vertreten, und wenig, wenn sie intensiv eingetroffen ist. Auf diese Reste, deren *umgekehrte* Mengenverhältnisse dem Verfahren den Namen gaben, kommt es an; denn ihnen soll später die Absorption des fertigen Bildes entsprechen. Mit einer diffusen weißen Nachbelichtung erzeugt man auf allen nach der Erstentwicklung unveränderten AgBr-Körnern die für eine zweite Entwicklung nötigen Keime und benutzt jetzt einen kupplungsfähigen Entwickler. Das nach dem Bleichen und Fixieren gewonnene *Diapositiv* hat die Durchlässigkeit $D_P(KML)$, die in jedem Punkt die Farbmischungen und Lichtintensitäten des Originals wiedergibt (B in Abb. 61).

Die chromogene Entwicklung

R. Fischer fand schon 1911, daß oxidiertes N,N-Dialkyl-p-phenylendiamin (349) mit Kupplern Farbstoffe liefert, doch erst 1935 gelang mit dem *Kodachrome*-Verfahren, 1936 mit dem *Agfacolor*-Verfahren der Durchbruch zur praktischen Verwirklichung. Die diversen Ansprüche waren nicht leicht zu befriedigen; denn die Fotos sollten farbentreu und haltbar, dabei aber nicht zu teuer sein. Dem Zusammenwirken von Naturwissenschaftlern, Technikern und Kaufleuten verdankt die Fotoindustrie ihre Blüte. Innovationen und Markttrends ermöglichten Gewinne, aus denen die Erforschung neuer Filmmaterialien und chemischer Verfahren finanziert wurden. Diese Verfahren wiederum entwickelten sich parallel zur technischen Perfektion der Kameras und Entwicklungsapparate und führten immer wieder zu ganz neuen Käufergewohnheiten. Uns interessieren hier in erster Linie die chemischen Vorgänge, wobei nicht unerwähnt bleiben soll, daß viele entscheidende Impulse für die theoretische Farbenchemie aus den Labors der Fotoindustrie stammen.

Die beim Agfacolor-Verfahren in die drei Schichten eingelagerten Gelb-, Purpur- und Blaugrünkuppler zeichnen sich durch folgende Strukturmerkmale aus: Sie besitzen Sulfonsäure- oder Carboxylgruppen, welche sie zum Einbringen in die jeweiligen Emulsionen löslich machen, ferner eine lange Kohlenwasserstoffkette, den sogenannten »Fettschwanz«, welcher nach dem Erstarren der Gelatine ein Diffundieren in eine benachbarte »falsche« Schicht verhindert, und schließlich den für die gewünschte Lichtabsorption verantwortlichen Molekülteil.

In jedem Fall bringt der FISCHER-Entwickler (349) in das Polymethinabsorptionssystem den Donator $R_2\bar{N}-$, vier einfach besetzte Kohlenstoff-p_z-Orbitale und ein einfach besetztes Aza-N-p_z-Orbital ein. Das sind bereits sieben π-Elektronen, so daß es für eine kurzwellige Absorption bis 500 nm genügt, wenn noch drei p_z-Elektronen hinzukommen, etwa in zwei Methin- und einem Akzeptororbital.

Das ⟨D⟩/⟨A⟩-Heptamethin in dem gelben Farbstoff (350) entspricht einem Mcrocyanin, das nach Abb. 17 bei 400 bis 440 nm absorbieren würde, wenn nicht das Aza-Stickstoffatom an einem Platz säße, der im Grundzustand δ^+ erhält. Die Anwendung der in Kapitel 3.4.2 geschilderten Farbregeln erklärt hier die bathochrome Verschiebung. Man bemerkt in der gezeichneten Formel noch ein zweites Absorptionssystem ⟨D'⟩/⟨A'⟩, welches das große kreuzt und als Trimethin neben UV auch etwas vom Violettbereich erfassen dürfte. Dieses System wird ebenfalls erst bei der chromogenen Entwicklung eröffnet, weil das C* vor der Kupplung noch sp³-Struktur besitzt. Solche für die Absorption wichtigen Strukturmerkmale liefern die N-substituierten β-Keto-säureamide (351), die bevorzugten *Gelbkuppler*. Wenn −R' = (352) und −R'' = (353) ist, lassen sich leicht die drei angeführten Molekülteile herauspräparieren: Zwei gekreuzte Polymethinsysteme zwischen ⟨D⟩ und ⟨A⟩ bzw. ⟨D'⟩ und ⟨A'⟩ absorbieren alles bis 500 nm, R' macht wasserlöslich und der Fettschwanz an R'' diffusionsfest. Den Benzolringen in R' und R'' dürfte außer ihrem Einfluß auf das physikalische Verhalten auch eine gewisse Farbrelevanz zukommen.

Da in der obersten Filmschicht prinzipiell auch UV-Anteile zur Gelbkupplung und beim Positiv zu einem Blaustich führen, wird für Farbaufnahmen im Sonnenlicht ein UV-Filter empfohlen.

(354)

Typische *Purpurkuppler* sind Pyrazolonderivate (354). Wieder sind die speziellen Aufgaben, die R' und R'' erfüllen, zu erkennen. Aus dem Heterocyclus wird diesmal ein komplexer Acceptor, der über sechs Kernen sieben π-Elektronen trägt und die Absorption bis 600 nm ausdehnt. Bringt man alle π-Elektronen der Grenzformel entsprechend in p-Orbitalen unter, so ergibt sich bei Verzicht auf die unteren Orbitallappen die Formel (355) als Bild des Moleküls.

Der Purpurfarbstoff (356) entsteht durch Kupplung mit einem Cyanacetophenon R'R''ArCOCH₂CN.

(355)

(356)   (357)

Bei den *Blaugrünkupplern* schließlich kommt es darauf an, ein Nonamethinsystem aufzubauen, das in der Mitte azasubstituiert ist: $R_2\ddot{N}-Ar-\bar{N}=Ar=A$, z. B. also Indophenole mit $A=O$. Die Kuppler besitzen statt einer aktivierten Methylengruppe $\rangle CH_2$ eine δ^--tragende, ebenfalls gesternt markierte Methingruppe, wie beispielsweise in (357). Der daraus entstehende Indonaphtholfarbstoff absorbiert bis 700 nm.

Die Kupplungsreaktion setzt in jedem Fall voraus, daß ein bei pH $\geqslant 10$ durch Oxidation an einem Keim gebildetes Chinondiimin-Kation des FISCHER-Entwicklers mit seinem positivierten Ende an ein C-Atom des Kupplers stößt, welches ein nichtbindendes, doppelt besetztes Orbital zur Verfügung stellen kann. Dieses Orbital wird durch Protonabgabe geschaffen.

Die gebildete Leukoform wandelt sich in einer weiteren schnellen Oxidation erst in den Farbstoff um. Der langsamste und somit geschwindigkeitsbestimmende Schritt dazwischen ist die Kupplung. In der schematischen Darstellung des *Agfacolor*-Verfahrens (Abb. 62A) sind die ortsfesten Partikel fett gezeichnet und die beweglichen mit Pfeilen versehen.

Die Gleichung

$$XH_2 + 4\,Ag^{\oplus}Br^{\ominus} + 2\,Y\bar{N}H_2 + 4\,OH^{\ominus} \rightarrow X=\bar{N}-Y + 4\,Ag + 4\,H_2O + Y\bar{N}H_2 + 4\,Br^{\ominus}$$
Kuppler　　　　　Entwickler　　　　Farbstoff　　　　　　　　　　　　Entwickler

ändert sich, wenn der Kuppler statt des aus der Leukoform zu eliminierenden $\oplus$ ein elektronegatives Atom, z. B. ein Halogen, trägt. Dann entfällt die zweite Oxidation und *ein* Entwicklermolekül genügt, weil das Halogen, das als Anion eliminiert wird, die beiden Elektronen behält:

$$XHHal + 2\,Ag^{\oplus}Br^{\ominus} + Y\bar{N}H_2 + 3\,OH^{\ominus} \rightarrow X=\bar{N}-Y + 2\,Ag + 3\,H_2O + 2\,Br^{\ominus} + Hal^{\ominus}$$
Kuppler　　　　　Entwickler　　　Farbstoff

Da man *nicht mehr vier, sondern nur noch zwei* $Ag^{\oplus}$-Ionen pro Farbstoffmolekül braucht, ist die Lichtempfindlichkeit solcher Filme besonders hoch.

Im Gegensatz zum Agfacolor-Verfahren benutzt das *Kodachrome*-Verfahren lösliche Farbkuppler, die drei verschiedenen Entwicklerbädern beigegeben werden. Die Bilderzeugung ähnelt insofern dem Umkehrverfahren, als zunächst ein Schwarzweißbild mit einem nichtkuppelnden Entwickler hergestellt wird und dann die AgBr-*Reste* der drei Schichten nacheinander als Oxidationsmittel zur Bildung der Farbstoffe dienen (Abb. 63).

Nach der Herstellung des Schwarzweißnegativs erfolgt durch rein rotes L-Licht Keimbildung im AgBr-Rest der Blaugrünschicht, worauf der Blaugrünkuppler in einem ersten Entwicklerbad nur in dieser Schicht reagiert und als Farbstoff festgehalten wird. Dann werden analog durch kurzwelliges Licht Keime in der obersten Schicht gebildet, die im nächsten Entwicklerbad das gelbe

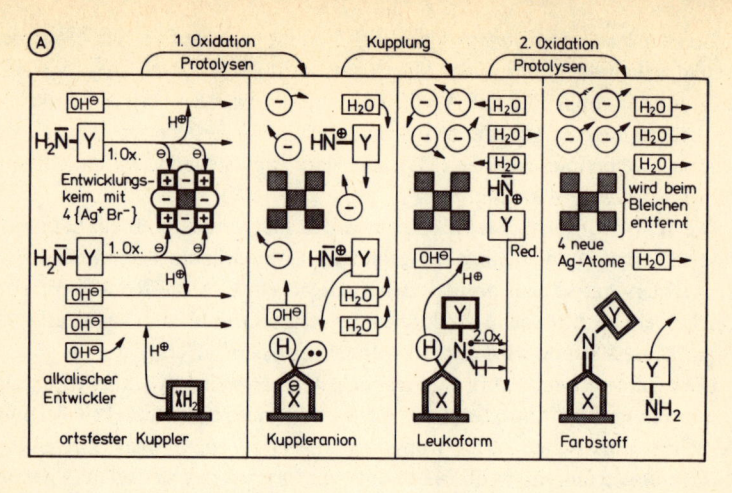

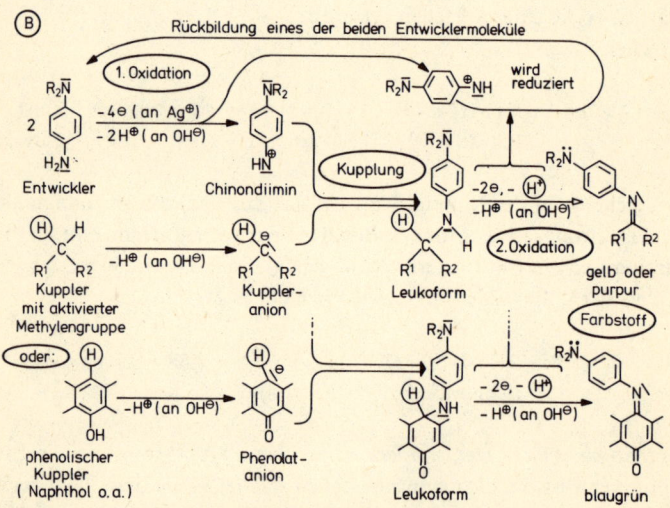

Abb. 62: Die chromogene Entwicklung.

Teilbild liefern, und schließlich an den noch verbliebenen AgBr-Körnern, die sämtlich in der grünempfindlichen Schicht sitzen, auf chemische Weise Keime erzeugt, die im letzten Entwicklerbad das Purpurbild ergeben. Die Entwicklungskeime der mittleren Schicht kann man nicht mit grünem M-Licht erzeugen, weil die beiden Nachbarschichten inzwischen durch Silber und Farbstoff undurchsichtig geworden sind. Man verwendet daher zur sogenannten »chemischen Verschleierung« verdünnte Alkaliboranatlösung, die je nach pH verschiedene Borate, in jedem Fall aber *8* Äquivalente Silber ergibt, z. B. gemäß

	Film	
Gelbfilter	Träger	

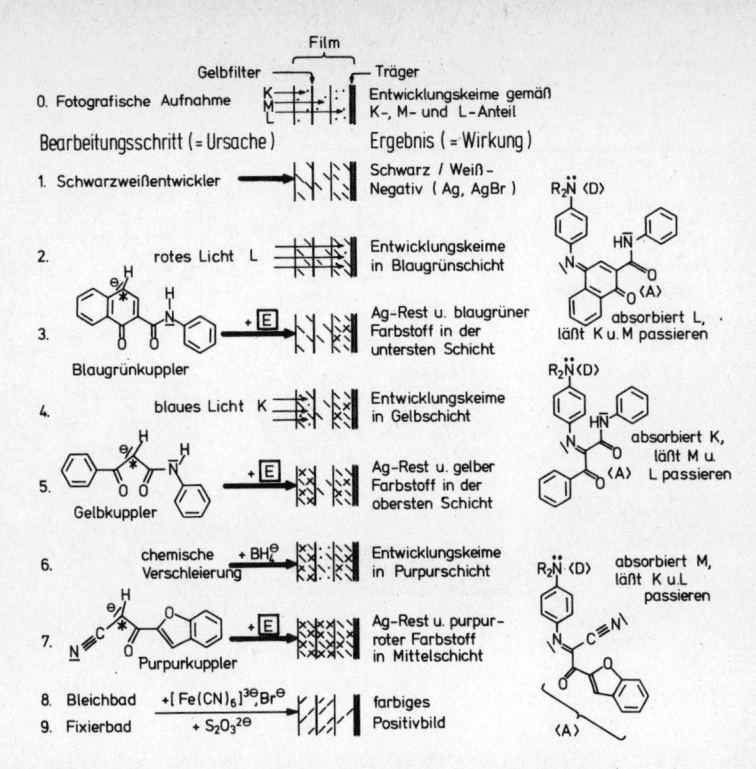

0. Fotografische Aufnahme — Entwicklungskeime gemäß K-, M- und L-Anteil

Bearbeitungsschritt (= Ursache)	Ergebnis (= Wirkung)
1. Schwarzweißentwickler	Schwarz / Weiß-Negativ (Ag, AgBr)
2. rotes Licht L	Entwicklungskeime in Blaugrünschicht
3. Blaugrünkuppler + E	Ag-Rest u. blaugrüner Farbstoff in der untersten Schicht
4. blaues Licht K	Entwicklungskeime in Gelbschicht
5. Gelbkuppler + E	Ag-Rest u. gelber Farbstoff in der obersten Schicht
6. chemische Verschleierung + BH$_4^\ominus$	Entwicklungskeime in Purpurschicht
7. Purpurkuppler + E	Ag-Rest u. purpurroter Farbstoff in Mittelschicht
8. Bleichbad + [Fe(CN)$_6$]$^{3\ominus}$Br$^\ominus$	farbiges Positivbild
9. Fixierbad + S$_2$O$_3^{2\ominus}$	

(D) absorbiert L, läßt K u. M passieren

(A) absorbiert K, läßt M u. L passieren

(D) absorbiert M, läßt K u. L passieren

Abb. 63: Die neun Bearbeitungsschritte beim Kodachrome-Verfahren.

$$3\,BH_4^\ominus + 24\,Ag^\oplus + 22\,OH^\ominus \rightarrow 24\,Ag + 15\,H_2O + B_3O_3(OH)_4^\ominus.$$

Das Bleichen und Fixieren schließt dieses vergleichsweise komplizierte Verfahren ab, welches zur exakten Einhaltung aller Bedingungen Spezialmaschinen verlangt, dafür aber besonders scharfe, vergrößerungsfähige Bilder liefert.

Die relativ kleinen Kupplermoleküle sind als Anionen im alkalischen Entwicklerbad löslich, während die erkuppelten Farbstoffmoleküle ungeladen und unlöslich sind, also diffusionsfest am Ort ihrer Entstehung fixiert bleiben.

Diffusionsverfahren

Zunehmender Beliebtheit erfreut sich das *Polaroid-Sofortbildverfahren,* bei dem unmittelbar nach der Belichtung ein Elektromotor das Bild zwischen zwei Rollen hindurch aus der Kamera herausschiebt, dabei die Entwicklerpaste aus einer unterhalb des Bildes im Foto befindlichen Vorratstasche herausquetscht und gleichmäßig zwischen Negativ- und Positivschicht verteilt (Abb. 64).

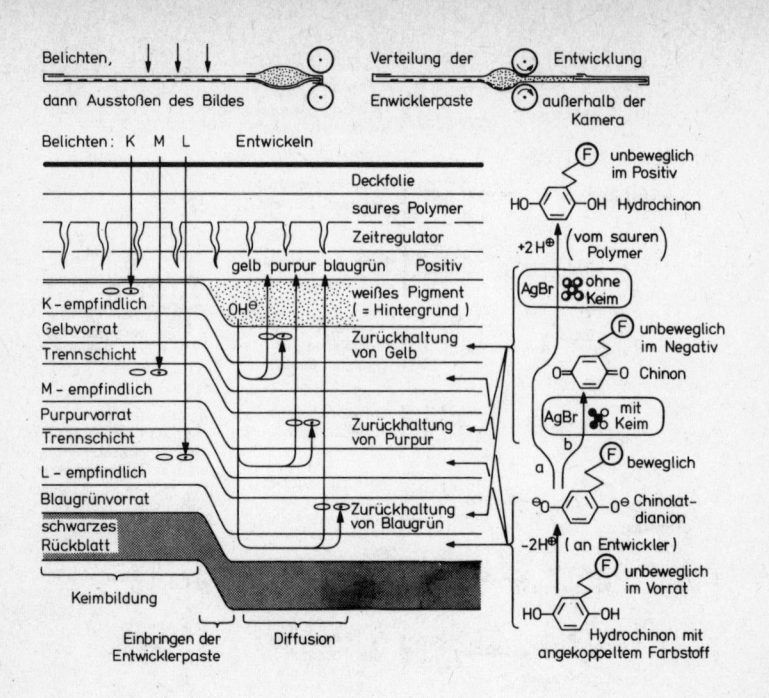

Abb. 64: Das Polaroid-Sofortbild-Verfahren.

Der Entwicklungsprozeß ist eine *gesteuerte Diffusion* von Farbstoffen nach folgender Idee des Erfinders E. H. LAND: Hydrochinon wird in alkalischem Medium als Dianion beweglich und kann mit CH_2-Ketten angekoppelte Farbstoffmoleküle mitschleppen, solange ihm keine Reduktion widerfährt. Stößt es aber beispielsweise auf ein keimtragendes AgBr-Korn, so wird es dort als ungeladenes Chinon immobilisiert und mit ihm das Farbstoffmolekül.

Auch das Polaroid-Negativ besteht aus drei AgBr-Schichten mit K-, M- und L-Empfindlichkeit. Hier wartet unterhalb jeder Schicht eine genau bemessene Menge der entsprechenden Farbstoffmoleküle, jeweils an einen »Schlepper« Hydrochinon gekettet, darauf, auf eine Wanderung durch die belichtete Schicht geschickt zu werden. Sind aus der Entwicklerpaste stammende $HO^{\ominus}$-Ionen eingedrungen, so beginnt der Weg, der allerdings eher einem Hindernislauf gleicht; denn nur dort, wo *keine* Keime gebildet wurden, ist ein Durchkommen möglich. Wie bei jedem Umkehrverfahren bestimmt wieder die Menge der Entwicklungskeime, die man diesmal besser »Zurückhaltekeime« nennen sollte, wieviel Rest von jeder Farbart ans Ziel, eine Empfangsschicht jenseits der Paste, gelangt. Dort werden die $HO^{\ominus}$-Ionen an einem sauren Polymer neutralisiert, das Chinolat wird in das unbewegliche Hydrochinon zurückverwandelt und mit ihm der herangeschleppte Farbstoff im Positivbild fixiert. Während der ganzen Entwicklungszeit schützt ein Indikator, ein in der HO$^\ominus$-Umgebung der Paste dunkles Phthalein, mit breiter Absorption vor Störungen durch das Tageslicht. Die zweite Aufgabe der Protonen des Polymers, diesen Indikator am Schluß – nicht vorher – zu entfärben, steuert eine diffusionshemmende Zeitregulatorschicht. Schließlich bildet allein das mit dem Entwickler ausgebreitete weiße Pigment den Hintergrund und verhindert den Durchblick auf die Silberkörner und die im Negativ zurückgehaltenen Farbstoffmoleküle.

Da im Prinzip beliebige Farbstofftypen vom Chinolat ins Schlepptau genommen werden können, wird weiter nach Optimierungen gesucht und z. B. Komplexbildung an Metallionen in den verschiedenen Schichten als Stabilisierungsmethode ausgenutzt. Daneben gilt die Aufmerksamkeit technischen Problemen wie der Gleichmäßigkeit der Entwicklerverteilung, der Verbesserung der Schärfe, der hermetischen Abkapselung gegen Sauerstoff usw. Sicherlich bietet dieses Verfahren trotz – oder gerade wegen – seines Perfektionismus noch zahlreiche unentdeckte Möglichkeiten zur Manipulation in wissenschaftlicher oder künstlerischer Absicht.

6.3 Leuchtfarbstoffe

Leuchtfarbstoffe strahlen Energie, die sie im Sichtbaren oder im Ultravioletten absorbiert haben, im VIS-Bereich ab: sie fluoreszieren. (Vgl. Kap. 3.4.4)

6.3.1 Optische Aufheller (Weißtöner)

Die Leuchtfarbstoffe mit der breitesten Anwendung sind die *Weißtöner*, mit denen Wäsche, Papier, Schilder usw. »optisch aufgehellt« werden. Es sind UV-Absorber, die mit ihrer blau-violetten Fluoreszenz die Absorption gelblicher Cellulosebegleitstoffe kompensieren und ein besonders leuchtendes Weiß erscheinen lassen. Als Bestandteil moderner Waschmittel machen sie das Waschen zu einem färberischen Prozeß.

Man kann sich das Prinzip des Vergilbens am Lignin (358), einem in verholzenden Pflanzenzellen entstehenden Polymer, klarmachen. Lignin ist zunächst farblos, wird aber an der Luft zu gelben, später braunen und schließlich schwarzen Polycumaronaldehyden (359) oxidiert.

Schon von alters her wurde vergilbte Wäsche mit der Komplementärfarbe, z. B. mit Ultramarin, »gebläut«. Dadurch setzte man jedoch zwangsläufig die Gesamtreflexion herab, und die Wäsche wurde grau. Bleichmittel, welche die unerwünschten Absorptionssysteme chemisch zerstören, haben auch Nachteile; denn sie greifen gleichzeitig das Gewebe oder seine Färbung an. Weißtöner dagegen fügen einem Reflexionsspektrum das fehlende Blau zu, welches sie aus

Lignin Polycumaron-
        -alkohol -aldehyd
(358)   (359)

unsichtbarem UV erzeugen. Sie können bei Überkompensation tatsächlich ein »Weiß, weißer als weiß« erzielen. Bekannt ist der überraschende Effekt einer UV-Lampe in einem sehr dunklen Raum: weiße Hemden und Kleider, manche Papierblätter, gewisse Mineralien und Gläser leuchten farbig, während sonst relativ helle Objekte schwarz erscheinen.

Soll die Anregung durch langwelliges UV zwischen 350 und 390 nm erfolgen, muß der erste elektronische Anregungszustand ca. 3,2 bis 3,5 eV hoch liegen, was Konjugationssysteme mittlerer Größe verlangt. Außerdem müssen – man vergleiche Abbildung 31 – Vibrationsniveaus zur Verfügung stehen, so daß die Emissionsenergie nur noch 2,7 bis 3,1 eV beträgt. Dazu wiederum sollte die p-Überlappung innerhalb der Absorptionssysteme variabel, die Moleküle also an einigen Stellen »gelenkig« sein. $\langle D \rangle / \langle A \rangle$-Systeme verbieten sich, hingegen leisten kleinere, stabile π-Systeme, die über $-\bar{N}R-$-Gelenke und σ-Bindungen miteinander verbunden sind, das Gewünschte.

Die ebene Anordnung des Gesamtsystems, bei der auch die Überlappung der doppelt besetzten Orbitale (Abb. 65B) mit ihren Nachbarn am besten ist, dürfte dem energetisch niedrigsten Grund- oder Anregungszustand entsprechen, während jedes Herausknicken aus der Ebene oder jedes Verdrillen der Teilsysteme gegeneinander einen höheren Vibrationszustand bedeutet (Abb. 65A). Die Möglichkeit, Energie an Verunreinigungen zu übertragen, setzt die Fluoreszenzausbeute herab und zwingt die Hersteller, auf besondere Reinheit der Verbindung zu achten.

Die wichtigste Gruppe sind Stilbenderivate, da sie Cellulosefasern von Baumwolle, Leinen, Papier usw. *substantiv* färben. Von 4,4'-Bis-triazinylamino-Derivaten gibt es je nach den Gruppen R und R' zahlreiche Varianten, mit denen aus Waschflotten eines bestimmten pH auch Polyamidfasern aufgehellt werden können. Einseitig triazolsubstituierte Stilbene, z. B. der Aufheller (360) von Geigy, zeichnen sich durch gute Chlor- und Chloritechtheit aus und eignen sich

A.

[Diagram showing energy levels S_0, S_1 with transitions at 390, 350 nm (A) and 450, 400 nm (F), labeled blau/viol., Vibr.; spectra 200–700 nm UV/VIS with A(W) and A(L)]

Reflexion eines rein weißen Körpers, gestrichelt: vergilbt, strichpunktiert: gebläut.

Absorption A und Fluoreszenzemission F eines Weißtöners (W) und eines orangeroten Lumineszenzfarbstoffs (L)

B.

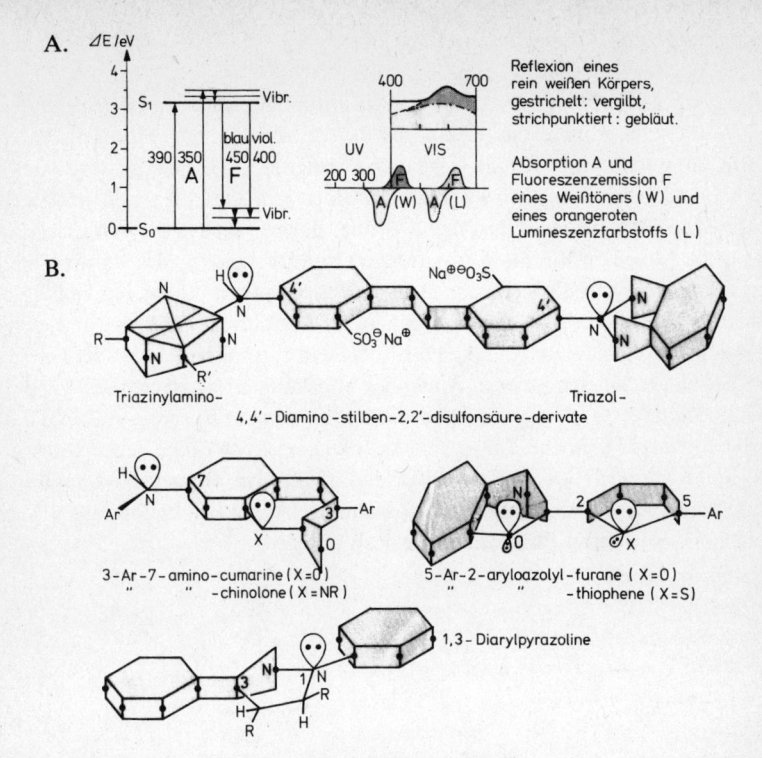

[Structural formulas]

Triazinylamino-   Triazol-
4,4'-Diamino-stilben-2,2'-disulfonsäure-derivate

3-Ar-7-amino-cumarine (X=O)   5-Ar-2-aryloazolyl-furane (X=O)
  "   " -chinolone (X=NR)   "   " -thiophene (X=S)

1,3-Diarylpyrazoline

Abb. 65: Funktions- und Bauprinzip von optischen Aufhellern.

(360)

ohne die löslichmachenden Sulfonatgruppen zum Aufhellen hydrophober synthetischer Materialien.

Für Wolle und Seide, von denen allerdings nur selten ein strahlendes Weiß erwartet wird, und speziell für Polyamid-, Polyester-, Polyacrylnitril- und andere synthetische Fasern wurden die weniger langgestreckten Aufhellertypen der Abb. 65B entwickelt, die sich bei Gardinenstoffen, weißer Berufskleidung, Segeltuch oder Deckfolien bewähren müssen. Wenigstens fünfzig Firmen bieten heute Aufheller an, die manchmal in ihrem Handelsnamen bereits ihre Funktion verraten: Blankophor (Bayer), Brightener (General Dyestuff Corp.), Fluotex (Francolor), Hostalux (Hoechst), Leukophor (Sandoz), Tinopal (Geigy), Ultraphor (BASF) usf.

6.3.2 Farbige Tageslichtleuchtstoffe

Wenn außer der Fluoreszenz auch die Absorption im sichtbaren Bereich erfolgen soll, gelten nicht mehr die Regeln, die für die Molekülarchitektur von Weißtönern aufgestellt wurden, im Gegenteil: Versteifte ⟨D⟩/⟨A⟩-Systeme sind gefragt, und Gelenkigkeit wird höchstens kleinen Molekülanhängseln gestattet! In Abbildung 65A bedeutet das, daß S_1 sich S_0 nähert (auf 1,5 bis 3 eV), ohne daß es in die Nähe von Vibrationsniveaus des Grundzustands gerät. Wie Absorption und Emission jetzt die Reflexion eines weißen Körpers modifizieren und ihn beinahe ohne Brillanzverlust farbig machen, ist ebenfalls Abb. 65A zu entnehmen. Häufig verwendet man nicht die Farbstoffe selbst, sondern Puder oder Harze, in die sie eingeschlossen werden. Außer den altbekannten Vertretern des Typs (38), z. B. *Fluorescein* (157), *Eosin* (Abb. 59) und *Rhodamin B* (158) seien aufgeführt: *Lumogen* (129), *Morin* (392g), sowie (361), ein rotorange leuchtender 1.3-Diamino-anthrapyrimidin-Farbstoff, und (362), ein Biphenylyl-4-amino-1.8-naphthalimid, das sich in Harnstoff-Formaldehydharz einbetten läßt und zermahlen ein gelbgrün fluoreszierendes Pulver liefert.

Die meisten Leuchtfarbstoffe werden wegen ihrer geringen Lichtechtheit nur auf kurzlebigen Plakaten, zu Reklamezwecken oder in Büros verwendet. Dauerhaftere wie (361) sind geeignet, die Berufskleidung von Arbeitern, welche auf Baustellen, bei der Müllabfuhr usw. besonderen Gefahren ausgesetzt sind, sowie Sturzhelme oder Schulranzen auffällig zu färben.

Die Entwicklung lichtechter Farbstoffe für Signale, Markierungen usw. könnte vielleicht die Verkehrsampeln, die gerade tagsüber viel Energie verbrauchen, wenigstens teilweise ersetzen. Eine interessante Neuentwicklung sind fluoreszierende Farbstoffe als *Kollektoren für Sonnenenergie*. Der dunkelrote Perylenfarbstoff (244, R = 2.5-Di-tert-butyl-phenyl (363)) läßt sich in Plexiglasplatten einbetten, in welchen durch Totalreflexion der größte Teil des Fluoreszenzlichtes an den Plattenrand gelangt. Da die Kante viel kleiner ist als die Fläche der Platte, resultiert eine Lichtkonzentration, die sogar diffuses Sonnenlicht auf das 100-

bis 200fache verstärkt. Man hofft, bald auch Rot- und IR-Absorber mit hinreichender Stabilität und hoher Fluoreszenzrate zu finden, die das reichlichste Angebot aus dem Sonnenspektrum (Abb. 40) in ähnlicher Weise nutzbar machen.

6.4 Lebensmittelfarbstoffe

Vielen Lebens- und Genußmitteln setzt man Farbstoffe zu, um sie appetitlicher erscheinen zu lassen. So verleiht man künstlichen Erzeugnissen ein natürliches Aussehen oder verhilft Konserven, die beispielsweise durch SO_2-Behandlung ihre

Tab. 3: Zugelassene Lebensmittelfarbstoffe.

E 100	Kurkumin (Curcumin: gelb-braun)	nat.	CI 75300	(364)
E 101	Riboflavin (Lactoflavin, Vitamin B_2: gelb)	nat.		(365)
E 102	Tartrazin (Hydrazingelb O)	syn.	CI 19140	(366)
E 104	Chinolingelb S	syn.	CI 47005	(367)
E 110	Gelborange S	syn.	CI 15985	(368)
E 120	Karminsäure (Cochenille, Echtes Karmin: rot)	nat.	CI 75470	(369)
E 122	Azorubin (Carmoisin, Chromotrop FB: rot)	syn.	CI 14720	(370)
E 123	Amaranth S (Bordeaux S, Naphtholrot S)	syn.	CI 16185	(371)
E 124	Cochenillerot A (Ponceau 4 R, Viktoriascharlach)	syn.	CI 16255	(372)
E 127	Erythrosin: blaurot	syn.	CI 45430	(373)
E 131	Patentblau V	syn.	CI 42501	(374)
E 132	Indigotin I (Indigokarmin, -disulfonat)	syn.	CI 73015	(375)
E 140	Chlorophylle	nat.	CI 75810	(376)
E 141	Kupferkomplexe der Chlorophylline	n./s.		(376)
E 142	Brillantsäuregrün BS (Lisamingrün)	syn.	CI 44090	(377)
E 150	Zuckerkulör (Zuckercouleur, Karamel)	nat.		
E 151	Brillantschwarz BN	syn.	CI 28440	(379)
E 153	Carbo medicinalis vegetabilis (med. Kohle)	nat.		
E 160	Carotinoide: orange/rot	n./s.	CI div.	(380)
	z. B. β-Carotin (380a), Lycopin (380b), Bixin (380c), Capsanthin (380d)			
E 161	Xanthophylle: gelb	nat.	CI div.	(380)
	z. B. Lutein (380e), Zeaxanthin (380f), Flavoxanthin (380g), Canthaxanthin (= 4.4'-Diketo-β-Carotin)			
E 162	Beetenrot, Betanin	nat.		(398)
E 163	Anthocyane: rot/blau (vgl. 140)	nat.	CI div.	(381)
E 170	Calciumcarbonat		CI 77220	
E 171	Titandioxid		CI 77891	
E 172	Eisenoxide, -hydroxide: gelb,		CI 77489	
	rot,		CI 77491	
	braun,		CI 77492	
	schwarz		CI 77499	
E 173	Aluminium		CI 77000	
E 180	Rubinpigment BK (Permanentrot 4b)	syn.	CI 15850	(382)

(364)

(365)

(366)

(367)

(368)

(369)

(370)

(371)

(372)

(373)

(374)

(375)

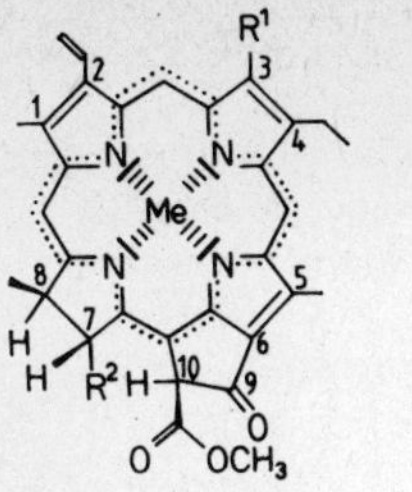

(376)

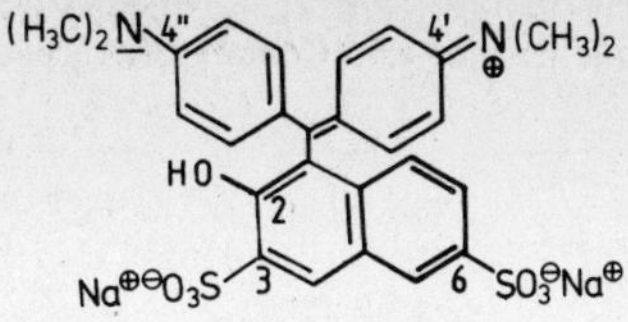

(377)

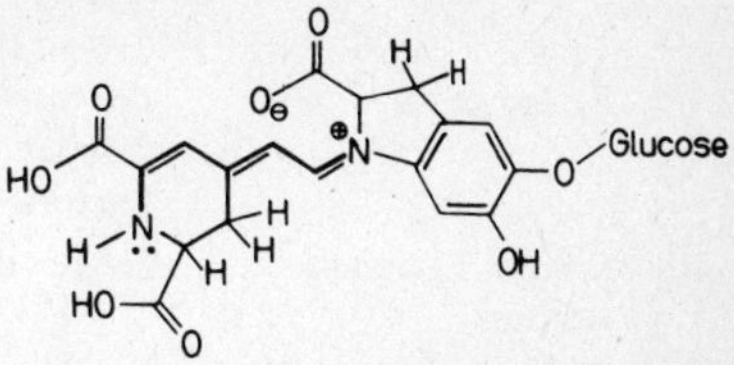

(378)

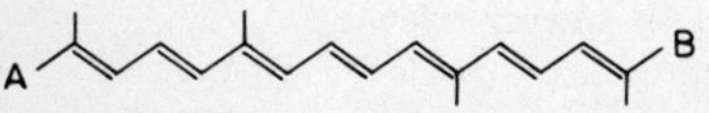

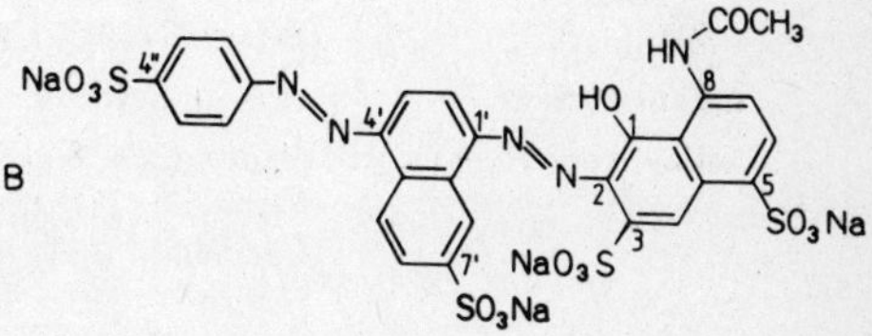

(379)

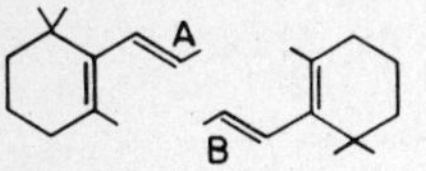

(380)

(380a)

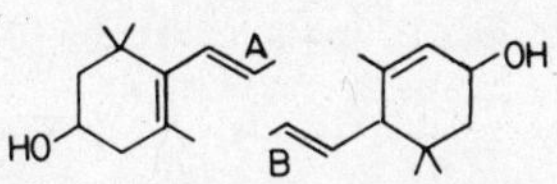

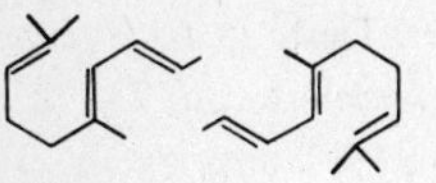

(380b)

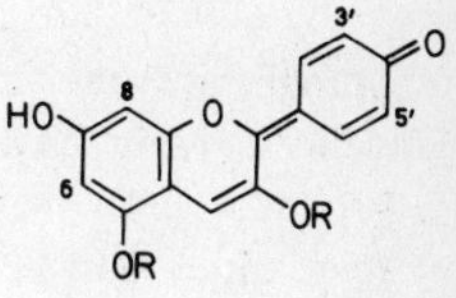

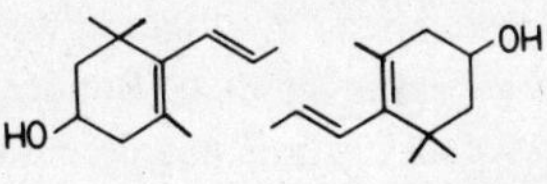

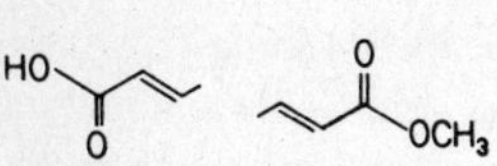

(380c)

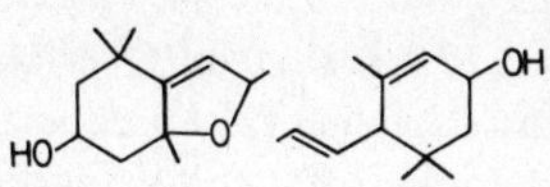

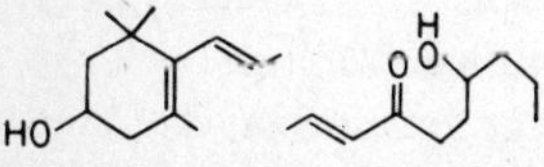

(380d)

(380e)

(380f)

(380g)

(381)

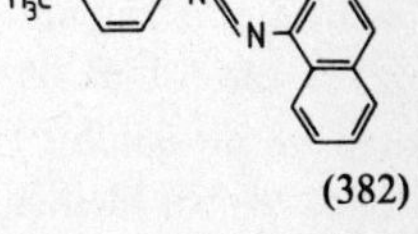

(382)

Tab. 4: Naturfarbstoffe für Lebens- und Genußmittel, Pharmaka und Kosmetika, sowie für die Mikroskopie.

I.	Fette, Milch, Käse, Öle, Wachse	Bixin (380c), Alkannin (234-Derivat), öllösliches Chlorophyll (193/376), Carotine (380a), Kurkumin (364), Orseille (308)
II.	Teig-, Zuckerwaren, Puddinge	Crocin (Safran), Karminsäure (369), Carthamin (131), Lackmus (308), Rottlerin (Kamala), Santalin (Sandelholz), wasserl. Chlorophylle (193/376), Lactoflavin (365)
III.	Liköre, Limonaden, Brausen	einige von II., Safran, Safflor, Azafranillo
IV.	Fruchtsäfte, Wein, Marmeladen	Karminsäure (369), Kinoharz, Oenin (394 f), Lackmus (308)
V.	Fruchtmark	Betanine (398), Chlorophylle (193/376)
VI.	Gewürze, Senf	Crocin (Safran), Kurkumin (364)
VII.	Schminken, Haarfärber	Juglon (234, 8-OH), Lawson (Henna), Melanine (385) (Sepia), Carmin (369, verlackt), Carthamin (131) (»Fard de la Chine«), Carajurin (Chicarot)
VIII.	Antioxidantien	Alkannin (234), Hämatoxylin (400, 3.4.9.10, µ-OH), Quercitrin (392 f-Glycosid), Bilirubin (Galle)
IX.	Mikroskopie	Carmin (369, verlackt), Hämatoxylin (400, 3.4.9.10. µ-OH), Brasilin (400, 3.9.10. µ-OH), Krapp (212, verlackt), Orcein (308) u.v.a.

ursprüngliche Farbe verloren haben, wieder zu vermeintlicher Frische. Der Verbraucher ist natürlich daran interessiert, daß weder einheimische noch importierte Produkte gesundheitlich bedenkliche Zusätze enthalten. Deshalb folgt das »Lebensmittel- und Bedarfsgegenständegesetz« (Bundesgesetzblatt vom 23. 12. 1977, Teil I, S. 2732) einer EWG-Richtlinie aus dem Jahre 1962 und legt fest, welche Zusatzstoffe erlaubt sind. Von den rund 40 zugelassenen Lebensmittelfarbstoffen führen wir einige wichtige mit ihrer Europa-Nummer und – soweit möglich – ihrer CI-Nummer und Formel auf (Tab. 3).

Die Pigmentfarbstoffe E 170 u.f. sind zur Oberflächenbehandlung von Süßwaren zugelassen, E 180 ausschließlich für Käseüberzüge und Gelbwursthüllen. Auch die Druckfarben und Zusatzstoffe von Verpackungen müssen gesundheitlich unbedenklich sein.

Von synthetischen Lebensmittelfarbstoffen verlangt man absolute Reinheit und so geringe Konzentrationen im Produkt, daß auch Kinder nicht mehr als 0,5 bis 1 mg pro Tag und Kilogramm Körpergewicht aufnehmen können. Ferner besitzen alle Moleküle mehrere Sulfonatgruppen, welche garantieren, daß eventuell nachträglich entstehende giftige Bruchstücke wie Aniline oder Naphthylamine löslich bleiben, um schnell ausgeschieden zu werden.

Wohl im Vertrauen darauf, daß der Organismus an die Aufnahme natürlicher Farbstoffe gewöhnt ist, wird deren Zusatz großzügiger reglementiert. Die Formeln, auf die in Tab. 4 verwiesen wird, erfassen natürlich oft nur einen der zahlreichen Farbstoffe, die in den verwendeten Extrakten vorkommen. Wir gehen auf einige dieser Naturfarbstoffe in Kap. 7 etwas genauer ein und fassen Pflanzen, aus denen sich Färbedrogen gewinnen lassen, abschließend in Tab. 5 zusammen.

7. Natürliche organische Farbstoffe

Bevor in der zweiten Hälfte des 19. Jahrhunderts die ersten Synthesen praktisch verwendbarer Farbstoffe gelangen, waren die Menschen allein auf Naturprodukte angewiesen. Den Strukturen dieser Stoffe galt seit der Frühzeit der wissenschaftlichen Chemie das Interesse vieler Forscher. Dabei unterlief auch mancher Irrtum, so daß noch immer die Möglichkeit besteht, aufgrund neuer Erkenntnisse die Revision tradierter Lehrmeinungen zu erzwingen. So wurden erst etwa um 1960 die Lackmusstrukturen oder die Komplexbindung vieler Blütenfarbstoffe aufgedeckt. Heute beschäftigt man sich in erster Linie mit biologisch wichtigen Molekülen wie den Chlorophyllen und Vitaminen, sowie mit Stoffen, die neben ihrer Farbigkeit entweder therapeutische Wirkungen haben oder sich zum Färben und Würzen von Lebensmitteln eignen (Kap. 6.4).

Sowohl in der Breite ihres »Farbstoffsortiments« als auch mit ihren »Produktionsmengen« stellt die Natur die Industrie, die es wohl bald auf 0,8 Millionen Jahrestonnen bringen wird, weit in den Schatten: allein die Biosynthese der Carotinoide wird auf 100 Millionen Jahrestonnen geschätzt!

Viele bekannte natürliche Farbstoffe lassen sich einer der großen Farbstoffklassen zuordnen. Wir haben vor allem solche, die von praktischem Wert waren bzw. es noch sind, in Kap. 4 aufgenommen, geben jetzt lediglich einen zusammenfassenden Überblick und gehen speziell auf Blütenfarbstoffe ein.

Wer sich für das Färben mit heimischen Pflanzendrogen interessiert, findet am Schluß des Kapitels eine Tabelle, die zu eigenen Versuchen anregen soll. Spezielle Aufbereitungsverfahren und Färberezepte werden in der Literatur beschrieben (Anhang).

Farbstoffe aus Tieren

Die zahlreichen Farbstoffe, welche in der Haut vieler Tiere, in Haaren, Schuppen, Federn, sowie in Flügeln und Panzern von Insekten enthalten sind, kann man kaum verwerten. Einmal lassen sie sich nur schwer extrahieren, zum anderen sind sie meist wenig stabil. In der Praxis verwendete Farbstoffe aus bestimmten Tierorganen wie die melaninhaltige *Sepia* von Tintenfischen, der *Antike Purpur* (197) aus Meeresschnecken oder *Karmin* (224), *Lac dye* und *Kermes* (223) aus Schildläusen wurden immer nur in kleinen Mengen gewonnen. Die leichter verfügbaren Blut-, Gallen- und Harnfarbstoffe blieben, von Spezialfällen wie dem *Indischgelb* (Tab. 1) abgesehen, ohne technischen Wert.

Einige Farbstoffe bilden sich in tierischen Organismen aus Aminosäuren, Purinbasen und ähnlichen Bausteinen. Beispiele für *Pterine* sind das Leucopterin (383a) des Kohlweißlings und das Xanthopterin (383b) des Zitronenfalters. Zu den *Phenoxazonen* gehören rote bis braune Insektenfarbstoffe wie das Ommatin

(384). Die Farbe von dunklen Haaren oder der Haut vieler Menschen schließlich ist in erster Linie auf *Melanine* (385) zurückzuführen.

Carotinoide, deren Biosynthese ausschließlich in Pflanzen stattfindet, nehmen Tiere mit der Nahrung auf. In zoologischen Gärten fügt man daher zum Futter bestimmter Vogelarten Paprika, Maisschalen usw. zu, um die natürliche Färbung des Federkleides von Fasanen, Flamingos u.a. zu erhalten.

(383a) (383b) (384)

(385) (386)

Mikroorganismen produzieren — von wenigen Ausnahmen abgesehen — keine Farbstoffe. Eine dieser Ausnahmen ist das rote *Prodigiosin* (386), ein dreikerniges Pyrrolsystem. Da Kolonien des Bacillus prodigiosus auf Brot diese rote Farbe erzeugen, wäre die alte Legendenbildung um »blutende Hostien« vielleicht ganz natürlich zu erklären.

Farbstoffe aus Pflanzen

Im Pflanzenreich beruht die Farbenvielfalt der Blüten merkwürdigerweise auf Varianten nur weniger Farbstofftypen, insbesondere der *Anthocyanine* und der *Carotinoide*. In Früchten, Blättern, Stengeln und Wurzeln treten außerdem *Chinonfarbstoffe, Polymethin-, Pyrrol-* und *Pyronfarbstoffe* auf, häufig glykosidisch mit Kohlenhydraten oder proteidisch mit Eiweiß verknüpft, gelegentlich aber auch frei oder als lose fixiertes Ion. Manche pflanzlichen Farbstoffe bilden sich erst aus extrahierbaren Vorprodukten, die man einem bewußt gesteuerten chemischen Prozeß unterwirft. Zu diesen »halbsynthetischen« Farbstoffen gehört der *Lackmus* (308), der sich aus Orcin (174) durch Kochen mit Ammoniak-Soda-Lösung bildet, sowie der historisch so wichtige *Naturindigo* (197), dessen Vorstufe (204) zunächst gespalten und anschließend oxidiert werden muß.

Grundstrukturen

Die sauerstoffhaltigen Heterocyclen *Chromon* (387) und *Chromen* (388) sind die Grundkörper der *Pyron-* und der *Pyrylium*-Farbstoffe (α-Pyron (389), γ-Pyron (390), Pyrylium (391)).

(387) (388) (389) (390) (391)

Hierzu gehören die *Flavone* (392 bzw. 387, 2-Phenyl-), die *Isoflavone* (387, 3-Phenyl-) und die *Flavene* (388, 2-Phenyl-).

Beispiele für Pyronfarbstoffe

Die vornehmlich gelben Flavone (392) hat St. von Kostanecki bereits um 1900 als Hydroxiderivate des 2-Phenyl-Chromons (387) erkannt und Synthesewege erarbeitet. Man kennt ca. 70 Vertreter, die in den Pflanzen zumeist als 3.5-Glykoside mit unterschiedlichen Zuckern vorliegen. Es kommen vor:

a) *Chrysin* (392, 5.7-OH) in Pappelknospen;
b) *Apigenin* (392, 5.7.4'-OH) in Kamillenblüten, Löwenmaul, Dahlien, Färberwau; in Sellerie und Petersilie als 7-Glucosid;
c) *Fisetin* (392, 3.7.3'.4'-OH) in Fiset- und Quebrachoholz;
d) *Luteolin* (392, 5.7.3'.4'-OH) im Wau und im Färbeginster;
e) *Kämpferid* (392, 3.5.7-OH, 4'-OCH$_3$) in Kreuzdornbeeren und Färbeginster;
f) *Quercetin* (392, 3.5.7.3'.4'-OH) in der Rinde der nordamerikanischen Färbereiche sowie in Bohnen-, Birken-, Erlen- und Haselnußblättern, in Sumpfdotterblumen, Goldlack, Stiefmütterchen und in Gelbbeeren;
g) *Morin* (392, 3.5.7.2'.4'-OH) in Gelbholz und im Holz des Jackbaumes.

(392) (393)

Mit Wau-Extrakt färbte man schon zur Römerzeit, und der Anbau dieser in unseren Breiten wichtigsten Gelbpflanze, der *Reseda luteola,* war über ganz Europa verbreitet (vgl. Kap. 8).

Wenn Quercetin über die 3-Position mit dem Disaccharid *Rutinose* verbunden ist, liegt das *Rutin* vor, welches in Buchweizenblättern, vor allem aber in chinesischen Gelbbeeren und in den Blütenknospen des Pagodenbaumes vorkommt. Es gehört mit seiner Fähigkeit, die Kapillarpermeabilität zu steuern, zum Vitamin P-Komplex. Zur Herstellung der berühmten Mandaringewänder färbte man in China mit Gelbbeerenauszügen alaungebeizte Wolle und Seide zitronengelb. Bei Behandlung mit verdünntem NH_3 änderte sich die Farbe in ein leuchtendes Orange.

Zu den ebenfalls gelben, selteneren Isoflavonen (387, 3-Phenyl-) gehören

a) *Prunetin* (5.4'-OH, 7-OCH_3);
b) *Santal* (5.3'.4'-OH, 7-OCH_3) im roten Sandelholz;
c) *Genistein* (5.7.4'-OH) in Färbeginster und in Sojabohnen;
d) *Tlatlancuayin* (5.2'-OCH_3, mit einem $-OCH_2O$-Ring von C_6 nach C_7).

Die Ether- und OH-Gruppen aller Pyrone sind wenig hydrophil. Daher lösen sich die zuckerfreien Stoffe in kaltem Wasser kaum, wohl aber in Alkoholen oder in verdünnten Alkalien. Auf gebeizter Wolle erreicht man mit 3- bzw. 5-Hydroxiflavonen besondere Farbtöne, z. B. mit Al gelb, Sn orange und Fe oliv. Für die Absorption von kurzwelligem Licht lassen sich Oxonolstrukturen mit der 4-CO-Gruppe als Antiauxochrom verantwortlich machen, während bei der häufig zu beobachtenden Fluoreszenz ein Orbital des Ringsauerstoffs mitspielen dürfte (vgl. Kap. 6.3). *Morin* (392g) beispielsweise dient als sehr empfindlicher *Fluoreszenzindikator* für Metallionen, die mit dem 3- und dem 2'-Sauerstoffatom ein Chelat bilden und dadurch Torsionsschwingungen des 2-Phenylrings verhindern. Mit der grünlich-blauen Fluoreszenz des Morin-$Al^{3\oplus}$-Chelats lassen sich noch Spuren von Aluminium nachweisen.

Schaltet man durch Reduktion das erwähnte Antiauxochrom der Flavone aus, so werden längere, einen Umschlag nach Rot bis Violett begründende Systeme (393) farbrelevant (*Nachweis für Flavone*). Eine solche 4-Carbonylgruppe fehlt den Farbstoffen der nächsten Gruppe von vornherein.

Beispiele für Pyryliumfarbstoffe

Die Anthocyane (394), die verbreitetsten *Flavenfarbstoffe*, verdanken ihre tiefe Farbe ausgedehnten Oxonolat-Strukturen, beispielsweise (393) oder (17). Die Konstitution der Farbstoffmoleküle, die in Fruchtsäften (Blaubeeren) und Blütenblättern (Rosen, Petunien usw.) meist als 3.5-Diglykoside, sogenannte Anthocyanine, vorliegen, wurde seit 1914 vor allem von WILLSTÄTTER untersucht. Es gelang, die auffallende pH-Abhängigkeit der Farbe bereits zu deuten. Die Möglichkeit einer Verlackung mit Metallionen (395) wurde jedoch noch nicht ins Auge gefaßt. Das freie *Cyanin* (394, R^1 = OH, R^2 = H) der Kornblume – nicht zu verwechseln mit dem gleichnamigen synthetischen Farbstoff (120) – erfährt bei Protolysen Umwandlungen, die etwa durch folgende Grenzformeln wiedergegeben werden können:

(394a) (394b) (394c)
Kation, rot, pH < 3   Farbbase, violett, pH 4−7   Anion, blau, pH > 8
(Flavylium)   (Flavenol)   (Flavenolat)

Kocht man zerkleinerte Blütenblätter einige Minuten lang mit 20prozentiger Salzsäure, so gehen die zuckerfreien *Aglykone* als Anthocyanidinchloride (394a) in Lösung. Ihre Spektren, in Methanol mit 0,01% HCl gemessen, zeigen recht nahe beieinander liegende Maxima:

a) Pelargonidin$^\oplus$
  (394a, 3.5.7.4'-OH) und −   520 nm Geranien,
b) Cyanidin$^\oplus$
  (394a, 3.5.7.4'-OH) und 3'-OH   535 nm Kornblume, Rosen,
c) Delphinidin$^\oplus$
  (394a, 3.5.7.4'-OH) und 3'.5'-OH   544 nm Rittersporn,
d) Päonidin$^\oplus$
  (394a, 3.5.7.4'-OH) und 3'-OCH$_3$ 532 nm Päonien,
e) Petunidin$^\oplus$
  (394a, 3.5.7.4'-OH) und 3'-OCH$_3$, 5'-OH   543 nm Petunien,
f) Malvidin$^\oplus$ (= Oenin$^\oplus$)
  (394a, 3.5.7.4'-OH) und 3'.5'-OCH$_3$ 542 nm Malven (Rotwein).

Wie können diese ähnlich gebauten, durchweg roten Kationen einmal rote, ein anderes Mal blaue Blütenfarbstoffe ergeben? Lange Zeit blieb WILLSTÄTTERS einfache Erklärung, daß ein alkalischer Zellsaft in den blauen unter den rechts aufgeführten Blumen zu tieffarbigen Flavenolationen (394c) deprotoniert, unwidersprochen. Als pH-Messungen aber Werte zwischen 3,8 und 5,0 auch in Kornblumen-, Rittersporn- und Petunienblütenblättern ergaben, mußte ein anderer Grund gefunden werden, auf den schon unsere kleine Auswahl hinweist: Alle Anthocyane aus tieffarbigen Blüten besitzen unmittelbar neben der 4'-OH-Gruppe noch wenigstens eine weitere, *nicht veretherte* OH-Gruppe. Diese Konstellation erlaubt es einem koordinationsfähigen Metallion, bereits bei pH 4,6 zwei Protonen zu verdrängen und die so doppelt festgehaltenen Farbstoffanionen über eine weitere koordinative Bindung an ein makromolekulares Saccharid zu heften. Eine dazu geeignete Polygalacturonsäurematrix fand E. BAYER neben Fe$^{3\oplus}$- und Al$^{3\oplus}$-Ionen im *Kornblumenblau* (395).

Chromosaccharide ähnlicher Bauart dürften in vielen tieffarbigen Blüten vorkommen. Es können bis zu 20% der Trockensubstanz reiner Farbstoff sein. In der Praxis werden farbstoffreiche Extrakte, z. B. aus Blaubeeren, dazu verwendet, Getränke, Konfitüren und Fruchtkonserven zu färben (Kap. 6.4).

(395)

Zur Konstitutionsaufklärung werden die Anthocyanidine in Alkalischmelzen gespalten. Dabei entsteht Phloroglucin und eine Phenolcarbonsäure, deren Identifizierung die Stellung der OH-Gruppen am 2-Phenylring erkennen läßt. Keine solchen OH-Gruppen besitzt das *Dracorhodin* (396) aus dem roten Harz des Drachenbaums. Dieses Harz war unter dem Namen »Drachenblut« früher ein Ausfuhrartikel Teneriffas.

(396)   (397)

Reduktion, genauer Hydrierung, entfärbt Flavenfarbstoffe unter Bildung eines 3.4-Flavandiols. So entsteht (397) aus Cyanidin. Ohne die 4-OH-Gruppe in Formel (397), aber sonst gleich gebaut sind die 3-Flavanole *Catechin* und *Epicatechin*. Diese zu den Gerbstoffen gehörenden Verbindungen werden umgekehrt durch Oxidation farbig und sind beispielsweise an der Braunfärbung von Laub beteiligt.

Die Synthese der Anthocyanidine gelingt nach ROBINSON (1934) durch Kondensation substituierter Hydroxibenzaldehyde mit Acetophenonderivaten.

Andere Pflanzenfarbstoffe

Betacyane (398, blaurot) und *Betaxanthine* (399, gelb) wurden zuerst aus Rüben isoliert, was ihnen den Namen eintrug. Sie liegen im Zellsaft als Glykoside vor und lassen sich durch Säurespaltung in die freien Betacyanide überführen. Farbschwachen Säften oder Tomatenmark werden sie als Schönungsfarbstoffe zugesetzt. Ihre Absorption und ihr Farbverhalten entsprechen dem der Pentamethincyanine mit variierter Endgruppe (vgl. Abb. 14).

(398)

(400)

(399)

(401)

(402)

Die Leukoformen zweier technisch genutzer Naturfarbstoffe leiten sich vom *Chromindan*-Grundgerüst ab. Gemeint ist das *Brasilin* (400, 3.9.10. μ-OH) des Rotholzes und das *Hämatoxylin* (400, 3.4.9.10. μ-OH) des Blauholzes, dessen Weltverbrauch 1950 immerhin noch 30000 t erreichte. Durch Oxidation gehen die farblosen Hydroxichromindane in die Farbstoffe *Brasilein* (152, R = H) und *Hämatein* (152, R = OH) über, auf deren Diarylmethin-Absorptionssysteme in Kap. 4.4 bereits hingewiesen wurde. Hämatoxylin dient u.a. zur Kernfärbung histologischer Präparate. Aus Quebrachoholz und Dividivschoten läßt sich die *Ellagsäure* (401) gewinnen, die man für gelbe bis olivgrüne Beizenfärbungen verwendete und die heute noch als Gerbstoff dient. Der einzige basische Naturfarbstoff, mit dem früher aus schwach saurer Lösung Wolle, Seide und tannierte Baumwolle brillant gefärbt wurden, ist das *Berberin* (402). Es kommt in der Stamm- und Wurzelrinde des Sauerdorns (Berberitze) vor, aber auch in der Colombowurzel. Noch heute dient es in Indien zum Gelbfärben von Leder.

Das scharf schmeckende Curcumin (326) wird als Farbstoff bei der Herstellung von Senf, Soßen usw. verwendet, dient aber auch zum Färben von Seifen, Papier und Holz. Es kommt in Curcuma-Rhizomen, auch Gilbwurz oder indianischer Safran genannt, vor und wurde wegen seiner Indikatoreigenschaft in Kap. 6.1 vorgestellt.

In die Systematik des Kapitels 4 hatten wir bereits eingeordnet: *Carthamin* (131), *Muscarufin* (132) und *Muscaflavin* (134) als Polymethinfarbstoffe in Kap. 4.3.2, *Lackmus* (308) als Oxazin-Farbstoff in Kap. 4.4.5, *Carotinoide* als Polyen-Farbstoffe in Kap. 4.5.1, *Chlorophylle* (193) und *Häm* (192) als Aza[18]-annulene in Kap. 4.6.1, *Indigo* und *Antiken Purpur* (197), *Alizarin* (212), *Kermes-* (223) und *Karminsäure* (224), *Hypericin* (233), *Juglon* und *Alkannin* (234) als Carbonyl-Farbstoffe in Kap. 4.7.

Unsere bewußt knappe Auswahl soll lediglich einen Einblick in die Vielfalt natürlicher Farbstoffe vermitteln. Die Beschäftigung mit diesen Verbindungen eröffnet zahlreiche Querverbindungen zu anderen Themen, etwa den Auf- und Abbauprozessen in lebenden Organismen oder der Wirkungsweise von Enzymen. Auch hier beschränken wir uns auf ein einziges Beispiel: Das gelbe *Riboflavin* (365) mit einem Alloxazinchromophor ist durch seinen 9-Ribitylrest wasserlöslich. Es gehört zum Vitamin B_2-Komplex und wirkt in Form des 5'-Phosphats als wasserstoffübertragendes Coenzym. Da es in Hefe, Leber, Milch – daher der ursprüngliche Name Lactoflavin –, Käse, Eiern, Bohnen usw. vorkommt, ist unser Tagesbedarf von nur 1,8 mg normalerweise leicht gedeckt.

Die technische Verwendung von Naturfarbstoffen

Außer zum Färben von Lebensmitteln (Kap. 6.4) werden in der Bundesrepublik nur noch wenige Naturprodukte verwendet: Gelegentlich dienen Blau-, Gelb-, Rot- und Fisetholzextrakte, Quercitron, Kamala sowie Kreuzbeerenextrakt zum Färben von Textilfasern, Leder, Haaren und Pelzen. Das *Cassler Braun,* das aus einigen Flözen der Kölner Braunkohle gewonnen wird, färbt außer Leder vor allem Packpapier, Firnisse und Holzbeizen.

Die folgende Tabelle enthält neben den meist ausländischen Färbedrogen, die früher technische Bedeutung hatten, einige heimische, die sich leicht, oft schon mit kochendem Wasser, extrahieren lassen. Bei färberischen Experimenten sollte man zum Direktfärben auf 100 g Wolle etwa 400 g Frischpflanzenmasse rechnen. Soll gebeizt werden, kommen dazu etwa 25 g Alaun.

Tab. 5: Naturfarbstoffe.

Färbepflanze bzw. Droge	Botanischer Name	Farbstoff teilweise als Glykoside		Vorkommen in
Färbeginster	*Genista tinctoria*	Genistein, Luteolin, Kämpferol		⎫
Färberscharte, Schüttgelb	*Serratula tinctoria*	Serratulan		⎪ Trieben,
Henna	*Lawsonia alba*	Lawson		⎬ Stengeln,
Chicarot	*Bignonia chica*	Carajurin, Carajuron		⎪ Blättern
Indigo, Waid	*Isatis tinctoria, Indigofera anil*	Indican, Indoxyl u.a.	+	⎭
Gilbkraut, Wau	*Reseda luteola*	Luteolin, Apigenin		
Johanniskraut	*Hypericum perforatum*	Hypericin		
Baumwollblüte	*Gossypium herbaceum*	Gossypitrin, Quercetin, Quercimeritrin, Isoquercitrin		
Chines. Gelbbeere	*Sophora japonica*	Rutin		
Ringelblume	*Calendula officinalis*	Lycopin, Rubixanthin, Violaxanthin		Blüten
Kreuzbeere	*Rhamnus cathartica, Rhamnus saxatilis*	Xanthorhamnin, Rhamnetin, Rhamnazin, Quercetin, Kämpferol u.a.		
Eibisch, Malve	*Althea rosea*	Oenin, Anthocyane		
Safflor, Distel	*Carthamus tinctorius*	Carthamin, Safflorgelb		
Kamille	*Matricaria chamomilla*	Chamazulen, Apigenin		Blütennarben
Safran	*Crocus sativus*	Crocin, Crocetin		Blattsaft
Aloe	*Aloe ferox, vulgaris*	Barbaloin		Harz
Drachenblut	*Calamus draco, Dracaena cinnabari*	Dracorubin, Dracorhodin	+	Markhöhlen
Chrysarobin	*Andira araroba*	Chrysophansäure, Frangulanol		Rhizomen
Kurkuma, Gilbwurz, indian. Safran	*Curcuma longa, tinctoria*	Curcumin		
Quercitron	*Quercus tinctoria*	Quercitrin		
Faulbaum	*Rhamnus frangula, Rhamnus purshiana*	Frangulanol, Frangulaemodin	+	Rinde
Chinagrün	*Rhamnus chlorophorus*	Locain		⎫
Sauerdorn	*Berberis vulgaris*	basisches Berberin		⎬ Wurzeln
Rhizoma rhei, Rhabarber	*Rheum spec.*	Frangulaemodin, Rhein, Physcion, Chrysophanol, Emodine		⎭

Tab. 5 (Fortsetzung).

Färbepflanze bzw. Droge	Botanischer Name	Farbstoff teilweise als Glykoside		Vorkommen in
Azafranillo	Escobedia scabrifolia	Azafranin		
Möhre	Daucus carota	Carotine		
Soranji	Morinda citrifolia	Morindon, Rubiadin*, Alizarin*, Soranjidiol, Morindanigrin, *(als 1-methylether)		
Mang-Koudu	Morinda umbellata			
Krapp, Färberöte	Rubia tinctoria	Alizarin, Purpurin, Rubiadin, Pseudopurpurin, Xanthopurpurin, Munjistin		Wurzeln
Munjeet	Rubia cordifolia	Alizarin, 2-Hydroxianthrachinon		
Indischer Krapp	Oldenlandia umbellata	Anthragalloldimethylether, Hystazarinmethylether, Alizarin-α-methylether		
Tokyoviolett	Lithospermum erythrorhizon	Shikonin		
Alkanna	Alcanna tinctoria	Alkannin, Alkannan		
Echtes Labkraut	Galium verum	Rubiadin, Alizarin, Pseudopurpurin	+	
Relbun	Relbunium hypocarpium	Purpurin, Pseudopurpurin, verschiedene Anthrachinone		
Gelbholz, Fustik	Morus tinctoria	Morin, Maclurin		
Fistetholz	Rhus cotinus	Fisetin, Myricetin	+	
Gelbholz	Chorophora tinctoria	Morin, Maclurin		
Echtes Rotholz	Caesalpinia spec.	Brasilein, Brasilin	+	Holz
Sandelholz	Pterocarpus santalinus	Santal, Santalin A, B, C, Pterocarpin, Homopterocarpin, Desoxisantalin		
Bar-, Cam-Holz	Baphia nitida	Santaline	+	
Blau-, Blutholz	Haematoxylon campechianum	Hämatein, Hämatoxylin		
Ca(te)chou, Mimose	Acacia catechu	Gerbstoffe		Holz und Blättern
Baumwollsaat	Gossypium herbaceum	Gossypol		
Gelber Mais	Zea mays	Kryptoxanthin, Zeaxanthin, Lutein		
Chines. Gelbschote	Gardenia grandifolia	Crocetin		Früchten, Samen
Citrin	Citrus spec.	Eriodictin, Hesperidin		

Tab. 5 (Fortsetzung).

Färbepflanze bzw. Droge	Botanischer Name	Farbstoff teilweise als Glykoside	Vorkommen in
Kamala	*Rottleria tinctoria*	Rottlerin	
Grüne Walnuß	*Juglans regia*	Hydrojuglon-Glucosid	
Anatto, Orlean	*Bixa orellana*	Cis-Bixin	
Rotes Palmöl	*Elaeis guinensis*	Carotine, Lycopin	
Beeren	*Vaccinium spec.*	+ Anthocyane	Früchten, Samen
	Rubus spec.		
	Ribes nigrum		
Schlehen	*Prunus spinosa*		
Fliederbeeren	*Sambucus nigra*		
Blaue Weintrauben	*Vitis vinifera*	Oenin, Anthocyane	Fruchthaut
Orseille, Persio, Lackmus	*Variolaria, Letharia, Pertusaria, Lecanora, Ochrolechia, Rocella spec.*	Azolithmin, Orcein, Orcin	ganzm Korpus
Pyocyanase	*Bacillus pyocyaneus*	Pyocyanin, (Oxi)Chlororafin	

Zum Färben werden häufig auch Kräuter benutzt, deren wirksame Inhaltsstoffe noch nicht untersucht sind. Bei grünen Pflanzenteilen dürften überwiegend Chlorophyll, Carotinoide und Xanthophylle färbewirksam sein.

Beispiele: Grüne Triebe, Blätter bzw. Blüten von Brennessel *Urtica dioica*, Spargelkohl *Brassica oleracea italica*, Luzerne *Medicago sativa*, Adlerfarn *Pteridium aquilinum*, Schachtelhalm *Equisetum spec.*, Espe *Populus tremula*, Birke *Betula alba*, Lärche *Larix decidua* +, Berglorbeer *Kalmia latifolia*, Liguster *Ligustrum vulgare*, Hemlockstanne *Tsuga heterophylla*, Maiglöckchen *Convallaria majalis*, Goldrute *Solidago virgaurea*, Echtes Mädesüß *Filipendula ulmaria*, Geiskraut *Senecio jacobaea*, Rainfarn *Tanacetum vulgare*, Färberkamille *Anthemis tinctoria*, Heidekraut *Erica vulgaris*, Mädchenauge *Coreopsis tinctoria*, Dahlien *Dahlia variabilis*, Geranien *Geranium spec.*, Rinde von Erlen *Alnus glutinosa* +, Wurzeln von Kanadischem Blutkraut *Sanguinaria canadensis*, Schwertlilien *Iris pseudacorus*, Früchte von Efeu *Hedera helix*, Schneebeere *Symphoricarpus albus*, Mahonie *Mahonia aquifolium*, Kreuzdorn *Rhamnus caroliniana* +, Kermesbeere *Phytolacca americana*, äußere Schalen der Zwiebel *Allium cepa* und Flechten der Gattung *Parmelia*.

Tab. 5 (Fortsetzung).

Tierische Naturfarbstoffe:

Rohmaterial bzw. Droge	Farbstoffe
Erythrocyten aus Blut	Hämin, Hämatoporphyrin
Säugetiergalle	Bilirubin, Biliverdin
Cochenille der weiblichen Schildlaus *Coccus cacti*	Carminsäure
Kermes der weiblichen Schildlaus *Coccus ilicis*	Kermessäure, Flavokermessäure
Lac dye, Stocklack von *Coccus laccae*	Laccainsäure A_1, A_2, B, C
Antiker Purpur, Sekret von *Murex brandaris*[+]	6,6'-Dibromindigo
Sepiatinte von *Sepia officinalis*	Sepiamelanin ⎫ s. Tab. 2 Pigmente
Indischgelb aus Rinderharn	Euxanthinsäure ⎭

[+] bedeutet: auch andere Arten der Gattung.

8. Geschichte der Farbenchemie

Die ältesten Zeugnisse für eine Verwendung von Farbstoffen dürften die Höhlenzeichnungen der Cro-Magnon-Kultur im Südwesten Europas sein. Mit farbigen Erden, zum Teil schon in erhärtenden Ölen angerührt, malten diese Menschen der Altsteinzeit, was ihren Lebenskampf bestimmte: Tiere und die Jagd. In über hundert Höhlen fand man unter anderem Muschelschalen und Knochennäpfe mit Resten der verwendeten Farben, die zusammen mit anderen Werkzeugen eine Eingrenzung der Epoche auf die Zeit von 35000 bis 8000 v. Chr. gestatten. Die hohe Perfektion der Höhlenbilder von Lascaux, Altamira oder Niaux und ihre Ausdruckskraft lassen allerdings den Beginn der kultischen Verwendung von Farben viele Jahrtausende früher vermuten. Die Frage nach dem ersten bewußten, noch keineswegs kultischen Gebrauch von Farben berührt das Rätsel der Menschwerdung, also der Unterscheidung vom Tier schlechthin. Es ist denkbar, daß unsere hominiden Vorfahren lange vor der sprachlichen Kommunikation eine Verständigung mit Farbsignalen begannen, indem sie beispielsweise ihre Hordenzugehörigkeit anzeigten, oder Empfindungen wie Freude, Trauer, Zuneigung, Aggressivität oder Unterwerfungsbereitschaft ausdrückten. Ob allerdings die moderne Psychologie beim Studium von Assoziationen oder Reflexen auf Farbreize vererbte Verhaltensmuster aufdecken kann, die in jener Frühzeit vorgeprägt wurden, dürfte fraglich sein.

Während im Westen gegen 8000 v. Chr. die darstellende Kunst mit der altsteinzeitlichen Jägerkultur erlosch, findet man östlich des Mittelmeeres in farbig verzierten Gefäßen Zeugnisse einer neuen Lebensweise, der von Ackerbauern und ersten Städtern. Möglicherweise sind bei dem Versuch, mit kupferhaltigem Malachit eine farbige Glasur zu erzielen, um 3900 v. Chr. in Ägypten ganz unerwartet Metallklumpen entstanden, die sich verarbeiten ließen. Zu solchen Zufallsentdeckungen, die immer wieder bei der Suche nach neuen Farben gemacht wurden, zählen Gerbstoffe, Heilmittel, Gewürze, sogar Sprengstoffe. War das Verlangen der Menschen nach schönen Farben schon im Altertum die Basis eines wichtigen Handels- und Wirtschaftszweiges, so ist es bis heute, zumal in Deutschland, eine wesentliche Voraussetzung für das schnelle Wachstum der chemischen Industrie geworden. Nicht nur in den Namen einiger großer Firmen dokumentiert sich das, sondern es läßt sich auch objektiv an der hohen Exportquote und am Anteil des Farbstoffsektors am Gesamtumsatz ablesen. 1977 hat die chemische Industrie der Bundesrepublik Deutschland bei einem Gesamtumsatz von 86 Mrd. DM u.a. produziert:

	in Mio. DM	Exportquote %
Pigmente (>700000 t)	2783	42,1
organische Farbstoffe (142000 t)	2482	73,0
Lacke, Anstrichmittel, Verdünner	3794	20,4
Chemiefasern	3827	70,2
fotochemische Erzeugnisse	1482	70,3

Da organische Materialien wie mit Pflanzensäften gefärbtes Leder oder Gewebe die Jahrtausende nur in äußerst seltenen Fällen überdauern konnten, ist der Zeitpunkt der frühesten Textilfärberei ungewiß. Farbige Leinenkragen, Mumientücher und teppichartige Mäntel blieben in Grabkammern erhalten, die vor 4000 Jahren in Ägypten errichtet wurden. Für etwa ebenso alt hält man gefärbte Seide aus China und bunte Kleider aus Syrien. Bewohner der palästinensischen Mittelmeerküste beherrschten die Purpurfärberei wohl schon um 1000 v. Chr. 200 Jahre später wurden in der phrygischen Kultur in Kleinasien außerdem Indigo, Safran und Krapp zum Färben von Teppich- und Stickgarnen verwendet. Farben waren kostbar und hatten in den verschiedenen Kulturen oftmals symbolische Bedeutung. So schreibt das 2. Buch Moses für priesterliche Kleidung und Ausstattung des Gotteszeltes die vier heiligen Farben Blau, Rot, Scharlach und Weiß vor, wobei mit Scharlach wahrscheinlich Kermes gemeint war. Die Lieferanten des Altertums, die Phönizier, verdanken ihren griechischen Namen, der nichts anderes als »die Roten« bedeutet, möglicherweise ihrer Färbekunst mit Purpur oder der Technik des Beizens mit Alaun, die sie ebenfalls beherrschten. Große Mengen von Schneckengehäusen im Abfall von Werkstätten, die man in der Nähe der ehemaligen Hauptstädte Tyros und Sidon fand, zeugen von der Bedeutung der Färberei. Aus einer winzigen Drüse in der Kiemenhöhle der Schnecken wurde eine Vorstufe des Farbstoffs gewonnen und nach verschiedenen komplizierten Verfahren appliziert. Ein Kilogramm Purpurwolle soll später in Rom umgerechnet 6000 Mark gekostet haben. Kein Wunder also, wenn ein solcher Luxusartikel nur dem Kaiser und − in Form eines Streifens an der Toga − den Senatoren vorbehalten blieb.

Safran, auch als Heilmittel geschätzt, kam auf der Weihrauchstraße aus Südarabien, Indigo auf der Seidenstraße aus Asien in den Mittelmeerraum. Die Römer benutzten »Indicum« hauptsächlich als Malerfarbe, da ihnen die Technik des Küpenfärbens vermutlich lange Zeit unbekannt blieb. Auch aus Germanien importierte Rom Farbstoffe, z. B. die aus Asche und Talg hergestellte Pomade *Sapo* zum Rot- und Blondfärben der Haare. Aus Gallien stammte mit Blaubeersaft, also Anthocyanen gefärbtes Leinen.

Mit dem römischen Reich verfiel der Orienthandel, blühte aber als zweiter Levantehandel mit Venedig als zentralem Hafen wieder auf. Hochburg der Färberei wurde im 12. Jahrhundert Florenz, das von den mittelalterlichen Tuchmachern in England und Flandern Stoffe bezog, während Indigo, Kermes, Safran, Sandelholz und Alaun aus dem Orient kamen.

Die Gewinnung und Verarbeitung der Naturstoffe erfolgte nach Methoden, die oft über Generationen als Geheimnis weitergegeben wurden. Eine Florentiner Kaufmannsfamilie namens ROCELA soll es seit dem 14. Jahrhundert verstanden haben, mit Flechtenfarbstoffen zu färben. Aus Rocela wurde Orcella, Orseille und Orcin (174), wie man heute die Muttersubstanz von Lackmus (308) nennt. Der Reichtum einiger Handelshäuser und die Begegnung mit anderen

Kulturen förderten die Künste, so daß es viele große Maler des Mittelalters nach Italien zog. Nicht selten gaben die Lieferanten der kostbaren Mineralfarben Lapislazuli, Zinnober, Terra di Siena, Mennige, Grünspan, Venezianischrot usw. auch selbst Gemälde oder die Gestaltung ihrer Paläste in Auftrag.

Die Entdeckungsreisen des 15. und 16. Jh. erschlossen neue Rohstoffe wie das Rot- und das Blauholz aus der Neuen Welt. Auch die Cochenillelaus, die noch heute zur Gewinnung des kosmetischen Karmins gezüchtet wird, ist seit damals bekannt. Der Seeweg nach Indien erlaubte es Portugal, große Mengen Anil, wie Indigo genannt wurde, nach Europa einzuführen. Hier wehrten sich zwar die Farbstoffhersteller gegen das fremde »Teufelszeug«, aber weder die Breslauer »Röte-Ordnung« von 1574, die die schlesischen Krappbauern schützen wollte, noch die gegen den Bengal-Indigo gerichtete »Reichspolizeiordnung« Kaiser Rudolfs II von 1577 konnten die Verdrängung der gehaltarmen europäischen Färbepflanzen Krapp und Waid aufhalten. Davon waren in der Gegend um Erfurt und Gotha 900 km^2 Ackerland betroffen, die ausschließlich dem Waidanbau dienten und eine wesentliche Basis der wirtschaftlichen Blüte Thüringens vor dem Dreißigjährigen Krieg waren. Die Nachfrage nach Farbstoffen wuchs im 17., 18. und 19. Jh. ständig, weil die Fürsten für ihre Höfe und Heere, das wohlhabende Bürgertum für Roben und die Ausstattung seiner Wohnungen immer höhere Ansprüche stellten. Auch wenn wir die erstaunliche Vielfalt der mit natürlichen Farbstoffen erzielten Textilfärbungen nur selten noch im Original bewundern können, geben viele zeitgenössische Gemälde immerhin einen eindrucksvollen Abglanz wieder.

Von Basel, Calw, Stuttgart, alles Städte mit Farbhändlerzünften, gingen immer wieder neue, bessere oder billigere Färbetechniken aus. Die Indigoeinfuhr verlagerte sich infolge der Kolonialisierung Indiens von Portugal zunächst nach Amsterdam und Antwerpen, später nach London. Mit dem blauen Pulver wurde viel experimentiert. WOULFE ließ Salpetersäure einwirken und erhielt 1771 die Pikrinsäure. UNVERDORBEN nannte 1826 eine beim Destillieren gewonnene Flüssigkeit »Kristallin«, deren Identität mit Anilin erst 1841 von HOFMANN erkannt wurde. KNOSP ließ sich 1855 ein Reinigungsverfahren für Indigo patentieren und setzte seine Konzentrate im In- und Ausland gut ab. SCHLIEMANN, der Entdecker Trojas, war als Farbenhändler in Petersburg so reich geworden, daß er 1866 sein Geschäft aufgeben konnte, um sich ganz der Archäologie zu verschreiben.

Im 19. Jahrhundert tauchten die ersten synthetischen Farbstoffe auf. Der Streit, ob nun PERKIN mit seinem Mauvein (170) oder WILLIAMS mit dem Cyanin (120) oder aber ein dritter der erste Farbstoffsynthetiker war, ist müßig; denn unbestritten steht fest, daß es PERKIN wie kein anderer verstand, seine Erfindung auch mit Gewinn zu verkaufen. Die Patente für neue Synthesen wurden in immer schnellerer Folge erteilt, und bald übertrafen die Echtheits- und Färbeeigenschaften der künstlichen Farbstoffe die der natürlichen. Unter den Farbstoffchemikern entbrannte ein wissenschaftlicher Wettkampf, der von wirtschaftlichen Interessen kräftig geschürt wurde. Da England die wichtigsten Indigoplantagen besaß, konzentrierte sich hier die Forschung auf das Alizarin, also das Krapp- oder Türkischrot, einen Exportartikel Frankreichs. 50 000 t Krappwurzeln mit 1 bis 2% Alizaringehalt wurden pro Jahr verarbeitet, davon allein ein Drittel in England. Im Gegensatz zum Indigo konnte das Syntheseprodukt sehr schnell den Markt erobern. 1867/69 erfolgte die Aufstellung der Alizarinformel und die Synthese durch GRAEBE und LIEBERMANN, am 25. 6. 1869 die Patentanmeldung in London genau einen Tag vor dem Eintreffen von PERKINS Anspruch. 1871, als 1 kg noch 270 Mark kostete, wurden bereits 15 000 kg Alizarin aus Anthracen produziert, 1877 überholte das synthetische Produkt bei gleichzeitigem Preisverfall das natürliche, und um 1900 kostete ein Kilogramm reine Substanz nur noch 6,30 Mark.

Die Produktion, die vor allem der BASF große Gewinne brachte, wurde bis 1924 auf 1120 Jahrestonnen gesteigert, ging dann aber zurück, weil Azofarbstoffe gleicher Qualität einfacher zu handhaben waren.

Das Schicksal der Thüringer 'Waidbauern hatte sich in den südfranzösischen Krappkulturen wiederholt, und es ereilte nach 1900 auch die Indigofera-Plantagen in Indien. Allerdings dauerte der Konkurrenzkampf länger:

1866 hatte VON BAYER Indigo durch Zinkstaubreduktion bis zum Indol abgebaut, seine Bruttoformel aufgestellt und über o-Nitro-zimtsäure (403) synthetisiert. Alle Synthesewege, auch der 1875 von CARO erprobte über Ethylanilin (404), blieben jedoch unwirtschaftlich im Vergleich mit dem Naturprodukt zu 20 Mark pro Kilogramm.

(403)   (404)   (405)   (406)

Die Farbwerke Hoechst und die BASF schlossen 1880 einen Kooperationsvertrag, aber noch 17 Jahre lang blieb der natürliche Indigo ohne Konkurrenz. 1890 erregte HEUMANN in Zürich mit zwei Synthesen Aufsehen. Die eine führte vom Anilin über das Phenylglycin (405), die andere vom Naphthalin über Phenylglycin-o-carbonsäure (406) zum Indoxyl. Beide wurden aufgegriffen, und in der BASF entschied ein Zufall zunächst zugunsten des zweiten Weges. Als nämlich bei einem Vorversuch ein Thermometer zerbarst, erwies sich Quecksilber als geeigneter Oxidationskatalysator. So konnte 1897 der erste »Indigo rein BASF« auf dem Markt erscheinen.

Unterdessen arbeiteten die Farbwerke Hoechst mit der Degussa zusammen, wo PFLEGER Versuche mit Natriumamid machte. Ihm gelang 1901 der Ringschluß des Phenylglycins in hoher Ausbeute, und da das Verfahren wirtschaftlicher war als die drei von der BASF praktizierten, zogen die Farbwerke Hoechst rasch nach. 1913 lagen die Produktionsziffern der beiden Kontrahenten fast gleichauf: Den 11 000 t importiertem Naturindigo standen 4500 t aus Hoechst und 4800 t aus Ludwigshafen bei einem Kilopreis von 6,50 Mark gegenüber. Danach wurde – mitbedingt durch den Kriegsausbruch – kein Naturindigo mehr nach Deutschland eingeführt. 1926 schlossen die beiden Werke mit der Degussa einen Vertrag, der es allen erlaubte, ausschließlich nach der Heumann-Pfleger-Methode (Kap. 4.7.1) zu produzieren.

Den führenden Platz, den Deutschland unter den Farbstoffproduzenten hatte, konnte die Bundesrepublik erst nach 1970 wieder zurückerobern, wie nachstehende Tabelle zeigt:

Entwicklung der Jahresproduktion in 1000 t:

	1913	1924	1938	1950	1958	1967	1972	1973
(Dt.)/BRD	(137)	(72)	(57)	30	33	78	125	133
USA	3	31	37	92	64	115	119	129
UdSSR	(4)	6	35	47	?	?	89	87
Japan	?	6	28	9	27	54	61	60
England	5	19	21	45	29	37	48	50
Frankreich	2	15	12	15	12	18	30	38
Schweiz	10	10	7	9	14	24	38	30*
ges.	161	164	220	322	ca. 450	650	700	730

* Berücksichtigt man beim Ländervergleich die Durchschnittspreise, so verschiebt sich eventuell die Reihenfolge des Jahres 1973: Schweiz 5,40 $/kg, BRD 4,75 $/kg, Frankreich 3,60 $/kg und Japan 2,70 $/kg.

Es würde zu weit führen, alle wichtigen Erfindungen ausführlich zu schildern und historisch einzuordnen. Wir begnügen uns mit einer Tabelle, in die wir auch die Entwicklung der frühen theoretischen Vorstellungen *(kursiv)* aufnehmen. Die wichtigsten neueren chemisch-physikalischen Theorien der Farbigkeit wurden bereits in Kap. 3.5 behandelt.

−35000 bis −8000	Höhlenmalerei altsteinzeitlicher Jäger in Südwesteuropa. Kulturepochen Aurignacien, Solutréen und Magdalénien des Cro-Magnon-Menschen
−5000	Ägypten: Keramik mit Jagd- und Schiffsbildern
−4000	östliches Mittelmeer: Gefäßmalerei, farbige Glasuren
−3000	Kupfersteinzeit: mehrfarbige Fresken bei Jericho
−2550	Ägypten: farbige Reliefs in einer Grabkammer
−1800	Ägypten: bunte Leinenkragen
−1450	Ägypten: Leinwanddecken mit vielfarbigen Mustern im Grab Thutmosis III
−1240	chinesische Seidengewebe

−1000	China: Malpinsel; wahrscheinlich ist die Lackmalerei noch älter.
	Mittelmeerraum: Purpurfärberei und Alaunbeizung, bunte Kleidung der Phönizier.
−800	Kleinasien: Teppiche und Stickereien der phrygischen Kultur.
−500	Griechen übernehmen Rußtinte und Papyrus aus Ägypten, Einbrennmalerei.
−300	EUKLID: »Optik« (Reflexionsgesetze u.a.).
ab −200	Rom dominiert im östlichen Mittelmeer, erster Levantehandel.
120	PTOLEMÄUS beschreibt Lichtbrechung in Wasser und Luft.
ab 7. Jh.	Ausbreitung des Islam; arabische Kunst.
um 1000	Der Mathematiker IBN EL-HAITHAM (= ALHAZEN, gest. 1039) schreibt über Optik: Licht geht vom Gegenstand zum Auge.
1082	Venedig erhält Zollfreiheiten, zweiter Levantehandel.
1100 bis 1250	Kreuzzüge.
1200	Färberei mit Naturfarbstoffen in Florenz.
1275	Der Perser AL SCHIRASI erklärt den Regenbogen.
13. Jh.	Woll- und Tuchhandel blüht in Oberitalien.
14 Jh.	Webereien verarbeiten in England Wolle, in Italien und Deutschland Seide, Tuche aus Flandern; Kirchen als wichtige Auftraggeber. (Katholische Farbensymbolik)
1457	Erster Mehrfarbendruck bei FUST und SCHOEFFER in Mainz.
15./16. Jh.	Küpen- und Beizenfärberei stark verbreitet; Malerei der Renaissance.
1516	Indigo gelangt nach Mitteleuropa; Einfuhrverbote um 1570.
17. Jh.	Um Avignon und im Elsaß bedeutende Krappkulturen.
1626	Gründung der »Färberkompagnie« (bis Ende 18. Jh.).
1680	In Portugal, ab 1700 in England, Textilmanufakturen mit 1000 und mehr Arbeitern.
1665	HOOKE: Licht als Welle.
1672	NEWTON: Spektrum, Korpuskulartheorie, 1676 Interferenz.
1678	HUYGENS: Wellentheorie (1690 veröffentlicht).
1704	NEWTON: »Optik«, Theorie modifizierbarer Korpuskeln.
um 1700	Berliner Blau.
1727	J. H. SCHULZE entdeckt Lichtempfindlichkeit der Silbersalze.
1746	EULER behandelt mathematisch die Wellentheorie des Lichts.
1750	Tapetendruck in England.
1758	Drogen- und Farbwarenhandlung Geigy-Merian in Basel.
1773	Eine süddeutsche Drogenhandlung bietet u.a. an: Blau-, Rot-, Gelbholz, Indigo, Pernambuk, Berliner Blau, Cochenille; 1 Pfund Indigo kostet soviel wie 1 Pfund Kaffee, Cochenille 30mal so viel.

1777	PH. O. RUNGE: *Farbenkugel.*
ab 1780	in Calw, ab 1800 auch in Stuttgart bedeutender Farbenhandel.
1798	Cassella als Handelsunternehmen gegründet.
1791	GOETHE: »*Beiträge zur Optik*«, *1810* »*Farbenlehre*«.
1800	HERSCHEL *entdeckt IR-Anteil der Sonnenstrahlung mit Thermometer.*
1801	J. W. RITTER: *UV-Anteil fotografisch nachgewiesen.* YOUNG *leitet Beugungsgesetze wellentheoretisch her.*
1815/16	FRESNEL *belegt mit der Interferenz den Wellencharakter des Lichts.*
1818	JASSMÜGGER entdeckt Teerfarbstoffe. BANCROFT: »Neues englisches Färbebuch« erscheint in Nürnberg.
1826	UNVERDORBEN erhält bei der Destillation von Indigo »Krystallin«.
1834	F. F. RUNGE entdeckt Anilin im Steinkohlenteer. Erste Anilinschwarz-Fabrik in Leverkusen.
1841	HOFMANN erkennt die Identität des von ZININ durch Reduktion von Nitrobenzol erhaltenen »Benzidam« mit »Anilin« und »Krystallin«.
1842	Farbenfabrik Siegle, München, stellt Farblacke aus Naturprodukten her (1848 nach Stuttgart).
1843	HOFMANN gelingt Anilindarstellung aus Benzol; er geht 1845 für zwanzig Jahre nach England.
1845	Farbenhandlungen Bayer in Barmen, Knosp in Cannstadt.
1848	Gewinnung von Kongorot; GUINON färbt Seide mit Pikrinsäure.
1856	HELMHOLTZ: »*Handbuch der physiologischen Optik*«. PERKIN: Mauvein (= tyrian purple, Anilinviolett), 1858 von Siegle auf den deutschen Markt gebracht. NATHANSON erhält Fuchsin aus Anilin (= Anilinrot) (s. 1859).
1857	GRIESS gelingt erste Diazotierung, 1858 publiziert.
1859	VERGUIN synthetisiert Magenta (= Fuchsin), von Frère et Frank, sowie von Knosp produziert.
1860	Erster internationaler Chemikerkongreß in Karlsruhe.
1862	Bayer nimmt Farbstoffproduktion auf.
1863	Farbwerke Hoechst: Aldehydgrün erster Schlager; Kalle gegr.; GRIESS: Erster Azofarbstoff Anilingelb; Bismarckbraun von MARTIUS

1864	Geigy-Merian, Basel, produziert synth. Anilinfarbstoffe.
1865	Neugründung der BASF in Ludwigshafen.
1867	Siegle produziert Jodgrün, Jodviolett, Methylviolett (Anilinfarbstoffe). HOFMANN gründet die »Deutsche Chemische Gesellschaft«.
1868	LAUTH: Methylviolett. GRAEBE *und* LIEBERMANN *versuchen, Farbzerstörung durch Reduktion und -wiedererscheinen durch Oxidation (Küpenfärberei) zu deuten* (Kap. 3.5).
1869	Englische Farbstoffpatente an GRAEBE und PERKIN.
1869/72	Hoechst und Bayer entwickeln Herstellungsverfahren für Alizarin; 1871 bereits 15000 kg. Viele neue Firmengründungen, aber auch -zusammenbrüche.
1870	v. BAEYER deckt Indigostruktur auf; Synthese gelingt 1878.
1871	MADDOX stellt mit AgBr-Gelatine fotografische Trockenplatten her. v. BAEYER entdeckt Phenolphthalein und Fluorescein.
1873	Fusion BASF/Knosp/Siegle, Vertretung in Rußland 1874; VOGEL: Farbstoffe als fotografische Sensibilisatoren.
1876	WITT: *Chromophorentheorie; Auxochrome 1888* (Kap. 3.5); E. und O. FISCHER klären Fuchsinkonstitution.
1877	Erstes deutsches Farbstoffpatent: H. CARO für Methylenblau. Mehr synthetisches Alizarin als natürliches (1888 ca. 2000 t).
1878	Hoechst: Patent für Ponceau-Farbstoffe, ab 1885 Herstellung von Methylenblau.
1879	NIETZKI (Kalle u. Co): Diazofarbstoff Biebricher Scharlach.
1884	BÖTTIGER gelingt Synthese von Kongorot.
1888	BOHN (BASF) und R. E. SCHMIDT (Bayer) arbeiten über Anthrachinon (Alizarincyaningrün G 1894). HALLWACHS: *Licht löst Elektronen aus.* HERTZ *bestätigt die* MAXWELL*sche Theorie durch Erzeugung und Empfang unsichtbarer elektromagnetischer Wellen.*
1890	HEUMANN: Neue Indigosynthese; O. FISCHER und E. HEPP: Konstitution von Mauvein geklärt.
1893	VIDAL: Schwefelfarbstoffe (Immedialschwarz V 1897 bei Cassella); A. LEHNE: »Tabellarische Übersicht über die künstlichen organischen Farbstoffe«, enthält 324 Nummern, davon 182 Azo- und 63 Triphenylmethanfarbstoffe (ergänzt 1899 durch 186 weitere, wovon 88 Azofarbstoffe).
1897	Der Preis von Ludwigshafener Syntheseindigo fällt auf 20% vom Naturprodukt; SANDMEYER-Verfahren 1899.

1900	PLANCK: *Quantentheorie;* AGFA: Metachromfarbstoffe für Wolle.
1901	BOHN (BASF): Indanthrenblau RS; Wortschutz.
1902	MIETHE entwickelt panchromatische Fotoplatte.
1903	DIDIER: Pinatypieverfahren.
1903/1904	KUGEL/LINSTEAD/LOWE: Phthalocyanine (s. 1927).
1904	LUMIERE: orthochromatische Fotoplatte.
1905	EINSTEIN: *Photonen; deren Gravitation 1911;* FRIEDLÄNDER: Synthese von Thioindigo.
1908	HAAS und HERZ (Cassella): Schwefelfarbstoff Hydronblau.
1909/1913	Naphthol AS-Forschung; PFEIFFER definiert Farblacke als Metallkomplexe.
1911	R. FISCHER: Dreifarbenfotografie (Vorarbeiten MIETHE 1908).
1913/1915	v. FRISCH: Farbensinn der Fische und Bienen.
1915	WILLSTÄTTER erhält Nobelpreis für Arbeiten über Chlorophyll und andere Pflanzenfarbstoffe (s. 1940); Ciba-Geigy: 1:1-Metallkomplexfarbstoffe, »Neolan«.
1916	»kleine« IG Farben (bereits 1904: Agfa, BASF, Bayer).
1918	OSTWALD: *»Die Farbenlehre«.*
1920	CLAVEL, DREYFUSS: Acetatfarben.
1921	Dispersionsfarbstoffe für Acetatseide u.a.
1922	Cibanonrot F4B; BADER: Indigosole (Durand, Basel).
1924	DE BROGLIE: *Dualismus Welle/Korpuskel (Nobelpreis 1929);* BADER, SUNDER: Leukoküpenfarbstoffe verbessert; Verwendung von Cyanurchlorid; Colour Index, 1. Aufl.
1925 – 1945	I.G. Farben: 1938 etwa 50 Produktionsstätten mit 218 000 Beschäftigten.
1925	Celliton-Dispersionsfarbstoffe.
1926	Nach Streichung von 60% der Handelstypen bleiben noch 32 000 Farbstoffe.
1927	Palatinechtfarbstoffe; DE DIESBACH: Kupferphthalocyanin entdeckt, 1933 von LINSTEAD aufgeklärt.
1928	Titanweiß; H. FISCHER: Häminsynthese (Nobelpreis 1930).
1929	Kodacolor-Umkehrfilm (16 mm).
1930	Bayer: Rapidogensortiment.
1932	NITSCH, KLARER erkennen Heilwirkung von Sulfonamiden.
1935	Kodachrome-Farbfilm; DOMAGK: Sulfonamid Prontosil.
1936	Agfacolor-Umkehrfilm.
1940	H. FISCHER: Chlorophyllstruktur aufgeklärt; M. RICHTER: *»Grundriß der Farbenlehre«;*

	v. STUDNITZ: Drei Zapfentypen der Netzhaut; Gasentladungs-Leuchtstofflampen.
1949	Hoechst: Reaktivfarbstoffe.
ab 1950	Synthesefasern erfordern neue Farbstoffe.
1951	Farbfernsehen in USA; Ciba-Geigy: 1:2-Metallkomplexfarbstoffe »Irgalan«.
1951/1952	Bayer, Hoechst, BASF wieder selbständig.
1952	»Indanthren« geschützt: überwachte Güteklasse; Hoechst: Remalan-Farbstoffe mit Vinylsulfongruppen.
1956	ICI: Procion-Reaktivfarbstoffe; Colour-Index, Neuauflage.
1957	Hoechst: Remazol-Farbstoffe; Ciba-Geigy: Cibacron-Farbstoffe.
1958	Bayer: Levafix-Farbstoffe.
1963	E. H. LAND: Polaroid-Sofortbild (Vorläufer 1947); Colour-Index, Ergänzungen.
1964	Colorthek-Farbatlas enthält 1320 Farbnuancen.
1966	Ciba: Lanasol-Reaktivfarbstoffe.
1970	Verwendung der Weltjahresproduktion von ca. 700000 t Farbstoffen: 60% Textilfärberei, 25–28% als Farben und Druckfarben, der Rest für Leder, Papier usw.
1971	Colour Index, 3. Aufl.

Anhang

Fremdwörter

Die folgende Liste enthält neben häufig gebrauchten Vorsilben und Wortstämmen einige Fachwörter, deren sprachliche Herkunft zu ihrem Verständnis beitragen kann.

A	α	Alpha	H	η	Eta	N	ν	Ny	T	τ	Tau
B	β	Beta	Θ	ϑ	Theta	Ξ	ξ	Xi	Y	υ	Ypsilon
Γ	γ	Gamma	I	ι	Jota	O	o	Omikron	Φ	φ	Phi
Δ	δ	Delta	K	κ	Kappa	Π	π	Pi	X	χ	Chi
E	ε	Epsilon	Λ	λ	Lambda	P	ρ	Rho	Ψ	ψ	Psi
Z	ζ	Zeta	M	μ	My	Σ	ς	Sigma	Ω	ω	Omega

': Hauchlaut (h) vor Vokalen   ': nicht angehaucht

ab- (auch *a-, abs-*), *lat.* = von ... weg
a-, an-, gr. ἀ-, ἀν- = ohne
ad- (auch *ac-, af-, al-, am-, ap-, as-, at-*), *lat.* = an ... heran
Akzeptor, lat. acceptor = Empfänger, Einnehmer
albus, lat. = weiß
allo-, gr. ἄλλος = anders, fremd
anelliert ← *lat.* anellus = kleiner Ring
anil, port. = Indigo, bzw. = blau (← *arab.* ← *sanskr.* ānīla = blauschwarz)
antho- ← *gr.* ἄνϑος = Blume, Blüte
anthra- ← *gr.* ἄνϑραξ = Kohle → *lat.* anthracinus = kohlschwarz
Applikation ← *lat.* applicatio = Anknüpfung, Anschließen
Appretur, frz. = Ausrüstung ← *nlat.* apprestare = herrichten, fertigmachen
aureus, lat. = golden
auxo- ← *lat.* auxilium = Zuwachs, Hilfe ← *gr.* αὔξω = ich vermehre
azo- ← *frz.* azote = Stickstoff ← *gr.* ἀ-ζωή = ohne Leben
batho- ← *gr.* βάϑος = Tiefe
Carrier, engl. = Träger, Mitnehmer ← *lat.* carrus = Transportwagen
Chelat ← *gr.* χηλή = Kralle, Krebsschere
Chlorophyll ← *gr.* χλωρός = grünend, hellgrün u. φύλλον = Blatt
Chromatographie ← *gr.* χρῶμα = Farbe u. γράφω = ich schreibe
Chromogen ← s.o. u. γεννάω = ich erzeuge, bringe hervor
Chromophor ← s.o. u. φορός = tragend
chryso- ← *gr.* χρυσός = Gold
Cochenille, frz. ← *lat.* coccum ← *gr.* κόκκος = Scharlachbeere
Corepotential, engl. core = Kern, Innerstes u. *lat.* potentia = Kraft, Vermögen

croceus, lat. = safrangelb ← *gr.* κρόκος = Safran
Cyan ← *gr.* κύανος = Blaustein, dunkelblaue Farbe, Kornblume
Desmotropie ← *gr.* δεσμός = Band, Strick u. τροπή = Wende, Wechsel
Dichroismus ← *gr.* δι- = getrennt-, doppel- u. χρόα = Haut(-farbe)
Dispersion ← *lat.* dispergere = zerstreuen, verteilen
Donator, lat. = Schenker, Spender → *engl.* donor
Email, frz. ← *afränk.* smalt = schmelzen
Emission, lat. emissio = Herausschicken, Ausströmenlassen, Entsenden, Abschleudern
Emulsion ← *lat.* emulgere = ausmelken
erio- ← *gr.* ἔριον = Wolle
erythro- ← *gr.* ἐρυθρός = rot, rötlich
eu-, gr. εὖ = gut-, wohl-, recht-
excitatorisch ← *lat.* excitare = hinaustreiben, anregen, erregen
Firnis ← *frz.* vernis, *ital.* vernice. Wahrscheinlich von *gr.* Βερενίκη, einer Stadt in Nordafrika, wo ein wohlriechendes Harz gewonnen wurde, vielleicht auch von *sanskr.* várṇah = Farbe, Teint
flavus, lat. = goldgelb
Fluoreszenz, engl. fluorescence ← *lat.* fluor = Strömen, Herausfließen u. Suffix -scere = beginnen, in Gang bringen
fulvus, lat. = braungelb, rotgelb
Fresken ← *ital.* fresco ← *adh.* frisc = frisch (bezog sich auf den Mörteluntergrund)
glaucus, lat. = grünblau (← *gr.* Γλαῦκος = ein Meeresgott)
halo-, gr. ἅλς = Salz, Genit. ἁλός
Häm-, gr. αἷμα = Blut
hapto-, gr. ἅπτω = ich hefte an
helio-, gr. ἥλιο = Sonne
hydrophob ← *gr.* ὑδρο- ← ὕδωρ = Wasser u. φόβος = Flucht, Scheu, Angst
hyper-, gr. ὑπέρ = über, oberhalb, über ... hinaus
hypo-, gr. ὑπό = unter, hinab
hypso-, gr. ὕψος = Höhe, Erhöhung
inhibitorisch ← *lat.* inhibere = hemmen
isosbestisch ← *gr.* ἴσος = gleich u. σβέσις = Auslöschen
irisieren ← *gr.* ἶρις = Regenbogen
Karmin ← *span.* ← *arab.* ← *pers.* (al)-kermès = Schildlaus u. *lat.* minium = Zinnober, Mennige
komplementär ← *lat.* complementum = Ergänzungsmittel, Ausfüllungsmittel
Korpuskel ← *lat.* corpusculum = Körperchen
krypto-, gr. κρυπτός = verborgen, versteckt

Lackmus, niederl. lakmoes = Mooslack, Flechtenfarbe; ← *arab./pers.* lakk ← *sanskr.* lākṣā́, rākṣā = rot u. *indogerm. Wurzel* (s)meu = Feuchtigkeit, Schimmel, Fäulnis
Lapislazuli ← *lat.* lapis = Stein u. lazuli, Genitiv von lazulum, auch lazurium (vgl.: Lasur)
Lasur ← *lat.* lazurium ← *arab.* lazaward ← *pers.* lāǧwärd = Lasurstein. Durch Weglassen des fälschlich als Artikel aufgefaßten »l« → *frz.* azur = himmelblau
latent ← *lat.* latere = verstecken, verbergen
leuko-, gr. λευκός = leuchtend weiß
Ligand ← *lat.* ligare = binden, anbinden
lipo-, gr. λίπος = Fett
luteus, lat. = orange
mauve, frz. ← *lat.* malva ← *gr.* μαλάχη = Malve
Melanin ← *gr.* μέλας = schwarz, dunkel
mero-, gr. μέρος = Teil, Anteil, Platz
mesomer ← *gr.* μέσος = mitten, mittlerer u. mero (s.o.)
Micelle ← *neulat.* mica = Körnchen, Krümchen
Mineral ← *mlat.* minera ← *kelt.* mina = Erzader
mono-, gr. μόνος = allein, einzeln, einzig
nematisch ← *gr.* νῆμα = Faden, Garn
neural ← *gr.* νευρά = Sehne, Faser, Saite, Schnur → *neulat.* nervus
niger, lat. = glänzend scharz
Nitro- ← *gr.* νίτρον = Salpeter (semit. Lehnwort)
nucleofug ← *lat.* nucleus = Kern u. fugere = fliehen, verschmähen
Ocker ← *gr.* ὠχρός = bleich, blaß, gelb
Oszillator ← *lat.* oscillatio = Schaukelbewegung
peri-, gr. περι = ringsum, um ... herum; übertragen: was anbetrifft
Phosphoreszenz ← *gr.* φως-φόρος = lichtbringend, leuchtend u. *lat.* Suffix -scere = beginnen, in Gang bringen
phlox, gr. φλόξ = Flamme
photo- ← *gr.* φῶς (Genit. φωτός) = Licht
Pigment, lat. pigmentum = Färbestoff ← pingere = malen
Pinatypie ← *gr.* πίναξ = Brett, Tafel, Gemälde u. τύπος = Vorbild, Modell, Muster
poly-, gr. πόλυς = viel
psittacinus, lat. = papageigrün → *gr.* ψίττακος = Papagei
purpureus, lat. ← *gr.* πορφύρεος = purpurrot, auch alle möglichen Rottöne
pyr-, gr. πῦρ = Feuer
Retarder ← *neulat.* retardare = verzögern
Rezeptor, lat. receptor = *(Wieder)-aufnehmer*
Rhodopsin ← *gr.* ῥόδον = Rose u. ὄψις = Sehen, Sehorgan, Anblick

roseus, lat. = rosenfarbig
ruber, lat. = rot
rufus, lat. = fuchsrot
scharlach ← *mlat.* scarlatum ← *pers.* säqirlāt = mit Kermes rot gefärbtes Kleid
Schellack, niederl. schel = Schale u. lak = Lack (s.o.)
sequestrieren, lat. sequestrare = vorübergehend in Verwahrung geben → sequester = Mittelsperson, Vermittler
Solvens, solvato- ← *lat.* solvere = lösen, ablösen
Sorption, Sorbat, Sorbens ← *lat.* sorbere = schlürfen
spektro- ← *lat.* spectrum = Erscheinung (in der Vorstellung), Schemen
Spike, engl. = Spitze, Nagel
spiro- ← *gr.* σπεῖρα = Windung, Schlinge
sterisch ← *gr.* στερεός = starr, fest, standhaft
strepto- ← *gr.* στρεπτός = Halsband, Halskette; geflochten, gewunden
substantiv ← *lat.* substantivus = selbständig, für sich selbst bestehen könnend
Substrat ← *lat.* substratus = Unterlegen, Unterstreuen
tauto-, gr. τὸ αὐτό, ταὐτό = dasselbe
Tempera, ital. ← *lat.* temperare = richtig zusammensetzen
Tusche, frz. toucher = berühren ← *populärlat.* toccare ← (vermutlich) *gr.* τήκω = ich schmelze, löse auf, mache flüssig
Umbra, lat. = Schatten
Viskose ← *lat.* viscum = Mistel; auch der aus den Mistelbeeren bereitete Vogelleim
xantho-, gr. ξανθός = gelb

Literatur

Lehrbücher und Nachschlagewerke

Rys, P. und *Zollinger, H.:* Leitfaden der Farbstoffchemie; Verl. Chemie, Weinheim (^{2}1976)

Griffiths, J.: Colour and Constitution of Organic Molecules; Academic Press, London (1976)

Schweizer, H.-R.: Künstliche organische Farbstoffe und ihre Zwischenprodukte; Springer-Verl., Berlin-Göttingen-Heidelberg-New York (1964)

Ullmanns Encyklopädie der technischen Chemie, 3. Aufl.; Urban & Schwarzenberg, München-Berlin-Wien (1951 – 1969) und 4. Aufl., Bd. 1 – 16; Verl. Chemie, Weinheim-New York (1972 – 1978)

Landolt-Börnstein, 6. Aufl.: Zahlenwerte und Funktionen, Atom- und Molekularphysik, 3. Teil, Molekeln II (Elektronenhülle); Springer-Verl., Berlin-Göttingen-Heidelberg (1951)

Colour Index, 3. Aufl., Vol. 1 – 5; Soc. of Dyers and Colorists, Bradford/England (1971) und Am. Ass. of Textile Chemists and Colorists, Research Triangle Park, North Carolina (1971)

Schultz, G.: Farbstofftabellen, 7. Aufl.; Akad. Verl.-Ges., Leipzig (1931), Erg.-bd. I (1934), Erg.-bd. II (1939)

Winnacker-Küchler (Hrsg.): Chemische Technologie, 3. Aufl., Bd. 4, S. 234 – 421; Carl Hanser Verl., München (1972)

Richter, M. (Hrsg.): Die Farbe; Musterschmid, Göttingen-Frankfurt-Zürich (ab 1952)

Literatur zu Einzelthemen

Autrum, H.: Colour Vision in Man and Animals; Naturwissenschaften 55, 10 – 18 (1968)

Bayer, E.: In der Natur vorkommende Metallkomplexe; Chimia 16, 333 – 339 (1962), sowie: Komplexbildung und Blütenfarben; Angew. Chemie 78, 834 – 841 (1966)

Bielig, H. J.: Farbstoffe, natürliche – in Ullmann, 3. Aufl., Bd. 7, S. 84 – 144 (s. o.)

Bloching, H.: Chemische, physikalische und farbmetrische Grundlagen zur Funktion von Bleichmitteln und Weißtönern beim Waschen; Henkel Waschmittelchemie, S. 137 – 154 (1976)

Dähne, S. und *Leupold, D.:* Kopplungsprinzipien organischer Farbstoffe; Angew. Chemie 78, 1029 – 1039 (1966)

Dähne, S.: Colour and Constitution: A Centennial Research Work; Science (Washington) 199, 1163 (1978)

Dähne, S.: Die historische Entwicklung der Farbstofftheorien I und II; Zeitschr. f. Chemie 10, 133 – 140 u. 168 – 183 (1970)

De Valois, R. L.: Physiological Basis of Color Vision – in *Richter* (Hrsg.): Die Farbe 20, 151 – 169 (1971) (s. o.)

Dix, J. P. und *Vögtle, F.:* Ionenselektive Kronenetherfarbstoffe; Angew. Chemie 90, 893 (1978)

Eggers, J.: Chemie der Photographischen Farbentwicklung; Chimia 15, 499 – 512 (1961)

Förster, T.: Farbe und Konstitution organischer Verbindungen vom Standpunkt der modernen physikalischen Theorie; Zeitschr. f. Elektrochemie 45, 548 – 573 (1939)

Franke, W.: Nutzpflanzenkunde; Stuttgart (1976)

Friedlaender, P. – *Fierz-David, H. E.:* Fortschritte der Theerfarbenfabrikation, Teil 1 (1888) bis 25. Teil (1942); Verl. Julius Springer, Berlin

Gold, H.: Leuchtfarbstoffe – in Ullmann, 3. Aufl., Bd. 11 (s. o.) und 4. Aufl., Bd. 16 (s. o.)

Grinter, R. und *Heilbronner, E.:* Energie und Ladungsverteilung von elektronisch angeregten Zuständen mehrfach substituierter Benzole; Helv. Chim. Acta *45*, 2496–2516 (1962)

Grüb, H.: Farbquellen der Natur; Bild der Wissenschaft *10*, 664–671 (1973)

Hensel, H. R.: Reaktivfarbstoffe, Geschichte einer Entdeckung; ChiuZ-Sonderdruck (1970)

Holzer, K.: Neue Entwicklungen auf dem Lackgebiet; Die BASF *04*, S. 50–59 (o. J.)

Kläui, H. und *Isler, O.:* Warum und womit färbt man Lebensmittel?; ChiuZ *15*, 1–9 (1981)

Klessinger, M.: Konstitution und Lichtabsorption organischer Farbstoffe; ChiuZ *12*, 1–11 (1978)

Kraetz, O.: Farbstoffe, synthetische: Geschichtliche Entwicklung – in Ullmann, 4. Aufl., Bd. 11, 135–137 (s. o.)

Kuhn, H.: Elektronengasmodell zur quantitativen Deutung der Lichtabsorption von organischen Farbstoffen,
Teil I; Helv. Chim. Acta *31*, 1441 (1948)
Teil II A; Helv. Chim. Acta *34*, 1308 (1951)
Teil II B; Helv. Chim. Acta *34*, 2371 (1951)
Teil II C; Helv. Chim. Acta *36*, 1591 (1953)

Labhart, H.: Einführung in die Physikalische Chemie V; Springer-Verl., Berlin-Heidelberg-New York (1975)

Langer, H. (Hrsg.): Biochemistry and Physiology of Visual Pigments; Springer-Verl., Berlin-Heidelberg-New York (1973)

Langhals, H.: Farbstoffe für Fluoreszenz-Solarkollektoren; Nachr. Chem. Tech. Lab. *28*, 716–718 (1980)

Lehne, A.: Tabellarische Übersicht über die künstlichen organischen Farbstoffe; Verl. Julius Springer, Berlin (1893), Ergänzungsband (1899)

Luck, W.: Gekoppelte Vorgänge beim Färbeprozeß; Angew. Chemie *72*, 57–70 (1960)

Merck AG (Hrsg.): Komplexometrische Bestimmungsmethoden mit Titriplex; Darmstadt (o. J.)

Musso, H. u. a.: Lackmus; Angew. Chemie *73*, 665 (1961)

Mutter, E.: Kompendium der Photographie, Bd. 1; Verl. Radio-Foto-Kinotechnik, Berlin (^{2}1972)

v. Nagel, A.: Fuchsin, Alizarin, Indigo; BASF-Archiv *1*, sowie: Indanthren, Komplexfarbstoffe, Tenside; BASF-Archiv *2* (1968)

Nickel, V.: Reaktionen mit Wursterschen Kationen; ChiuZ *12*, 89–98 (1978)

Noll, W.: Chemie vor unserer Zeit: Antike Pigmente; ChiuZ *14*, 37–43 (1980)

Optische Anregung organischer Systeme, 2. Internat. Farbensymposium 1964 auf Schloß Elmau; Verl. Chemie, Weinheim (1966)

Pestemer, M. und *Brück, D.:* Farbstoffe, synthetische, organische – in Ullmann, 3.Aufl., Bd. 7, S. 114–183 (s. o.)

Püschel, W.: Die Farbphotographie; ChiuZ *4*, 35–41 (1970)

Rhyner, P.: Historischer Überblick über die Entwicklung der Farbenchemie und Farbenindustrie; Ciba Geigy (o. J.)

Schetty, G.: Über den sterischen Bau der 1:2-Metallkomplexfarbstoffe; Chimia *18*, 244–251 (1964) und Helv. Chim. Acta *57*, 2149 (1974)

Schirm, E.: Über das Wesen der Substantivität; J. f. prakt. Ch. N. F. *144*, 69–92 (1935)

Schuster, C.: Vom Farbenhandel zur Farbenindustrie; BASF-Archiv *11* (1973)

Schwarzenbach, G.: Aciditätskonstanten, Resonanzenergien und Lichtabsorption bei einfachen Farbstoffen; Zeitschr. f. Elekrochemie *47*, 40–52 (1941)

Schweppe, H.: Farbstoffe, natürliche – in Ullmann, 4. Aufl., Bd. 11, S. 99–133 (s. o.)

Vogt, H.-H.: Farben und ihre Geschichte; Stuttgart (1973)

Wald, G.: Die molekulare Basis des Sehvorgangs (Nobel-Vortrag); Angew. Chemie *80*, 857–920 (1968)

Wizinger, R.: Die Inversion der Auxochrome; Chimia *15*, 89–105 (1961)

Register

Seitenzahlen im **Fett**druck bedeutet schwerpunkmäßige Beschreibung, *Kursiv* bedeutet Abbildung bzw. Strukturformel.
F. steht für »Farbstoffe«

Abietinsäure *144*, 145
Abschmelzen 109, 111
Absorption
– beim Färben 156
– von Licht 8, 10, 12, 14, 21, 25, *32*, 41, *46*, 50, *52f*, 55, 59, 60f, 63, 67, 70, 72, 78, 93, 104, *107*, *129*, 185, *186*, 188, *201*, 202, 204, 208, *219*, 220
Absorptionsspektren *14f*, 31f, 41f, *50*, 52, *56*, *62f*, 71, 95, 119, *179*, *184*
Absorptionssystem 25, 28, 30f, 33, 36, 44, 48, 54, 59, 68, 71, 182f, 185, 192, 197f, 200, 211f, 217f
Abstoßungskraft 158
Acceptor **28f**, 45, 47, 49ff, 72, 78, 212
Acetatverfahren 150
Acraminverfahren 146
Acridin-F. 105f, 109, **112–114**, *113*
– gelb 113, *114*
– orange 62, 106, 113, *114*
Acridiniumgelb *114*
Acrylsäureamid 177
additive Farbmischung 12–14
adjektive F. 162
Adsorption 156, 163, 176, 178, 204
Affinität 8f, 156f, 161, 163, 169, 173
Agfacolor 208, *209ff*, 246
Akzeptor 25, *26*, 28, **34**, 41–44
Alcian-F. 170
Algol-F., AlgolgelbGC 127, *130*
Alizarin 49, *50*, 117, *128f*, 131f, 171, *188*, 233, 235, **241**, 245
Alizarin- *191*
– cyaningrün G 129, *130*, 245
– direktviolett EBB *129*
Alizaringelb GG 181, *191*
– – R 94, *95*, 191

– reinblau B 129, *130*
– schwarz S *135*
Alkaliblau 111
Alkannin *135*, 224, 233, 235
Alloxazin 233
Amaranth S 221, *222*
Amidogelb E *96*
Amino-
– anthrachinon 27
– azobenzol *24*, 25, *27*
– azoverbindung *84*
– chinon 50, *51*
– naphtholrot G *164*
– stickstoff 77
anellierte Ringe 98, 132–134
Anilin 75, *76f*, 110f, *116f*, *126*, 240, 244
– farben 110, 245
– blau 111
– gelb *87*, 244
– schwarz 116, *117*, 171, 244
– sulphonphthalein 183, *184*
– violett 117, 244
anionische F. 30, 111f, 129, 151f, 160f, **163f**
Annulene 28, *52*
Anregung 12, *51*, 53ff, 205, 218
–, n→π*- 25, 28f, 70, 98
Anthanthron-F. *133*
Anthocyane *27*, 221, *223*, 227, **229–232**, *230*, 234, 236, 239
Anthrachinon-
– carbazole 135
– F. 29, 45, 49, *125*, *128*, *131*, **128–132**, 163, 168, 173, 188, 245
Anthrasol-
– blau IBC *132f*, 170
– F. 127, 132f, 138, **170**
Anthrimide 135f
Antiauxochrom 65, *67*, 191, 229
Antioxidantien 224
Apigenin *228*, 234
Applikation 155
Aquarell-F. 143
Aromaten *24f*, 98
Artisilblau GLF *134f*

Arylmethin-F. *71*, **104–118**, *104–108*, 146, 162, 180, 185
Assoziation 157, 160, 163, 169
Astacin *120*
Astaxanthin *120*
Astra-
– phloxin FF *100*
– zon
– – blau G 111
– – gelb 3GL 100, *101*
– – rot G *100*
Aufheller → Weißtöner
Auge 10, *17f*, 20
Auramin (0) *42*, 105, *112*, 146
Aurin 105, *106f*, 109
Auxochrom **64**, *65*, 67, 245
Aza-annulene *24*, 29, **121–124**, 162, 233
Azacyanine 101
Azafranillo 224, 235
Azamethine 86f, 180
Azin-F. 106, **116–118**, *117*, 171, 187, *196*
Azobenzol 47, *50*, 75, *76*
Azo-F. *29*, 45, 47ff, *50*, 68, **75–95**, *82*, *84*, *86*, *89*, 102f, 121, 146, 162f, 167, 169, 171, 173, 180, 189, **191**, *193*, 200, 203, 241, 244f
Azorubin 221, *222*
Azulen *24*, 28, *71*, 98

Back-F. 137–139
Basazol-F. 177
basische F. → kationische F.
Bathochromie **14**, 41–44, 48f, 53, 113, 182, 188f, 211
Bathorhodopsin → Prelumirhodopsin
Baumwolle 30, 150f, 154, 169, 171
Beetenrot 221
Beizen-F. 30, 109, 117, 129, 131, 134, 151f, 160, 168, 171, 233, 243
Beizenviolett *172*

Benzanthron 133, *134*
Benzaurin *26f*, *35*, 36, 44, 105, *106*, *109*
Benzidin 76, *91f*, 170, 197
Benzo-
— lichtgelb 4GL 165, *166*
— purpurin 4B *191*
Banzthiazol *86*, 103, 138
Benztriazol *80*
Benzylorange *190*
Berberin *232*, 233f
Berliner Blau 141f, **143**, 243
Betacyane *232*
Betanin **221**, 224
Betaxanthin *232*
Biebricher Scharlach 245
Bilirubin **121**, 224, 237
Bindemittel 143, 146
Bindschedlers Grün *26*, *35*, 42, 44, 62, 106, *116*
Bindungsarten 158, *159*
Bismarckbraun **87**, 92, 244
Bixin *48*, 119, *120*, 221, *223*, 224, 236
Blankophor R 219
Blaugrünkuppler *213*
blockieren 163
Blüten-F. 226ff
Bonner Punkt 65
Bordeaux B/S 221, *222*
Brasilein *112*, 232, 235
Brasilin 224, *232*, 235
Brenzcatechinviolett 201, *202*
Brillant-
— gelb BL *192*
— grün 111, *185*
— indigo 4B *125*, 127
— kresylblau *196*
— orange RK *133*
— rosa 114, *115*
— säuregrün BS 221, *223*
— schwarz BN 221, *223*
de-Broglie-Beziehung **38**f
Brom-
— chlorphenolblau *183*
— kresolgrün *14*, *179ff*, *183*
— kresolpurpur 181, *183*
— phenolblau 110, 181, *183*
— phenolrot *183*
— thymolblau 181, *183*
— xylenolblau *183*
Brönsted-Basen/-Säuren → Protolysen
Brooker-Verschiebung *46*
Brückenglied 173
Bunte-Salze 170
Buttergelb *87*

Calcobound-F. *176*
Calconcarbonsäure *202*, 203
Caledon-Jadegrün 133, *134*
Caledonrot XB5 130
Canthaxanthin 119, 221, *223*
Caprilblau 106, *117*
Capsanthin 119, 221, *223*
Carajurin 224, 234
Carbazol-F. *118*, 137f
Carbazolindanilin *116*
Carbinolbase *98*, *107f*, 110f, 183f, *186f*
Carbocyanin-F. *100*
Carbolanviolett 2R 129, *130*, *164*
Carbonyl-F. 28f, *98*, 102, *125*–*137*, 146, 162, 233
Carmin → Karmin
Carmoisin 221, *222*
Carotinoide *24*, 28f, *47f*, *119*, **119**f, 145, 221, *223*, 224, *226f*, 233, *235f*
Carrier **154**, 157, 167
Carthamin *102*, 224, 233f
Cassler Braun 142, 233
Catechin 231
Cellitonecht-
— blaugrün B *129*, 168
— F. 246
— gelb G *89*
— — 7G *103*
— — 2R *96*
Cellitonscharlach B 167, *168*
Cellulose 145, *149*, 150ff, 164, 169, 173f, *193*, 217f
Cerenkow-Leuchten 12
Cerimetrie 194, *195*
Chelat *88*, 125, 146, 199, 202, 229
Chelateffekt *199f*
Chemiefasern 147, **151**–**155**, *151ff*, 167, 219, 238, 247
Chemolumineszenz 12, 178
Chicarot 224, 234
Chinacridon *71*, *136*, 145
Chinaldin 99
Chinaldinrot *192*
Chinizarin *129*
Chinolin 99, 168, *219*
Chinolinblau 99
Chinon-F. 227
Chinonimine *80*, *105f*, **115**f, *117*, 138, *201*, 207, 213
Chinontheorie 64
Chinophthalone 102, *103*
Chinoxaline *174*
Chloranil *118*

Chlorantinlichtgrün BLL *93*, 95
Chlorantinlichttürkisblau GLL *52*, 124
Chlorophyll 15, 29, 52f, 119, 121, *122*, 198, 202, **221**, *223*, 224, 226, 233, 236, 246
Chlorphenolrot *183*
Chromazurol S 109, *202*
Chromen *228*
Chromierungs-F. 94, 109, 164, 168
Chromindan 112, *232*
Chromogen 23, 28f, 46, **64**, 98, 173
chromogene Entwicklung **210**ff, *214*
Chromon *228*
Chromophor 7, **26**, 48, 51, **64**, *65ff*, 70, **106**, 245
Chromophthal-F. 91, 145f
Chromosaccharide 230
Chromotrop FB 221, *222*
Chromviolett Gy *109*
Chrysin *228*
Chrysoidin 87
Ciba-
— blau 2B 127
— cetylviolett 5R *89*
— cronbrillantrot 3B *174*
Cibanon-F. *130*, 246
Cibatin 132
CIE-Normfarbtafel *16*, 21f
Citronin A *96*
Cobaltblau *141*, 143
Cochenille 131, 221, *222*, 237, 240, 243
— rot A 221, *222*
Coil-Coating 145
Colour Index **30**, 78, 221, 224, 246f
Corepotential 32, 39
Coulomb-Kräfte 158
— Wechselwirkung 32
Crocetin *120*, 234f
Crocin **120**, 224, 234
Crotonaldehyd *121*
Cumarine *219*
Curcumin *192*, 221, *222*, 224, 233f
Cyanacetophenon *212*
Cyanidine 29, *230f*
Cyanin (-F.) *24f*, 29, 34, 38, *40*, *42*, *56f*, *97*, **99**–**101**, *102f*, 110–112, 162f, 240

Cyaninblau (Kornblume) 229, *230*
Cyanurchlorid *93*, *95*, 130, 139, **173f**, 246

DABCO *175*
D-Aryl-F. **188**
Dehydrothiotoluidin *139*
Delphinidin *230*
Desaktivierung 53f, 61ff
Desensibilisator 96, 203, *204*, 206
Diamantschwarz PV *94*, 172
Diaminblau 6G *165*
Diamingrün B *92*
Diaminochinon *24*, *42*
Dianisidin *91*
Dianthrachinonyl-F. 193
Diarylaza-Indikatoren **187**, *194f*, 196
Diarylmethin-F. 29, 36, *112*, 115, 232
Diazoamino-Verbindung *84f*
Diazoniumsalz *76*, 78, *79f*, 82
Diazotat 80
Diazotierung *76f*, **78 – 80**, *79*, *84*, 168, 171, 244
Diazotypie 80, **83**
2,6-Dichlorphenol-indophenol *44*, *196*
Dichroismus 59
Diffusion 155, 216
Diffusionsverfahren 215 – 217
Dihydroxiazo-F. 203
4-Dimethylamino-azobenzol *50*
Dimethylgelb *190*
Dimethylhydrazin *175*
Dimroth-F. 46, *47*
2,6-Dinitrophenol 181
Dioxazin-F. **118**, 146
Diphenylbenzidinsulfonate *197*
Diphenylmethan-F. **104ff**, *112*
Diphenylpolyen 48, *49*, **120**
Dipol-Bindungen 158 – 161
Dipyridinium *197*
direkte Färbeverfahren 103, **160 – 166**
Direkt-F. 30, 91, 94, 103, 124
Direkttiefschwarz EW *92*
Dispergiermittel 143, 146, 167, 170
Dispersionseffekt 158, 165

Dispersions-F. 30, 89, *96*, 103, 129f, 151 – 157, 160f, 164, **166 – 168**, 172, 246
Dispersogen 167
Dithiazolanthrachinon-F. 130
Dithionit 169f
Dithizon *202*
Doebners Violett *106*, 111
Donator 25, *26*, 28, **34**, 41f, 44, *96*, 185, 188
Donor **28**, 45, 47, 49ff, 73, 78
Donor-Acceptor-Chromogene 29, 50, 72
– – -Chromophore 45
Dracorhodin *231*, 234
Dreielektronenbindung 69
Dreischichtenfilm 207ff
Drimaren 173, *174*, 175
Druck 130, 133, 140, 145f, 170f, 177, 224
Düsenfärbung 146, 154

Eau de Javelle 149, 152
Echtlichtgelb G *88*
Echtrot A *87*, 88
Echtsalz 91
EDTA 199, *200*
egalisieren 163, 167
Einelektronenfunktion 33
Einschlußverbindung 161
Eisbergstruktur 157
Eisfarben **90**, 171, 177
Eiweiß 148, 151, 153, 177
Elektronenenergie 61
Elektronengas 7, 30, **33ff**, *34*, 39, 44, 46, 54, 72
elektrokinetische Wechselwirkung 158
Ellagsäure *232*, 233
Emeraldin *116*
Emission 8, 10ff, 63, 218
Emodine 131, 234
Empfindlichkeit, spektrale *15*, 17, 213
Emulgator 167
Emulsion, AgBr *204*
Energieniveau 12, *61*
Entwickler 206, *207*, 210 – 216, *211*, *214*
Entwicklungs-F. 30, 90, 124, 151f, 160f, **168 – 172**
Eosin 105, *114*, 220
Epicatechin 231
Epsilonblau *191*
Erdfarben 141
Eriochromschwarz T *94*, *202*, 203

Erythrosin *114*, 221, *222*
Euxanthon 226
Extinktion 15, **53 – 56**, 72, 179, 187
Extinktionskoeffizient 53, 180

Fanalfarben 105, 112, 145
Farbanteil, spektraler 21
Farbbasen 146
Färbebad 154, *156*
Färbegleichgewichte 156f
Färbekinetik 158
Färbemechanismen **155 – 161**
Farbenkreis 12, *13*
Farbensehen 8, 9, **15 – 22**
Färbereimaschinen *147*, 155f, 169
Färbestatik 156
Färbeverfahren 8f, 78, 99, 105, 113, 118, **140 – 177**, *160f*
Farbfernsehen 12f, 247
Farbfotografie 99, 115, 204, **207 – 217**
Farblack 142, *145f*, 171, 244, 246
Farbmetrik 8, **21f**
Farbmittel 23
Farbregeln **43f**, 211
Farbstoff **23ff**, 29f, 37, 161, 245f
–, Einteilung **29ff**
–, Theorien **63 – 74**, *73*
–, Produktion 140, *238*, *242*, 247
Farbverschiebung 35
Farbwahrnehmung 10, 12, 15, 17, *18*, 21
Fasern **147 – 155**, *151 – 153*, *160*
Ferroin *195*, 198, 200
Fettblau Z *116*
Fischer-Base *100*
Fischer-Entwickler *211*, 213
Fisetin *228*, 235
Flavandiol *231*
Flavanthron *133*
Flavazin *88*
Flaven *228f*, *230f*
Flavon *228f*
Flavoxanthin 221, *223*
Fluorenchinon 106, *115*
Fluoren-F. *106*, **112 – 115**
Fluorescein 62, 106, 110, *114*, 220, 245

Fluoreszenz 8f, 13, 52, 61, 62f, 101, 105, 112f, **114**, 136, 178, 206, 217f, *219f*, 229
Flüssigkristalle *59f*
Formazan-F. *202*
Fotografie 9, 96, 100, 105 **203 – 217**
Fovea 17
Frequenz **10**
Fuchsin 105, *107*, **110**, 185, 244f
fuchsinschweflige Säure 105, *110*
Furan *219*

Gallen-F. 121, 226
Gallocyanine *117*
Gegenfarbentheorie 15, 20
Gelbkuppler *211*, 212
Gelborange S 221, *222*
Genistein *228*f, 234
Grenzpuffer 181
Grenzzustand 66

Hämatein *112*, 232, 235
Hämatoxylin 224, *232*, 235
Hamiltonoperator 31f, 36
Häm(in) 29, 53, 121, 123, 233, 237, 246
Hämoglobin 121, *122*
Hansagelb G *89*
haptochrome Gruppe 161
Harz 144f
Helianthin → Methylorange
Helindon-F. *127f*, 170
Helioechtgelb 6GL *130*
Heliogenblau 123
Heliogengrün *52*, 124
Hemicyanin-F. *101*, 192
Henna 224, 234
Herz-Verbindungen *138*
Hesperidin 235
HOMO 38, 61
Homolkabase *107*, 111
Hyaman Colors *139*
Hydrazingelb O 221, *222*
Hydrazon *89*
Hydrochinon 207, 216
Hydronblau R 116, *138*, 246
hydrophobe Wechselwirkung 157
Hydrosolecht-F. 170
Hydrosulfit = Na-dithionit 169
Hypericin *134*, 233f
Hyperpolarisation 19, *20f*

Hypsochromie **14**, 41, **43f**, 53, 71, 112f, 182, 188, 201

Imidazol 166
3-Iminoisoindolenin *124*, 171
Immedial-
 — brillantblau CLB *118*
 — F. 138
 — gelb GG *139*
 — reinblau *138*, 139
 — schwarz 138, 245
Indamin-F. 106, *118*, 196
Indanilin-F. 106
Indanthren 91, 127, 130, **132**, 146, 246f
 — blau GCD 132
 — — RS *132f*, 246
 — bordeaux RR *136*
 — brillantblau 4G *52*, 124
 — — grün FFB 133, *134*
 — — orange GR *136*, 342
 — — violett 2R *125*, *133*, *134*
 — gelb *133*, 169
 — — 5 GK *130*
 — khaki GG *136*
 — orange 2RT *133*
 — rotbraun 5RF 135, *136*
 — rotviolett 128
 — — RRK *135*
 — scharlach GG *136*
 — türkisblau 3GK *135*
Indanthron 30, *132*
Indican 126
Indigo 9, *27*, 50, *51*, *64*, 117, *125f*, *127*, 135, 139, 142, 145, 227, 233f, 239f, *241*, 242 – 245
Indigocarmin **127**, 133, **221**
Indigogelb 3G *135*
Indigoide 29, *125* – 128
Indigosol-F. 9, 127, **170**, 246
Indigosulfonat 9, *197*
Indigotin I 221, *222*
Indikatoren 46, 92, 96, 102, 105, 109, 115, 117, **178 – 203**, *181*, *183f*, *189f*, *193*, 229
Indischgelb 142, 226, 237
Ind(o)anilin 106, *116*, 196
Indolderivate *86*, 104
Indolenin-F. 100, 168
Indonaphthol-F. *212*, 213
Indophenol-F. 106, *116*, 137, *138*, *196*, 213
Indoxyl(glykosid) *126*, 241
Indrarot *90*
Induktionseffekt 158

Indulin-F. 117
Infrarot (= IR) 10, *60f*, 129, 203f, 206, 221, 243f
Interferenz(erscheinung) 13, 244
Inversion der Auxochrome 65
Ionenaustausch 159, *160*
Ionen-Beziehungen 159
Irgalan-F. 93, *94*
Isatan 126
Isoflavon *228*, 229
Isomerisierung, allopolare *103*
isosbestischer Punkt 50, 179
Isotherme *156*
Isothiuronium 170
Isoviolanthron 133, *134*

Jadegrün 44
Jod-,,äthylate" *99*
 — grün, -violett 245
β-Jonon *119*
J-Säure *85f*, *165*
Juglon *134f*, 224, 233, 236

Kamala 224, 236
Kämpfer-id *228*, -ol 234
Karmin(säure) *131f*, 221, *222*, 224, 226, 233, 237, 240
kationische F. 30, 129, 151f, 154, 160f **162f**
Kermes(säure) *131*, 226, 233, 237ff
Kernfärbung 110, 232
Kino-Harz 224
klotzen 147, 169
Kniehöcker, äußerer *20f*
Koch-F. 137, 139
Kodachrome 210f, 213f, *215*, 246
Kohle 142, 221
Komplementärfarbe 11 – 14, **13**, 17, 217
Komplexe 53, 93, 97, 121, 162ff, *166*, **171 – 172f**, *198f*, **199 – 203**, 217, 221, 226, 246f
Komponentenfärben 168, **171f**
Konjugation 165
Konjugens 67
Konversion, innere 61 – 63
Koordinationsverbindungen 178
Kopplung 17, 42, 44, 98, 113

257

Kornblumenblau 200, 230, *231*
Körperfarben 14
Kosmetik-F. 224
Krapp(lack) **129**, 142, 224, 235, 239 – 243
o-Kresolphthalein *184*
Kresolpurpur 181, *183*
Kresolrot 181, *183*, 193
Kristallviolett 35, *42*, 59, 65, 71, 105 – 108, **111**, *184 – 186*
Kronenether-Indikatoren *201*
Kryptocyanin *99*
Kryptoxanthin 235
Kuhn-Modell → Elektronengas
Kumulene 23
Kunstfasern → Chemiefasern
Kunstseide 150 – 154
Küpen-F. 9, 30, 125, 127, 130, 132f, 135f, 138, 151f, 155, 160, 164, 168, **169 – 170**, 243, 245
Kupferphthalocyanin 52, **123**, 139, 246
Kupferporphin 52
Kuppler 207 – 215, *211 – 214*
Kupplungskomponenten *85*, 171
Kupplungsreaktion 77, 79, **81 – 86**, *82*, *84*, 170f, 177

Lac dye 226, 237
Lack 112, 124, 132, *144f*, 229, 238, 243
Lackmus 46, 117, *187*, 224, 226f, 233, 236, 239
Lackrot *135*
Lacton 183
Lactoflavin → Riboflavin
Ladungsresonanz 70
Ladungsverteilung 39, *40f*, 72
Lambert-Beer-Gesetz **54**, 56
Lanasol-F. 176, 247
Lapis lazuli 141, 240
latentes Bild 206
Lauths Violett → Thionin
Lawson 224, 234
Lebensmittel-F. 30, 105, 119f, 132, 206, *221 – 225*, 226, 233
Leder-F. 30, 89
Leiterpolymere 98, *155*
Leitungsband 205f
Lepidin *99*
Leuchtdichte 22

Leucht-F. 9, 140, 142, **217 – 221**, *220*
Leucopterin 226, *227*
Leukobase *108*, 110
Leukoküpen-F. 246
Leukoschwefelsäureester 132
Leukoverbindung 98, 115, 118, 126, *127*, 132, 164, 169, 197, 213, *214*, 232
Levafix-F. 173, *174*, 247
Licht 10, *11*, 12, 14, 18, 59, 63, 207, *209*, 243 – 245
Lignin 217, *218*
lineares Modell → Elektronengas
Lipochrome 119
Lisamingrün 221, *223*
Lithol-F. 145
Londonkraft 158, 165
Lumineszenz *219*
LUMO 38, 61
Lumogen *101*, 220
Lutein 119, 221, *223*, 235
Luteolin *228*, 234
Lycopin 119, 221, *223*, 234, 236

Malachit 141, 238
Malachitgrün 35, *41*, 44, 53f, 56, *66*, 71, 105, *106f*, 111, 154, 162, *184f*
Malvidin *230*
Marineblau 44
Martiusgelb *96*
Mauvein 105, 109, *117*, 240, 244f
Maxilonrot BL *101*
Mehrelektronenmodell 33
Melanin 224, *227*
Meldolas Blau *50*
Mennige 141, 240
Mercurochrom 105, *115*
merichinoid 66
Merocyanin 24, 27, 29, *45ff*, 68, 70, 98, **102 – 104**, 211
merzerisieren 150
Mesochrom 66 – 68, 73
Mesomerie(lehre) 7, 25, 41, 50, 66, **68 – 73**, *71*, 113, 123, 190
Metall-Indikatoren **199 – 203**, 229
Metanilgelb *190*
Methingruppe **34**, 41, 70, 182, *211*, 213
Methylenblau 62, *65*, 106, 116, *118*, 192f, *196*, 245

Methylenviolett *118*
Methylorange *14*, *50*, 88, *189f*
Methylrot 88, *190*
Methylviolett *111*, 185, *186*, 245
Methylviologen 197
Michlers Hydrolblau *35f*, *41f*, 44, 62, 65, 105, 112
Michlers Keton *108*, 111, 112
Mikroskopie 92, 99, *224*
MINDO 33, 48
Mineralfarben 140, 240
Mischindikatoren 192, *193*
Monastral-F. 123
Morin 220, *228f*, 235
Murexid 102, 199, *200*
Muscaflavin 102, *103*, 233
Muscarufin *102*, 135, 233
Myoglobin 121f

Nachchromierungs-F. 172
Naphthalingrün V *111f*
Naphthalintetracarbonsäure *136*
Naphthochinon-F. *94*, 125
Naphtol AS 80, 85, **89 – 91**, *90*, 139, 146, *165*, 167, 171, 177, 246
Naphthol-
– blauschwarz B *86*
– gelb S *96*
– grün B *97*
– phthalein *184*
– rot S 221, *222*
– schwarz B *165*
Naphthylrot *190*
Natur-F. 30, *224f*, **226 – 237**, *234 – 237*, 243
Naturfasern, regenerierte 150, *151f*
Negativkopierverfahren 208, *209*
Neocarmin MS *152f*, 155
Neolanblau 2G 93, *94*
Nernstsche Gleichung *194*
Neutralrot 106, 117, *187f*, 193, *196*
neutrogene F. 91
Nicholsonblau 111
Nickel-Komplex-F. *172*
Nigrosin-F. 117
Ninhydrin *102*
Nitramin 181, *188f*
Nitranilin 64, 71, 76, 77, 80, *96*
Nitrazingelb *191*, 193
Nitrit-Nitroso-Nachweis *97*
Nitro-F. 29, **95 – 97**, *96*, 163

p-Nitrophenolat *14*, *24*, 27
Nitrophenole *24*, 64, *71*, **188**, 189
Nitrosierung 79
p-Nitros(o)anilin *23*, 69, *116*
Nitroso-F. 29, **95**–**97**
N-Kupplung 84f
Normfarbtafel → CIE

Ölfarben 143f
Ölgelb *87*
Oenin **224**, *230*, 234, 236
Ommatin 226, *227*
opt. Aufheller → Weißtöner
opt. Dichte → Extinktion
Orange I und II *87*, 88
Orange G *190*
Orcein *187*, 224, 236
Orcin *117*, 227, 236, 239
Orlean-F. 120
Orseille 117, 224, 236, 239
orthochromatisch 203f, 246
Oszillatormodell 68
Oszillatorstärke *57*, 58
overdyeing 160, 164
Oxazin-F. 50, 106, **116**–**118**, *117*, 187, *196*, 233
Oxazol 166
Oxidations-F. 171
oxidative Kupplung **86**, 101, 115
Oxonin 106
Oxonol-F. *24*, *26*, 29, *97f*, **101**–**102**, **109f**, 119, 163, 192, 229
Oxyhämoglobin 52, 121, *122*

π-Systeme *24ff*, 29, 33f, 38, 45, 49, 76, 104, 196, 198, 219
Palanilrosa RF 129, *130*
panchromatisch 203f, 246
Päonidin *230*
Papier-F. 89, 117
Parafuchsin *107*, 110f, 117, 185
Paramethylrot *190*
Pararosanilin *107*, 110
Patentblau-F. 105, *111*, 221, *222*
Pauli-Prinzip 38
Pelargonidin *230*
Perichrom 66f, 73
Peristaltikmodell 161
Permafix-F. *176*
Permanentrot 4B 221, *223*
Permanentviolett RL *118*

Pernigranilin *116*
Perylendiimide *136*
Perylen-F. *220*
Petunidin *230*
Pflanzen-F. 178, **227**–**236**, 246
1,10-Phenanthroline *198*
Phenolate *83*, *87*, *116*
Phenol-
– blau *27*, 106, *116*
– indophenol *35*, 44, *45*
– phthalein *35f*, 44, 46, 62, **109**, *184*, 245
– rot 110, *183f*
Phenoxazon 226, *227*
Phenthiazon *138*
Phenylenblau *116*
Phenylglycin *126*, *241*
Phenylpolyenal *24*, 48, *49*, *121*
Phenylpolyene *49*, **120f**
Phloxin 114
Phosphoreszenz *61*, 63
Photochromie *103*
Photon 10f, 19f, 25, 28, 31, 41, 54, 60, 203, 246
Photonenstrom *55*
Photosynthese *122*
Phthaleine 105f, **109f**, 182, *183f*, 217
Phthalimid *124*
Phthalocyanine 29, 121, **123f**, 146, 170, 173, 246
Phthalogen-
– blau IBN *52*, 124
– blauschwarz IVM *52*, 124
– brillantblau IF3G *52*, 124
– F. **124**, 151f, 171
Phthalophenon *109*
Phthaloylacridone *135*
Pigmente 14, 23, 30, 89, 128, **141f**, 154, 163f, 167, 217, 221, 238
Pigment-F. 14, 30, 118, 133, 136, **140**–**147**, *141f*, 151f, 224
Pigmosol-F. 146
Pikrinsäure 96, **188f**, 240, 244
Pinachromblau *100*
Pinacyanol *100*
Pinen *144*, 145
polarisiertes Licht *59*
Polaroid 215, *216*, 247
Polyacryl 100, 155
Polyamid 89, 154
Polyazo-F. 78, 91, 146, *166*

Polycumaron-Derivate 217, *218*
Polyene *24f*, 29, 39, 47, 68, 70, *98*, **119f**, 233
Polyenal 48
Polyester 154
Polymethin-F. *24f*, *26ff*, 33ff, *35*, 42f, *45*, *46*, 68, 70, **97**–**104**, *98*, 204, 211f, 227, 233
Polymethin-Konzept 7, 25, 28, 34f, 44, 50, 67f, 72f, 97
Ponceau 4R 221, *222*, 245
Porphin *52*, **121**–**123**
PPP-Verfahren 33, 48, **51**, 72
Prelumirhodopsin *19*
Primazin-F. 173ff, *174*, *176*
Primulin *165*
Primulinbasen *138*
Procinyl-F. *130*, *168*, *176*
Procion-F. 173, 247
Prodigiosin *227*
Prontosil *95*, 246
Protolysen 178–192
Prunetin *228f*
Pseudocyanin *99*
Pterine 226, *227*
Pufferungskurven *181*
Pulverlack 145
Purpur *125*, 127, 226, 233, *237f*, **239**, 243
Purpurin 235
Purpurkuppler *212*
Pyocyanin 236
Pyranthron 131, *133*
Pyrazolon-F. *83*, 85, **88**, 103, *212*, *219*
Pyridazon *174*
Pyrimidin *174f*
Pyron-F. 227, *228f*
Pyrrol-F. 227
Pyrylium-F. *228*, **229**–**232**

Quantenenergie 11
Quercetin 29, *228*, 234
Quercitrin 224, 234

Radikale 28, 68, 70, 126, *127*, 198
Rapidecht-F. 91
Rapidogen-F. 85, 91, 246
reaktive Anker 173ff, *176*
Reaktiv-F. 30, 94, 130, 151f, 160f, 164, 168, **172**–**177**, *175*, 192, 246f

Redoxindikatoren 9, 118, 127, **193–199**, 187
Reizverarbeitung 15, **17**, 20
Remastral-F. 118
Remazol-F. 173, 176, 247
Resonanzfluoreszenz 63
Retarder 157
Retina *15*
Retinal *17*, 19, 21
Retinen 17ff, *19*, 48, *49*
Rezeptor 15ff, 21
Rhodamin-F. 105f, 114, *115*, 220
Rhodopsin 17ff, *19f*, 21, 48, *49*
Rhodoxanthin 119
Riboflavin 221, *222*, 224, 233
Richteffekt 158
Rilsan 164
Rivanol 114
Rongalit 138, 170
Rosanilin *107*, 110
Rose bengale 114
Rotationsenergie 60
Rotationsniveau 61f
Rottlerin 224, 236
Ruberythrinsäure 129
Rubinpigment BK 221, *223*
Rubixanthin 234
Rutin 228, 234

Saccharin *109f*
Safflor 102, 224, 234
Safran 120, 224, 233f, 239
Safranin T 106, 117, *187*
Salvarsan *95*
Sambesischwarz *93*, 166
Sandocryl-F. *129*
Sandozyl-F. 132
Santal *228f*, 235
Santalin 224, 235
saure F. → anionische Säureanthracenbraun RH *88*
Säurefuchsin 111, 181, 187
Schiffsche Base 17, 48f, 98
Schiffs Reagens 110
Schirm-F. *206*
Schrödinger-Gleichung **31**, 32, 36, 38, 72
Schwefel-F. 29f, 118, 124, **137–139**, 170, 245f
Schwefelschwarz T 137f
Sehpurpur → Rhodopsin
Seide *148*
Sensibilisatoren 99, 100, 114, **203–207**, *204–206*, 245
Sepia 142, 224, 226, 237

sichtbarer Spektralbereich (=VIS) 10, *11f*, 25, 28, 56, 61f, 104, 217, 220
Simultanwahrnehmungen 21
Singulettzustand 61
Siriuslicht-F. 118
Solvatochromie 46, *47*, 127
Sonnenlichtkollektoren 136, 220
Sorptionsvorgang 156
Spektralanteil 17
Spektralfarben 12f, 16
Spinnfärben 146, 150, 155
Spinumkehr 61, 63
Spiro-Ringschluß *103*
Spirotrypan *95*
Stäbchen 15, 17
Stilben 17, *24*, *91*, **121**, 166
Stilben-F. *201*, 218, *219*
Störstelle *205f*
Streptocyanin *26*, *33*, *98*
Substantivfärben 151f, 158, 160ff, **164–166**, *165*, 171, 173, 218
subtraktive Farberzeugung 13f, 17, 20
Sulfonphthaleine 105f, **109**, *182*, *184*, 201
Sultonstruktur 179, *182f*
Supersensibilisatoren *206*
Supracenblau SES 129, *130*

Tannin 146, 171f, *177*
Tartrazin *88*, 206, 221, *222*
T-Chromophor *106*
Teerfarben 244
Tempera 143
Tetrabromphenolblau *183*
Thermosolprozeß 167
Thianthren *138*, 170
Thiazin-F. 106, **116–118**, *117*, *196*
Thiazol 138, 166, 168, 170
Thioindigo *51*, *125*, 127, *128*, 246
Thionin 106, 116, 118, 194, *195*
Thionolultragrün B *52*, 124
Thiopyronin 106
Thioxanthene 106
Thymolblau 181, *183*, 193
Thymolphthalein 180f, *184*
tierische F. 226f, *237*
tierische Fasern 148f, *152*
Tillmanns Reagens 44, *45*, 105f, *116*
Tlatlancuayin *228f*

Toluylenblau *196*
Tragant 144
Transmission 54ff
Triarylmethin-F. → Triphenylmethan-F.
Triazacyanin *101*
Triazin *174*
trichromatisches Sehen 15
Triphenylmethan-F. 29, *66*, **104–112**, *105*, 163, 245
Triplettzustand 63
Tropäolin *190*
Trypaflavin 105f, *114*
Türkischrot 90, 129, 171, 241
Tusche 143

Übergänge 54, 56ff, *58f*
Übergangsmoment 57, 59
Ullmann-Reaktion 131, 133, 135
Ultramarin 141, 143f, 217
Ultraviolett (=UV) 22, 25, 42, 46, 48, 53, 62, 103, 212, 217f, 243f
Umkehrverfahren *209f*, 213
Umschlagspotential 194, *195*, 198
Uranin 114

Valenzausgleich 44, 47f, 67
Valenzband 205
Valenzkopplung 205
Valenztautomerie 66
Van-der-Waals-Kräfte 150, 158, 164
Variaminblau 139, *196*
Verankerung 159ff
Verkochung 81
Verofix-F. *174f*
Verschleierung 214
Verteilung *156f*
Vibrationsenergie 60
Vibrationsfeinstruktur 53
Vibrationsniveau 60ff, 218, 220
Vidalschwarz 137
Viktoriablau B *111f*, 146
Viktoriareinblau BO *111f*
Viktoriascharlach 221, *222*
Vinylenverschiebung 43
Violanthron 133, *134*
Violaxanthin 234
Vital F. 99, 114

Walk-F. 164
Wau 228, 234

Weißtöner 8, 13, 22, 30, 121, 166, **217–219**, 220
Wellenfunktion 37ff
Wellenlänge, farbtongleiche 21
Wellenzahl **10f**, 57
Wolle *148f*, 154
Woll-F. *164*
Wollgrün BS *111f*

Wursters Blau *70*, 198
Wursters Rot *68*, 198

Xanthen-F. 105f, 109f, **112–115**, *113f*
Xanthophylle **119f**, 221, *223*, 236
Xanthopterin 226, *227*
Xylenolblau *183*

Zapfen *15*, 17–21, *18*, *20*, 246f
Zaponlack 145
Zeaxanthin 119, 221, *223*, 235
Zimtaldehyd *121*
Zimtsäure *241*
Zuckercouleur 221
Zweikomponenten-F. 171

Chemische Arbeitsbücher (CAB)

In den Bänden dieser Reihe werden wichtige Themen der Chemie, abgestimmt auf die Lehrpläne der Sekundarstufe II, behandelt. Die ›Chemischen Arbeitsbücher‹ sind als Arbeitsmaterial für den Lehrer gedacht, der auf der Sekundarstufe II unterrichtet.

Biologische Chemie
Von Prof. Dr. Dr. Eckhard Schlimme (Paderborn). Etwa 160 Seiten, ca. 50 Abbildungen und Tabellen, ca. DM 22, – (Band 2)
Thema des Buches ist die Biochemie, aber wie der Titel schon ausdrückt, unter stärkerer Betonung der biologischen Aspekte.

Atome – Bindungen – elementare Ordnungen
Von Prof. Dr. Herbert Keune und Dr. Ulrich Dämmgen (Braunschweig). Etwa 160 Seiten, ca. 60 Abbildungen und Tabellen, ca. DM 22, – (Band 3)
Themen des Buches sind die Grundlagen der gegenständlichen Welt: die Atome als elementare Bausteine, die Verbindungen der Atome zu Gegenständen und die Ordnung der Atome in ein natürliches System auf Grund ihrer strukturellen Unterschiede.

Struktur – Reaktivität – Reaktionswege
Von Prof. Dr. Helfried Hemetsberger (Bochum). 195 Seiten, 58 Abbildungen, 20 Tabellen, DM 24, – (Band 4)
Die Formen der Reaktionsmechanismen sowie die Struktur und die energetischen Verhältnisse häufig vorkommender Zwischenstufen sind die Themen dieses Buches. Besonderer Wert wird dabei auf eine sorgfältige Behandlung der theoretischen Vorstellungen zur Interpretation der Struktur-Reaktivitäts-Beziehungen gelegt.

Ökochemie und Umweltschutz
Von Prof. Dr. Anton Kettrup und Jürgen Henze (Paderborn). Etwa 200 Seiten, ca. 80 Abbildungen und Tabellen, ca. DM 24, – (Band 5)
Die Ökochemie ist ein junges Forschungsgebiet, das sich stetig ausweitet und wichtige Beiträge zum richtig verstandenen Umweltschutz liefert. Die in der Praxis eingeführten Kontrollverfahren, ihre Möglichkeiten und Grenzen werden dargestellt. Zugleich erfolgt eine Bewertung der Ergebnisse, die mit diesen Verfahren gewonnen werden.

Quelle & Meyer · Heidelberg

Chemie für Lehrer

Nuffield Foundation: Nuffield Chemie 1
Unterrichtsmodelle. Grundkurs 1. Übersetzt und bearbeitet von Helmut Dengler und Barbara Schröder mit einer Einführung von Gerda Freise.
VIII/260 Seiten, 40 Abb., DM 19,80 (UTB 387)

Nuffield Foundation: Nuffield Chemie 2/I
Unterrichtsmodelle. Grundkurs Stufe 2 (Teil I).
IV/301 Seiten, DM 19,80 (UTB 388)

Nuffield Foundation: Nuffield Chemie 2/II
Unterrichtsmodelle. Grundkurs 2 (Teil II).
II/190 Seiten, DM 16,80 (UTB 853)

Siegfried Nöding / Fritz Flohr: Methodik, Didaktik und Praxis des Chemieunterrichts
4., völlig neubearbeitete Auflage von Siegfried Nöding und Fritz Flohr, auf der Grundlage der »Methode und Praxis des chemischen Unterrichts« von Wilhelm Flörke und Fritz Flohr. XXII/462 Seiten, DM 64,–

Arendt-Dörmer: Technik der Experimentalchemie
Anleitung zur Ausführung chemischer Experimente. 10., neubearbeitete Auflage von Ottheinrich Düll und Dieter Grebel. 444 S., 195 Abb., DM 58,–

Ekkehard Fluck – Robert C. Brasted: Allgemeine und anorganische Chemie
Eine Einführung. 2., verbesserte und erweiterte Auflage, 308 Seiten, 107 Abb., 50 Tab., zahlreiche Formeln, DM 21,80 (UTB 53)

Freudenberg-Plieninger: Organische Chemie
13., völlig neubearbeitete Auflage. 301 S., DM 19,80 (UTB 634)

Wilhelm Flörke: Unfallverhütung im naturwissenschaftlichen Unterricht
Chemie, Physik, Biologie, 6., von Ottheinrich Düll überarbeitete Auflage. X/141 Seiten, 45 Abb., zahlreiche Tabellen, DM 25,–

Wilhelm Flörke: Arbeitsbuch für chemische Arbeitsgemeinschaften
Eine Handreichung für den Gruppenunterricht. Unter Mitarbeit von Fritz Flohr. 4., neubearbeitete Auflage, 83 S., 52 Abb., DM 9,80

Quelle & Meyer · Heidelberg